W0235730

Frau Yvonne Wichard überreicht
von den Verfassern

Björn und Peter

Nov 08

Prof. Dr. med. vet. Björn von Salis
Prof. Dr. med. vet. Hans Geyer
Dr. med. vet. Anton Fürst

Krankes Pferd
was tun?

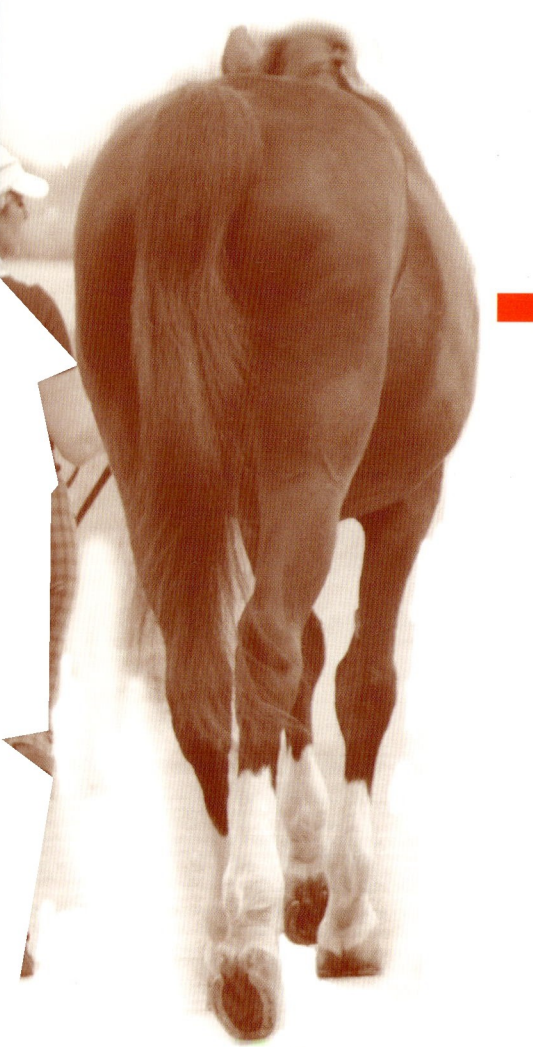

DAS EXTRA:

Erste Hilfe bei
Verletzungen

Prof. Dr. med. vet. Björn von Salis
Prof. Dr. med. vet. Hans Geyer
Dr. med. vet. Anton Fürst

Krankes Pferd

was tun?

Müller
Rüschlikon

Einbandgestaltung: Luis Dos Santos

Titelbild: CAVALLO

Alle Angaben in diesem Buch wurden nach bestem Wissen und Gewissen gemacht. Sie entbinden den Pferdehalter nicht von der Eigenverantwortung für sein Tier und können die tierärztliche Untersuchung und Behandlung keinesfalls ersetzen. Für einen Missbrauch der Informationen in diesem Buch oder für Folgen, die durch eine falsche Anwendung der beschriebenen Therapien enstehen, können weder die Autoren noch der Verlag oder die Vertreiber des Buches zur Verantwortung gezogen werden. Eine Haftung für Personen-, Tier-, Sach- und Vermögensschäden ist ausgeschlossen.

ISBN 978-3-275-01642-6

Copyright © 2008 by Müller Rüschlikon Verlag
Postfach 103743, 70032 Stuttgart
Ein Unternehmen der Paul Pietsch Verlage GmbH+Co
Lizenznehmer der Bucheli Verlags AG, Baarerstr. 43, CH-6304 Zug

1. Auflage 2008

Sie finden uns im Internet unter www.mueller-rueschlikon-verlag.de

Der Nachdruck, auch einzelner Teile ist verboten. Das Urheberrecht und sämtliche weiteren Rechte sind dem Verlag vorbehalten. Übersetzung, Speicherung, Vervielfältigung und Verbreitung, einschließlich Übernahme auf elektronische Datenträger wie CD-ROM, Bildplatte usw. sowie Einspeicherung in elektronische Medien wie Bildschirmtext, Internet usw. sind ohne vorherige schriftliche Genehmigung des Verlages unzulässig und strafbar.

Lektorat: Claudia König
Innengestaltung: Kornelia Erlewein, grafik + design
Druck und Bindung: Agentur Dalvit, 85521 Ottobrunn
Printed in Europe

Inhalt

Vorwort

Wohl kein Reiter, Fahrer oder Pferdehalter denkt gerne daran, was seinem vierbeinigen Partner alles zustoßen könnte. Trotzdem ist es wichtig, sich mit Erster Hilfe zu befassen, um im Notfall die richtigen Maßnahmen ergreifen zu können und dadurch den daraus folgenden Schaden möglichst gering zu halten oder gar Leben zu retten. Erste-Hilfe-Leistungen sind schon beim Menschen alles andere als einfach, und beim Pferd sind zusätzlich zu den medizinischen Aspekten die Besonderheiten des Verhaltens, die spezielle Anatomie und die Größenverhältnisse des Pferdekörpers sowie die arttypische Funktionsweise der Organe zu berücksichtigen. Erste-Hilfe-Maßnahmen bei diesem vom Fluchtinstinkt getriebenen, rund fünfhundert Kilogramm wiegenden Tier gestalten sich daher häufig sehr schwierig.

Umso mehr gilt es, sich durch den praktischen Umgang mit dem Pferd und durch das Kennenlernen des Körperaufbaus mit all seinen Funktionsweisen möglichst viel Wissen über diese Zusammenhänge anzueignen. Nur so bringt man die Voraussetzungen mit, um die in Notsituationen auftretenden Probleme meistern oder wenigstens verringern zu können.

Ganz besonders sei darauf hingewiesen, dass es in keiner Weise darum geht, auf den Einsatz des Tierarztes zu verzichten. Ganz im Gegenteil kann der Tierarzt durch frühzeitige und umfassende Beschreibung die Situation besser einschätzen und notwendige Sofortmaßnahmen vorschlagen, die der Laie bis zum Eintreffen des Fachmannes bereits einleiten kann. Ist der Tierarzt nicht erreichbar, so kann der geschulte Laie im Rahmen seiner Möglichkeiten von sich aus sinnvolle Erste-Hilfe-Maßnahmen ergreifen und damit dem Pferd in vielen Fällen zu einer Linderung der Schmerzen und zu einer besseren Aussicht auf Heilung verhelfen. Beim Ergreifen der Sofortmaßnahmen durch den Laien geht es darum, dass er einerseits die Verletzung und deren Folgen nicht verharmlost; andererseits soll er auch nicht bei lediglich minimalen Abweichungen vom Allgemeinzustand oder wegen einer kleinen Wunde eine große Rettungsaktion organisieren. Gewisse Grundkenntnisse und ein gesunder Menschenverstand sind im Fall einer Verletzung besonders gefragt.

Dieses Buch soll den Pferdebesitzer und alle anderen, die für Pferde verantwortlich sind, im täglichen Umgang mit ihren Tieren begleiten. Es soll den Leser in die Lage versetzen, Verletzungen und Erkrankungen so früh wie möglich zu erkennen, ihre eventuellen Folgen vorauszusehen, die notwendigen Sofortmaßnahmen zu ergreifen und Erste Hilfe zu leisten. Nicht ohne Grund ist deshalb auf der letzten Seite Platz für Ihre wichtigsten Telefonnummern, damit Sie diese im Falle eines Unglücks trotz der zwangsläufig damit verbundenen Aufregung sicher zur Hand haben.

Es ist unmöglich, im Rahmen dieses Buches wirklich alle Notfälle, die im Umgang mit Pferden eintreten können, erschöpfend abzuhandeln. Wir mussten uns deshalb einschränken und haben uns auf die häufigsten Verletzungen und Erkrankungen des Pferdes konzentriert. Die Besitzer, Reiter und Fahrer dieser Pferde werden bei der Lektüre des vorliegenden Buches lernen, wie sie ihren Pferden im Notfall wirklich helfen können. Das vorliegende Buch, das jetzt in einem Band erscheint, wurde in Text und Abbildungen überarbeitet und dem heutigen Wissenstand angepasst. Es wurden auch aktuelle Infektionskrankheiten und Vergiftungen neu beschrieben. Der Abschnitt über Bergung und Transport wurde völlig neu gestaltet. Wir bedanken uns bei den Mitautoren dieses Buches, der Zeichnerin, dem Illustrator und dem Fotografen und allen anderen Mitwirkenden für ihre wertvolle Mitarbeit.

Frauenfeld / Zürich, im Sommer 2008

Björn von Salis, Hans Geyer, Anton Fürst

I. Ausgewählte Kapitel der Anatomie und Physiologie des Pferdes

Wer bei Notfällen zielgerichtet handeln möchte, muss über den Aufbau, die Lage und die normale Funktion der verschiedenen Körperteile des Pferdes Bescheid wissen. Die Abbildung 1 zeigt die wichtigsten Teile des Skelettes und erklärt, wie man sich anhand von markanten Knochenpunkten am Pferdekörper orientieren kann. Die Darstellung der oberflächlichen Muskulatur (S. 15, Abb. 2) und die auf die Körperoberfläche projizierten inneren Organe (S. 16 –17, Abb. 3–4) sollen einen ersten Eindruck über die Lage wichtiger Körperteile vermitteln. Auch für den Laien ist es wichtig, sich vor jeder Untersuchung und Behandlung über die Strukturen unter der Haut und auch weiter innen im Körper zu orientieren.

In den folgenden Abschnitten soll dem Leser ein Grundverständnis vom Bau und der Funktionsweise bestimmter Teile des Pferdekörpers vermittelt werden, soweit diese Zusammenhänge für das richtige Vorgehen bei Erster Hilfe nötig sind.

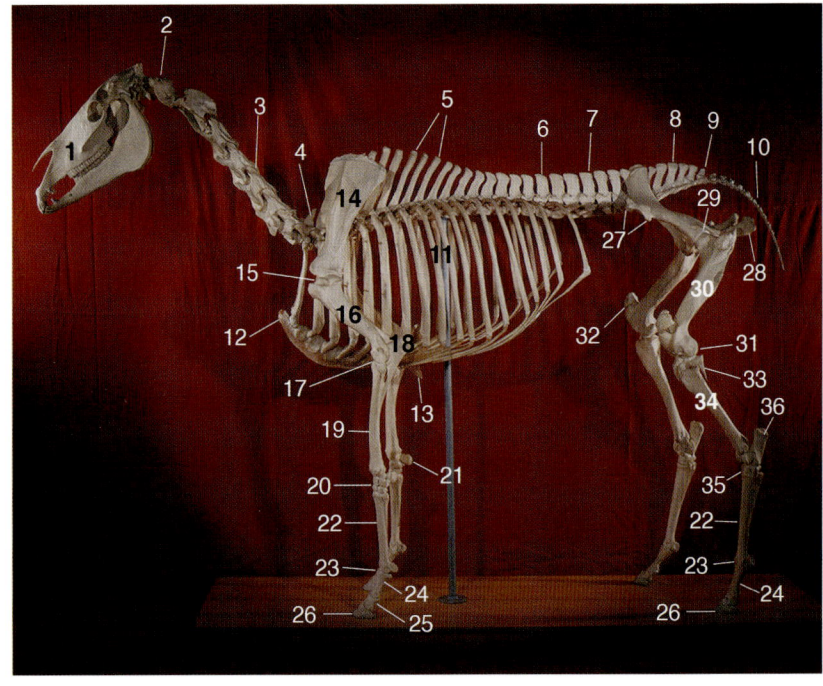

Abb. 1: Skelett eines 10-jährigen Pferdes (Wallach) in Ansicht von links

1 Schädel; 2 erster Halswirbel, Atlas; 3 Halswirbelsäule; 4 erster Brustwirbel; 5 Dornfortsätze des Widerristes der Brustwirbel; 6 letzter Brustwirbel; 7 Lendenwirbelsäule; 8 Kreuzbein; 9 erster Schwanzwirbel; 10 Schwanzwirbel; 11 Rippen; 12-13 Brustbein: 12 Spitze, 13 hinteres Ende = Schaufelknorpel.

14 Schulterblatt; 15 Schultergelenk; 16 Oberarmknochen; 17 Ellbogengelenk; 18 Elle; 19 Speiche; 20 Karpalgelenk; 21 Erbsenbein am Karpalgelenk; 22 Röhrbein; 23 Fesselgelenk; 24 Fesselbein; 25 Kronbein; 26 Hufbein.

27-28 Hüftbein = Hälfte des knöchernen Beckens: 27 Hüfthöcker, 28 Sitzbeinhöcker; 29 Hüftgelenk; 30 Oberschenkelknochen; 31-32 Kniegelenk mit Kniescheibe (32); 33 Wadenbein; 34 Schienbein; 35 Sprunggelenk mit Fersenhöcker (36). Am Hinterfuß distal gleiche Bezeichnung der übrigen Knochen wie am Vorderfuß.

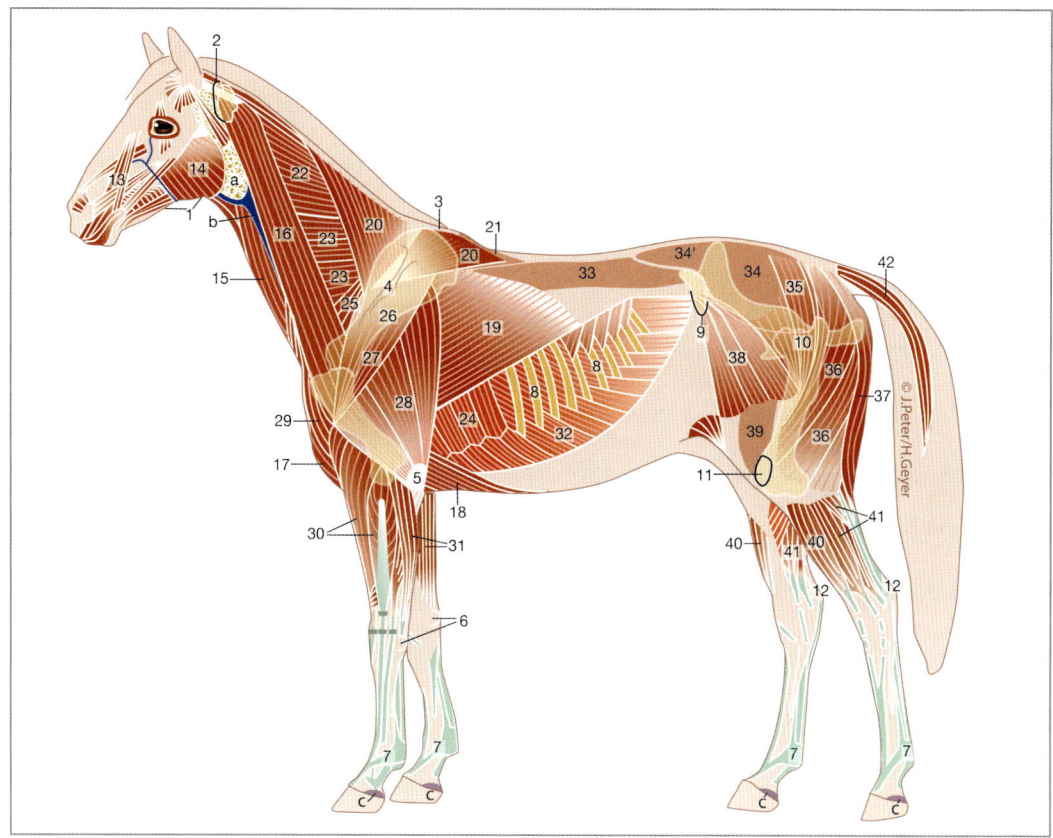

Abb. 2: Muskelübersicht vom Pferd, Ansicht von links, leicht schematisiert

1-12 Orientierungspunkte: 1 Unterkieferrand; 2 Atlasflügel; 3 Widerrist; 4 Schulterblattgräte; 5 Ellbogenhöcker; 6 Erbsenbein; 7 Fesselgelenk; 8 Rippen; 9 Hüfthöcker; 10 großer Umdreher des Oberschenkelknochens; 11 Kniescheibe; 12 Fersenhöcker.

13 Mimische Muskulatur; 14 Kaumuskulatur; 15 untere Halsmuskulatur, M. sternocephalicus; 16 Oberarm-Kopfmuskel, M. brachiocephalicus; 17 oberflächlicher Brustmuskel; 18 tiefer Brustmuskel.

19 Breiter Rückenmuskel, M. latissimus dorsi; 20 M. trapezius; 21 Muskel zwischen Dornfortsätzen, M. spinalis thoracis – muskulöse Grundlage des Widerrists; 22 milzförmiger Muskel, M. splenius – kann Dornfortsätze des Widerristes gegen vorne ziehen = aufrichten; 23-24: Sägemuskel, M. serratus ventralis: 23 sein Halsteil, 24 sein Brustteil.

25 Oberer Grätenmuskel, M. supraspinatus; 26 unterer Grätenmuskel, M. infraspinatus – wirkt als Seitenband des Schultergelenks und ist bedeckt vom M. deltoideus; 27 M. deltoideus – Beuger des Schultergelenks; 28 M. triceps brachii – Strecker des Ellbogengelenks, die hinteren Teile wirken auch als Beuger des Schultergelenks; 29 M. biceps brachii – Beuger des Ellbogengelenks, bedeckt vom M. brachiocephalicus; 30 Strecker von Karpalgelenk und Zehe; 31 Beuger von Karpalgelenk und Zehe.

32 Bauchmuskulatur, sichtbar äußerer schiefer Bauchmuskel; 33 langer Rückenmuskel bedeckt von Faszie; 34 mittlerer Kruppenmuskel – Strecker des Hüftgelenks, 34' seine Lendenzacke; 35 oberflächlicher Kruppenmuskel; 36-37 lange Sitzbeinmuskeln für Vorwärtsschub: 36 M. biceps femoris, 37 halbsehniger Muskel, M. semitendinosus; 38 Faszienspanner, M. tensor fasciae latae; darunter 39 der Kniestrecker, M. quadriceps femoris.

40 Vordere Unterschenkelmuskulatur – Beuger des Sprunggelenks, Strecker der Zehe; 41 hintere Unterschenkelmuskulatur = Wadenmuskeln – Strecker des Sprunggelenks, Beuger der Zehe; 42 Schwanzmuskulatur.

a Ohrspeicheldrüse, Parotis; b Drosselvene; c Hufknorpel.

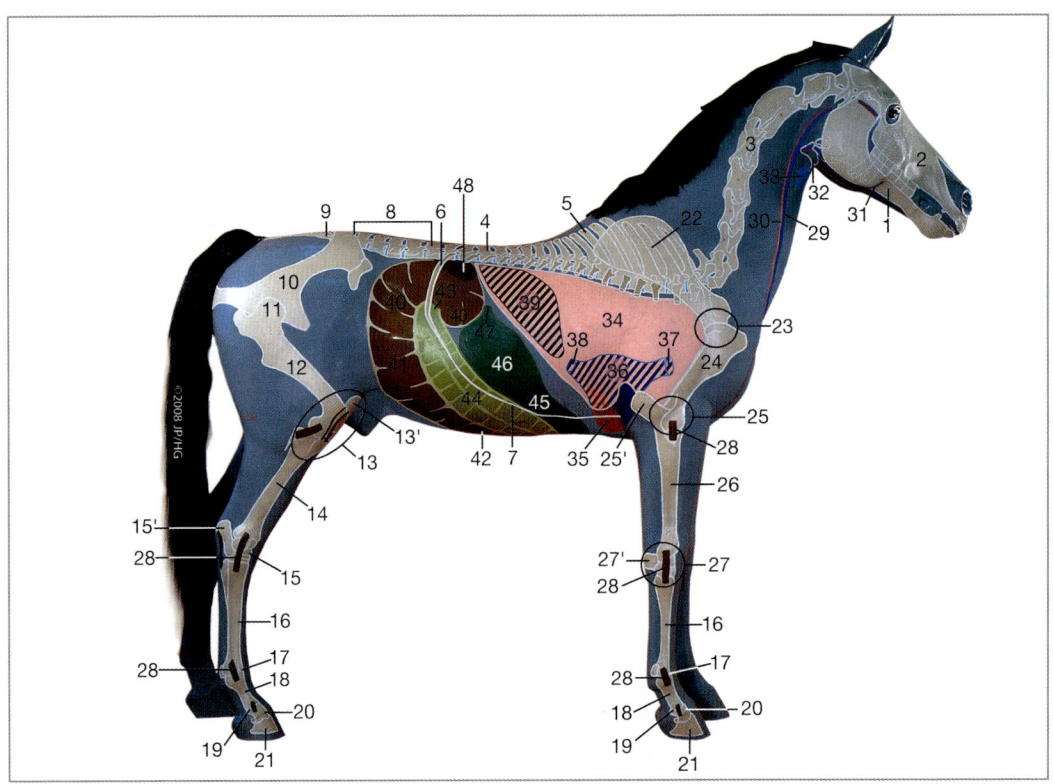

Abb. 3: Lage von Skelett und Eingeweiden des Pferdes, eingezeichnet auf der Körperoberfläche.
Ansicht von rechts

1 Unterkiefer; 2 Oberkiefer, beachte die Länge der Backenzähne, dargestellt an den letzten beiden Backenzähnen; 3 dritter Halswirbel; 4-5 Brustwirbel mit Widerrist (5); 6 letzte Rippe und Verlauf des Rippenbogens (7); 8 Lendenwirbel; 9 Kreuzbein; 10 Becken; 11 Hüftgelenk; 12 Oberschenkelknochen; 13 Kniegelenk, 13' Kniescheibe; 14 Schienbein; 15 Sprunggelenk, 15' Fersenhöcker; 16 Röhrbein; 17 Fesselgelenk; 18 Fesselbein; 19 Krongelenk; 20 Kronbein; 21 Hufbein; 22 Schulterblatt; 23 Schultergelenk; 24 Oberarmknochen; 25 Ellbogengelenk, 25' Ellbogenhöcker; 26 Speiche; 27 Vorderfußwurzelgelenk (»Vorderknie« = Karpalgelenk); 27' Erbsenbein; 28 Seitenbänder an Gelenken (braun).

29 Drosselvene (blau); 30 Halsschlagader (rot); 31 Gesichtsarterie (Pulsfühlen); 32 Kehlkopf; 33 Schilddrüse; 34 Lunge (rosa); 35-36 Herz, zum Teil bedeckt von der Lunge (schraffiert); 36 rechte Vorkammer; 37 vordere Hohlvene; 38 hintere Hohlvene; 39 Leber (schraffiert), seitlich bedeckt von der Lunge, getrennt von der Lunge durch Zwerchfell; 40-42 Blinddarm: 40 Kopf, 41 Körper, 42 Spitze, Abhören der Blinddarmgeräusche bei 40 in der rechten Hungergrube; 43 enge Öffnung vom Blinddarm in den großen Grimmdarm; 44-47 großer Grimmdarm: 44 untere Lage (hellgrün), 45-46 obere Lage (dunkelgrün), 46 ihre magenähnliche Erweiterung, 47 enger Übergang in den Querteil des Grimmdarms; 48 rechte Niere.

Lexikon

Anatomie
Anatomie ist die Lehre vom normalen Körperbau.

Physiologie
Physiologie ist die Lehre von den normalen Körperfunktionen.

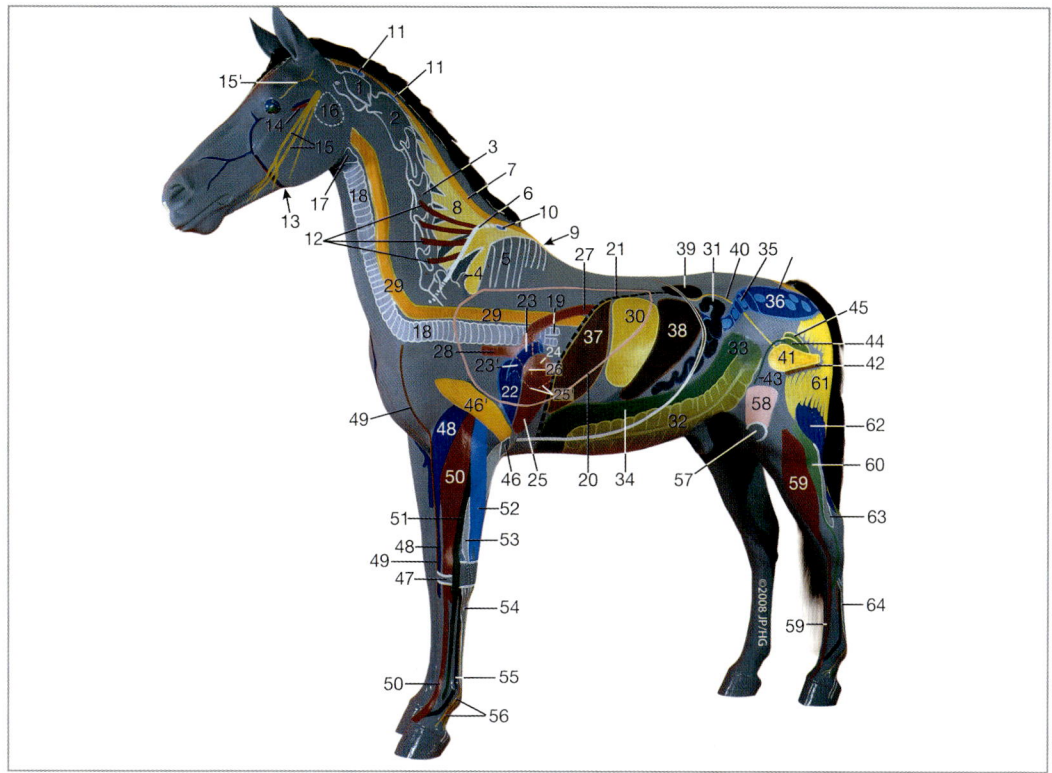

Abb. 4: Lage der Eingeweide und von Teilen des Bewegungsapparates des Pferdes, eingezeichnet auf der Körperoberfläche. Ansicht von links und etwas von vorne

1 Erster Halswirbel; 2 zweiter Halswirbel; 3 übrige Halswirbel; 4 erster Brustwirbel; 5 Dornfortsätze des Widerristes; 6 vorderer Rand des Schulterblatts; 7-8 Nackenband: 7 Nackenstrang vom Hinterhaupt zum Widerrist, 8 Nackenplatte von Halswirbeln zum Nackenstrang; 9 Lage des hinteren Widerristschleimbeutels (Pfeil); 10 vorderer Widerristschleimbeutel; 11 Genickschleimbeutel; 12 Sägemuskel, vorderer Teil zur Verbindung von Rumpf und Schulterblatt.

13 Gesichtsarterie mit Pulsfühlstelle (Pfeil); 14 Arterie am Jochbein – auch hier ist der Puls fühlbar; 15 Gesichtsnerv 15' Ast zum oberen Augenlid; 16 linker Luftsack; 17 Kehlkopf; 18 Luftröhre; 19 Aufzweigung der Luftröhre für linken und rechten Lungenflügel; 20 Ausdehnung der linken Lunge (rosa Linie); 21 Verlauf des Zwerchfells in Körpermitte (schwarz gestrichelte Linie). Auf der Seite verläuft das kugelförmige Zwerchfell weiter hinten. Das Zwerchfell ist der wichtigste Atemmuskel und die Trennwand zwischen Brust und Bauchhöhle.

22 Rechte Herzkammer; 23 Lungenarterie mit Klappe (23') an ihrem Anfang; 24 linke Vorkammer; 25 linke Herzkammer, 25' Klappe zwischen Vorkammer und Kammer; 26-27 Aorta: 26 ihr Anfangsteil, 27 ihr nach hinten ziehender Teil; 28 Gefäßstamm aus Aorta für Vordergliedmaße, Hals und Kopf.

29 Speiseröhre; 30 Magen; 31 Dünndarm, Abhören in der linken Hungergrube; 32-34 linke Seite des großen Grimmdarms: 32 untere Lage (hellgrün), 33 Beckenkrümmung (sich verengend und beweglich), 34 obere Lage (dunkelgrün); 35 absteigender Grimmdarm mit Kotballen; 36 Mastdarm mit dünner Stelle bei 36'; 37 Leber; 38 Milz; 39 linke Niere; 40 linker Harnleiter; 41 Harnblase; 42 Beckenboden; 43 Samenleiter; 44-45 akzessorische Geschlechtsdrüsen; 44 Samenleiterampulle, 45 Samenblase.

46 Ellbogenhöcker, 46' Teil des dreiköpfigen Muskels, der das Ellbogengelenk streckt; 47 Sehnenhaltebänder am Vorderfußwurzelgelenk = Karpalgelenk; 48 Streckmuskel des Karpalgelenks und seine Sehne; 49 Sehnenstreifen vom Schulterblatt bis Mittelfuß zum Festhalten des Karpalgelenks in Streckstellung; 50 Muskel und Sehne des gemeinsamen Zehenstreckers; 51 seitlicher Zehenstrecker; 52 äußerer Karpalstrecker (wirkt als Beuger); 53 tiefer Zehenbeuger; 54 Beugesehnen; 55 Fesselträger; 56 Nerven und Arterie an Mittelfuß und Zehe.

57 Kniescheibe; 58 vierköpfiger Oberschenkelmuskel, Strecker des Kniegelenks; 59 langer Zehenstrecker; 60 seitlicher Zehenstrecker; 61 Hinterbackenmuskulatur, Bizepsmuskel; 62 Wadenmuskel; 63 tiefer Zehenbeuger, 64 Beugesehnen.

1. Die Haut

Die Haut bildet die äußere Körperdecke und damit die Grenz- und Kontaktfläche des Organismus zur Umwelt. Daraus ergeben sich ihre vielfältigen und bedeutsamen Funktionen.

1.1 Aufgaben der Haut

Die Haut ist ein Schutzorgan gegenüber mechanischen, chemischen, physikalischen und biologischen Einwirkungen von außen. An Stellen mit einer hohen mechanischen Beanspruchung ist die Haut dicker, und an manchen Stellen wie beispielsweise am Huf ist sie speziell ausgebildet. Die intakte Haut verhindert das Eindringen von Bakterien, Pilzen, Viren, Wasser und gasförmigen Stoffen sowie der meisten Parasiten und Strahlen. Eine ihrer Hauptaufgaben liegt darin, den Verlust von Körperflüssigkeit zu verhindern, die außer Wasser Eiweiß und Mineralstoffe enthält. Bei großflächigen Hautwunden wie beispielsweise Brandwunden ist der Flüssigkeitsverlust ein schwerwiegendes Problem.

Die Haut ist ein Sinnesorgan. Nervenendigungen, die an verschiedenen Stellen in der Haut lokalisiert sind, nehmen Druck-, Spannungs-, Temperatur- und Schmerzinformationen auf, die über das Rückenmark oder auf direktem Weg zum Gehirn geleitet werden. Im Gehirn können solche Reize an die Großhirnrinde übermittelt werden, wodurch sie bewusst werden, indem sie zum Beispiel als Berührungsreiz empfunden werden oder eine Schmerzempfindung auslösen.

Die Haut ist ein Ausscheidungsorgan. Sie scheidet Wasser, Kochsalz, stickstoffhaltige Abbauprodukte des Körpers und Talg über verschiedene Drüsen aus. Die Wasserabgabe durch die Haut erfolgt einerseits in Form von Schweißsekretion und andererseits in Form von Wasserverdunstung an der Hautoberfläche. Über den Schweiß, der beim Pferd auch Eiweiß enthält (Schaumbildung), verliert das Sport- und Arbeitspferd ganz erhebliche Mengen von Wasser und Kochsalz. So gibt ein Pferd von 600 Kilogramm Körpergewicht bei leichter bis mittle-

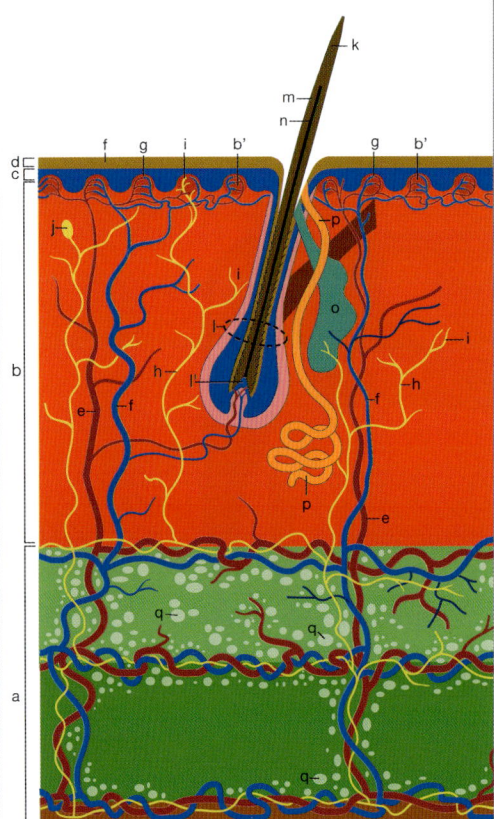

a   Unterhaut (grün);
b   Lederhaut (rot), b' Papillen der Lederhaut;
c-d Oberhaut: c Keimschicht (blau),
d   Hornschicht (beige);
e   Arterien (rot);
f   Venen (blau);
g   Endverzweigung der Blutgefäße (Haargefäße = Kapillaren);
h-j Nerven (gelb),
i   freie Nervenenden,
j   Tastkörperchen am Nervenende.

k-l Haar: k Haarschaft = der über die Hautoberfläche ragende Teil des Haares,
l   Haarwurzel = der von der Haut umgebene Teil, l' Haarzwiebel = der Wachstumsbereich des Haares;
m   Rinde des Haares;
n   Markraum des Haares, enthält oft Hohlräume;
o   Talgdrüse;
p   Schweißdrüse;
q   Fettgewebe (orange)

Abb. 5: Schematischer Schnitt durch die Haut, vergrößert

rer Arbeit fünf bis zehn Liter Schweiß pro Tag ab. Dabei gehen 40 bis 80 Gramm Kochsalz verloren, die mit der Fütterung ersetzt werden müssen – beispielsweise durch einen Salzleckstein. Der von den Talgdrüsen abgegebene fettig-ölige Hauttalg schützt die Haut gegen Feuchtigkeit, gegen das Eindringen von Bakterien sowie vor Austrocknung und macht sie geschmeidig.

Die Haut ist ein Speicherorgan für Blut und Fett. Durch die Erweiterung der Blutgefäße in der Haut verlangsamt sich der Blutfluss. Auf diese Weise können bis zu 10 % der Gesamtblutmenge in der Haut gespeichert werden. Das Fett in der Unterhaut dient als Energiespeicher, Polstermaterial und zur Wärmedämmung.

Die Haut dient zur Temperaturregulation. Sie sorgt für den Wärmeaustausch mit der Umwelt und trägt dazu bei, die Körpertemperatur konstant zu halten. Die Verdunstung von Wasser senkt die Hauttemperatur. Über erweiterte Blutgefäße kann auch in großem Maße Wärme abgegeben werden. Die Haut weist die niedrigste Temperatur des Körpers auf. Durch besondere Schutzgebilde in Form von Haaren, Borsten oder Federn soll ein zu großer Wärmeverlust verhindert werden.

Außerdem steht die Haut im Dienste der Kommunikation. Spezialisierte Schweiß- und Talgdrüsen sondern Geruchsstoffe ab, die zur Markierung des Territoriums oder als Witterungsorgane für das Auffinden des Geschlechtspartners oder des Muttertiers eine große Rolle spielen.

1.2 Der Bau der Haut

Bereits mit bloßem Auge lassen sich drei Schichten unterscheiden. Es sind dies die Unterhaut, die Lederhaut und die Oberhaut. Die Lederhaut und die Oberhaut bilden zusammen die eigentliche Haut.

Die Unterhaut befestigt die Haut an ihrer Unterlage. Sie besteht aus sehr lockerem Bindegewebe, in dem unterschiedlich viel Fett eingebaut sein kann. Das Fett bietet den Blut- und Lymphgefäßen sowie den Nerven einen gewissen Schutz und bildet ein elastisches Polster

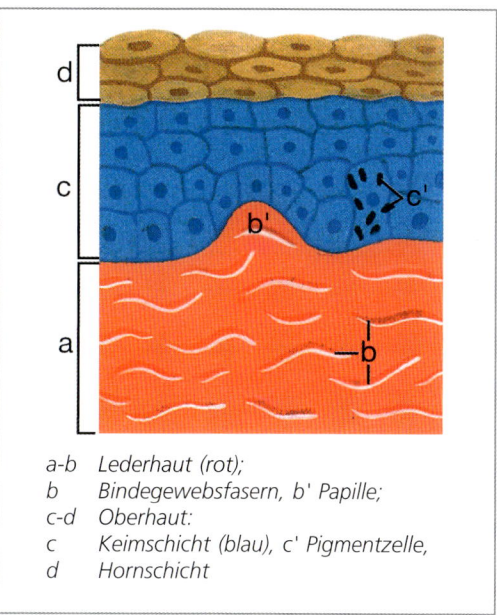

a-b Lederhaut (rot);
b Bindegewebsfasern, b' Papille;
c-d Oberhaut:
c Keimschicht (blau), c' Pigmentzelle,
d Hornschicht

Abb. 6: Ausschnitt aus der unverletzten Oberhaut und Lederhaut, stark vergrößert

gegen Druck von außen. An Stellen, an denen die Haut straff über eine harte Unterlage wie beispielsweise Knochen gespannt ist, können in der Unterhaut Schleimbeutel ausgebildet sein. Sie entstehen erst nach der Geburt durch mechanische Beanspruchung der entsprechenden Stelle.

Die Lederhaut ist der Anteil der Haut, der bei tierischen Häuten nach dem Gerben das Leder liefert. Vom Grad ihrer Ausbildung hängt die Dicke der Haut ab. Die Lederhaut liegt unter der Oberhaut und besteht aus dichtem, gefäß- und nervenreichem Gewebe. Sie ist ähnlich wie die Unterhaut sehr schmerzempfindlich. In der Lederhaut befinden sich die meisten Hautsinnesorgane (freie Nervenenden, Tastkörperchen), und die Haare sind in ihr verankert. Die Lederhaut kann sich bis zu einem gewissen Grad dehnen. Im Alter lässt die Elastizität nach, und es entstehen Hautfalten. Die Lederhaut hat die Aufgabe, die Oberhaut zu ernähren und sich mechanisch fest mit ihr zu verbinden. Zur Oberflächenvergrößerung hat sie daher kleine Fortsätze, die Papillen, die zur Oberhaut vorragen und fest mit ihr »verzahnt« sind. Die Oberhaut gliedert sich in eine Keimschicht aus lebenden Zellen und die darüber liegende

Hornschicht. Die Hornschicht besteht aus mehreren Lagen abgeplatteter, toter Zellen, die Keratin enthalten. Ihre Dicke variiert je nach dem Grad der mechanischen Beanspruchung. Von der obersten Zelllage schilfern ständig verhornte, abgestorbene Zellen (Hautschüppchen) ab. Der Zellnachschub erfolgt aus den untersten Schichten der Keimschicht, in welchen sich die Zellen teilen. Von der Bildung der Zellen bis zur Abstoßung an der Oberfläche vergehen etwa 20 bis 30 Tage. Die Zellteilung setzt eine ausreichende Versorgung mit Nährstoffen voraus. Diese stammen aus den Blutgefäßen der Lederhaut, denn die Oberhaut besitzt selber keine Blutgefäße. Die Keimschicht enthält unterschiedlich viel Pigment und bestimmt die Färbung der Haut.

Die Haut befindet sich in einem Zustand der ständigen Spannung. Deshalb klaffen die Ränder einer Schnittwunde immer auseinander (Abb. 7). Bei der Wundheilung muss der Hautdefekt wieder überbrückt werden. Von der Lederhaut werden Zellen und Fasern gebildet, um die Wunde von innen her zu verschließen. Der Oberflächenverschluss der Wunde erfolgt durch Oberhautzellen, die aus der Keimschicht von der Seite her einwachsen, dann ausreifen und die Wunde verschließen. Eine normale Wundheilung dauert ohne Komplikationen bei aneinanderliegenden Wundrändern – wenn beispielsweise genäht wurde – zehn Tage.

An verschiedenen Stellen des Körpers lässt die Haut Sonderbildungen entstehen. Es handelt sich einerseits um lokalisierte Spezialdrüsenapparate, zu denen die Schweiß- und Talgdrüsen sowie die Milchdrüse gezählt werden, und andererseits um spezifische haarlose Hautorgane mit einer sehr starken Verhornung der Oberhaut. Beispiele hierfür sind Klaue, Huf, Kralle, Kastanie, Sporn oder Hörner.

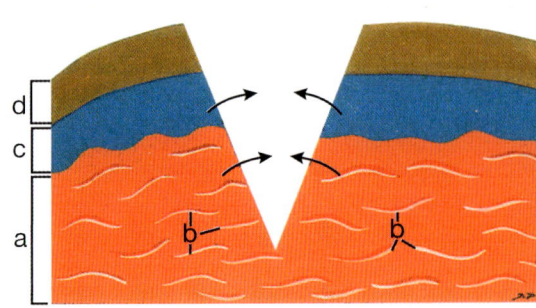

Wegen des Zuges der Bindegewebsfasern klafft die Wunde meistens. Bei der Wundheilung wachsen Zellen von der Keimschicht der Oberhaut sowie Zellen aus der Lederhaut vom Wundrand in Pfeilrichtung in die Wunde ein und schließen allmählich den Defekt.
a-b   Lederhaut,
b   Bindegewebsfasern;
c-d   Oberhaut: c Keimschicht, d Hornschicht

Abb. 7: Schnitt durch die verletzte Haut zur Darstellung der Wundheilung, vergrößert

2. Der Bewegungsapparat

Unter dem Begriff Bewegungsapparat werden alle Organe und Körperteile zusammengefasst, die dem Körper die notwendige Stabilität verleihen und die Voraussetzungen für spontane Bewegungen schaffen. Gleichzeitig bestimmen diese Körperteile weitgehend das artspezifische Aussehen eines Tieres. Der Bewegungsapparat lässt sich in einen passiven Teil, das Skelettsystem samt Gelenken und Bändern, und einen aktiven Teil, das Muskelsystem, einteilen, die sehr eng zusammenwirken.

2.1 Der passive Bewegungsapparat

Der passive Bewegungsapparat besteht aus harten tragfähigen Einzelknochen, die in ihrer Gesamtheit das Skelett (S. 14, Abb. 1) bilden. Die Form der einzelnen Knochen ist verschieden. Sie entspricht den jeweiligen statischen und funktionellen Erfordernissen. Man unterscheidet:

- kurze Knochen wie beispielsweise die Wirbel oder die kleinen Knochen in zusammengesetzten Gelenken (Vorderfußwurzel- und Sprunggelenk)
- platte Knochen wie zum Beispiel die Kopfknochen oder das Schulterblatt
- Röhrenknochen, die man vor allem an den Gliedmaßen findet (Oberarm-, Oberschenkelknochen, Unterarm-, Unterschenkelknochen, Röhrbein des Mittelfußes oder das Fesselbein an der Zehe).

Erhabenheiten oder Höcker der Knochen, beispielsweise Bandansatzstellen an den Gelenken oder Knochenteile, die direkt unter der Haut liegen, dienen als wichtige Orientierungspunkte beim Abtasten der Gliedmaßen oder beim Aufsuchen von Gelenken oder Sehnenansatzstellen. Solche Stellen sind etwa der Ellbogenhöcker, das Erbsenbein am Vorderfußwurzelgelenk, die Seiten der Röhrbeine, die Bandhöcker des Fesselgelenks oder der Fersenhöcker oben und hinten am Sprunggelenk (S. 14, Abb. 1).
Der Aufbau eines Röhrenknochens soll näher besprochen werden:
Ein Röhrenknochen besteht aus einem Mittelstück, dem Knochenschaft, der Diaphyse und je einem oberen und unteren Endstück, die als Epiphysen bezeichnet werden. Im Schaftbereich umschließt die aus dicht geschichtetem Knochengewebe bestehende Knochenrinde, auch Kompakta genannt, die Markhöhle. Die Knochenrinde enthält zahlreiche Knochenröhrchen und ist sehr belastungsfähig.
An beiden Enden eines Röhrenknochens wird die Knochenrinde dünner. Im Innern bildet hier das Knochengewebe ein dreidimensionales Gitterwerk von Knochenbälkchen aus. Die Anordnung dieser Knochenbälkchen richtet sich nach den auftretenden Druck- und Zugkräften. In der Markhöhle und zwischen den Knochenbälkchen befindet sich das Knochenmark.
Bei der Geburt ist nur rotes blutbildendes Knochenmark vorhanden. Es wird im Laufe der Zeit in den meisten Knochen allmählich durch gelbes Fettmark verdrängt. Nur in wenigen Knochen (Rippen, Brustbein, Wirbel, Becken) bleibt das rote Knochenmark für den Zellnachschub

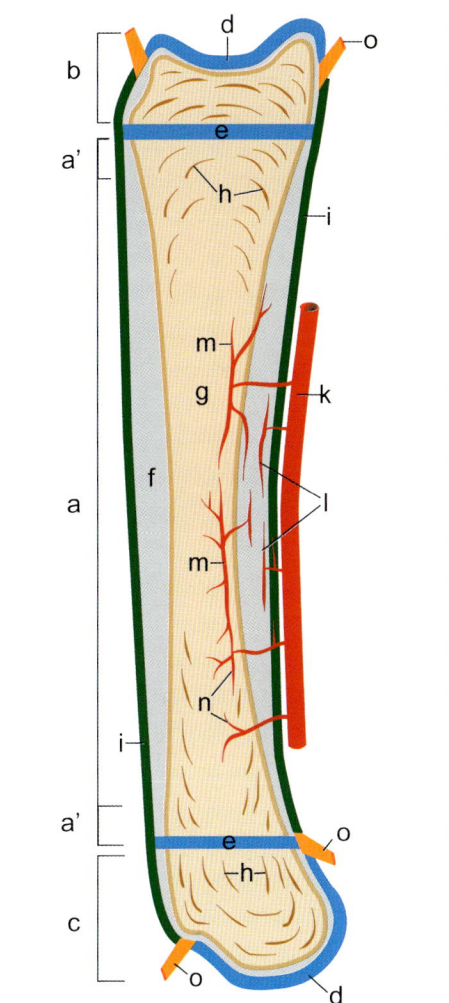

a Knochenschaft = Diaphyse, a' Metaphyse = Ende des Schaftes, wo beim Wachstum neuer Knochen entsteht; b-c Knochenenden = Epiphysen: b obere Epiphyse, c untere Epiphyse; d Gelenkknorpel; e Wachstumsfuge: in der Jugend Knorpel, verknöchert bei Wachstumsende.

f Knochenrinde = Kompakta; g Markhöhle mit Knochenmark; h Knochenbälkchen Spongiosa; i Knochenhaut = Periost; k Blutgefäß mit Ästen (l) zur Knochenhaut und dem äußeren Teil der Kompakta; m Blutgefäße zum Markraum und dem inneren Teil der Kompakta; n Gefäßäste zur Spongiosa; o Stümpfe der Gelenkkapsel.

Abb. 8: Aufbau eines Röhrenknochens: Längsschnitt durch die Speiche des Unterarms vom Jungpferd

der Blutkörperchen, also der Blutzellen, erhalten.

Während des Wachstums befindet sich zwischen dem Mittelstück und den beiden Endstücken eines Röhrenknochens je eine knorpelige Wachstumsfuge, die Epiphysenfuge. Hier findet das Längenwachstum des Knochens statt. Zwischen der Wachstumsfuge und dem Knochenschaft befindet sich die Metaphyse, ein Bereich, in dem der Knorpel in Knochen umgewandelt wird. In dieser Zone kann bei Wachstumsstörungen von Fohlen chirurgisch eingegriffen werden.

Die Verknöcherung der knorpeligen Wachstumsfuge bedeutet das Ende des Längenwachstums. Beim Jungpferd ist der Bereich der knorpeligen oder noch nicht vollständig verknöcherten Wachstumsfuge die Stelle, an der nicht selten Knochenbrüche, also Frakturen, auftreten.

Jeder Knochen wird mantelartig von einer sehr gefäß- und nervenreichen Knochenhaut, dem Periost, umgeben. Die Blutgefäße der Knochenhaut dringen in die Knochenkompakta ein und ernähren einen Teil des Knochens. Andere Blutgefäße versorgen die Knochenkompakta vom Markraum her. Die Knochenhaut spielt bei der Heilung von Knochenbrüchen eine wichtige Rolle. Der Heilungsprozess geht von den Zellen der Knochenhaut und den Begleitzellen der ins Bruchgebiet einsprossenden Blutgefäße aus. Werden bei einem Knochenbruch die beiden Bruchenden nicht ausreichend ruhiggestellt, so entstehen Bewegungen, die ein Einwachsen der Blutgefäße und damit die Heilung des Bruches verzögern.

Die aneinanderstoßenden Knochen sind entweder beweglich oder unbeweglich miteinander verbunden. Eine unbewegliche Verbindung findet sich beispielsweise zwischen den Schädelknochen. An den Stellen, an denen eine größere Beweglichkeit erforderlich ist, sind Gelenke ausgebildet. Zu einem Gelenk (Abb. 9) gehören zwei einander gegenüberliegende Knochenenden, die von einem glatten, bläulichweißen, stoßdämpfenden Gelenkknorpel überzogen sind. Normalerweise passen sie so aufeinander, dass die eine Gelenkfläche das Negativ der anderen bildet. Das eine Knochen-

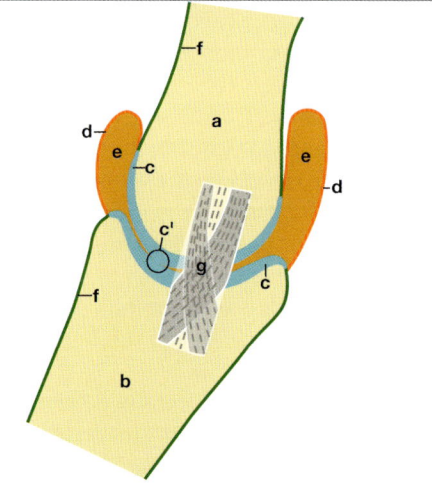

Das hinter der Schnittebene liegende innere Seitenband (g) ist gestrichelt eingezeichnet.
a oberes Knochenende (Fesselbein) mit Gelenkerhöhung;
b unteres Knochenende (Kronbein) mit Gelenkvertiefung;
c Gelenkknorpel (blau), c' Berührungszone gegenüberliegender Knorpel – je nach Gelenkstellung berühren sich verschiedene Knorpelzonen;
d Gelenkkapsel (orange), produziert die Gelenkschmiere = Synovia;
e Gelenkhöhle, enthält Synovia;
f Knochenhaut = Periost (grün);
g Seitenband mit spiralförmig gedrehten Faserzügen

Abb. 9: Schematischer Aufbau eines Gelenkes am Beispiel eines Längsschnittes durch das Krongelenk

ende liefert die Gelenkerhöhung und das andere die formschlüssige Vertiefung. Passen die Knochenenden nicht aufeinander, so befinden sich in den Lücken dazwischen Knorpelscheiben wie zum Beispiel die Menisken im Kniegelenk.

Die Gelenkkapsel verbindet die beiden Knochenenden und umschließt die Gelenkhöhle. Je nach Art der Belastung und nach der erforderlichen Beweglichkeit des Gelenkes ist die Kapsel straff oder bildet einen geräumigen Sack.

In der Gelenkhöhle befindet sich die Gelenkschmiere oder Synovia. Diese ist zähflüssig, fadenziehend und gelblich. Sie erhält das Gelenk feucht und gleitfähig, dient zur Ernährung des

Gelenkknorpels und vermindert auch die Reibung. Bei Belastung geben die einander gegenüberliegenden Knorpel, wenn sie gesund sind, ganz wenig Flüssigkeit an ihre Oberfläche ab; dieser Flüssigkeitsfilm vermindert vor allem die Reibung zwischen den sich berührenden Knorpelenden. Ein kranker, oft matt aussehender Knorpel kann bei Belastung zu wenig Flüssigkeit abgeben.

Bei den meisten Gelenken halten Bänder die Knochenenden zusammen und sind an deren Führung beteiligt. Sie verhindern oder beschränken auch gewisse Bewegungen des Gelenkes. Dabei werden sie durch Muskeln und Sehnen unterstützt. Am wichtigsten sind die Seitenbänder, die seitlich über das Gelenk hinwegziehen. Bei den Seitenbändern verlaufen die Faserzüge nicht parallel, sondern spiralförmig gedreht, so dass in jeder Gelenkstellung in den verschiedenen Faserzügen eine ähnliche Spannung herrscht. So werden Überdehnungen und Zerreißungen von Faserzügen vermieden; bei paralleler Faseranordnung würden die einen Faserzüge überdehnt und die anderen wären je nach Gelenkstellung zu schlaff.

Am Gelenk sind sowohl die Gelenkkapseln als auch die Gelenkbänder sehr schmerzempfindlich. Das Gleiche gilt für die den Knochen überziehende Knochenhaut, in welche die Gelenkkapsel am Ende des Gelenksackes übergeht. Es ist wichtig zu wissen, dass Abbauprodukte von geschädigten Gelenkknorpeln oder Gelenkbändern die Gelenkkapsel reizen und Schmerzen verursachen können, auch wenn die Gelenkkapsel nicht stark gefüllt ist.

Als Gallen bezeichnet man vermehrt gefüllte Synovialräume wie Gelenkkapseln, Sehnenscheiden oder Schleimbeutel. Bei mäßiger Füllung müssen solche Gallen nicht schmerzhaft sein. Sie können aber auch in diesem Stadium schon gereizt sein, Schmerzen bereiten und deshalb sogar Lahmheiten verursachen. Eine leicht vermehrte Füllung der Fesselbeugesehnenscheide ist häufig zu sehen und tritt meist ohne Schmerzen auf. Stark und prall gefüllte Gallen sind in der Regel sehr schmerzhaft. Eine akut entstandene Galle ist entzündet und deshalb warm. Sie verursacht oft Schmerzen und Lahmheit. Die chronische Galle ist entweder kalt und weich oder verhärtet und kann dann zu mechanischer Behinderung führen. Die Verhärtung kann durch Wandverdickung sowie durch Ausflockung und Verklumpung der Gelenkschmiere oder des Inhalts der Sehnenscheiden und Schleimbeutel zustande kommen.

2.2 Der aktive Bewegungsapparat

Der aktive Bewegungsapparat wird von den Muskeln, Sehnen und Hilfsorganen wie Muskelbinden, Schleimbeuteln und Sehnenscheiden gebildet. Muskeln besitzen die Fähigkeit, sich auf einen Nervenreiz hin zusammenzuziehen. Dadurch bewegen sich die Knochen, zwischen denen sie eingespannt sind.

Die Gesamtheit der Muskeln, die am Skelett ansetzen, wird unter dem Begriff Skelettmuskulatur (S. 15, Abb. 2 und S. 29, Abb. 17) zusammengefasst. Beim Pferd lassen sich insgesamt etwa 250 Muskeln unterscheiden. Sie nehmen dabei folgende Aufgaben wahr:

- Bewegung des ganzen Körpers oder einzelner Teile davon,
- Erhaltung des Gleichgewichts,
- Bildung der Körperhöhlenwände und Unterstützung der inneren Organe (zum Beispiel Atmung, Bauchpresse).

Jeder Muskel setzt sich aus einer Vielzahl feinster Muskelfasern zusammen. Mehrere Muskelfasern werden durch Bindegewebe zu Faserbündeln zusammengefasst. Zwischen den einzelnen Muskelfasern verlaufen sehr viele kleine Blutgefäße, die Kapillaren. Sie dienen der Versorgung des Muskels mit Sauerstoff und Nährstoffen sowie dem Abtransport von Abfallprodukten, beispielsweise von Milchsäure und Kohlendioxid. Die Blutversorgung und damit auch die Sauerstoffzufuhr werden durch Bewegung in Form von langsam aufbauendem Training gefördert.

Der Muskel speichert in Ruhe Zucker in Form von tierischer Stärke (Glykogen) als Energiereserve. Wird ein sonst regelmäßig arbeitendes Pferd an Ruhetagen kohlenhydratreich mit

Kraftfutter gefüttert, so lagern seine Muskeln viel Glykogen ein. Wenn auf einen solchen Ruhetag plötzlich starke Arbeitsbelastungen folgen und das Pferd zudem wenig aufgewärmt wurde, ist die Durchblutung der Muskulatur, besonders der großen Muskeln an Kruppe und Oberschenkel, oft ungenügend. Dabei wird im Muskel zu wenig energiereiches Phosphat (ATP) gebildet. Es sammeln sich durch den Abbau der Kohlenhydrate ohne Sauerstoff große Mengen von Milchsäure und anderen Stoffwechselprodukten an, die nicht abtransportiert werden können. Dadurch wird der Muskel geschädigt, und viele Muskelzellen werden zerstört.

Die rasch auftretende Erkrankung, die vor allem zur Anschwellung und Verhärtung der Kruppen- und Oberschenkelmuskulatur führt, wird als Kreuzschlag oder Kreuzverschlag bezeichnet. Als vorbeugende Maßnahmen zur Verhinderung des Kreuzverschlags sind eine kohlenhydratarme Fütterung an Ruhetagen (Weglassen des Kraftfutters) sowie gutes Aufwärmen bei Wiederaufnahme der Arbeit dringend zu empfehlen.

Die Form der Muskeln ist sehr vielgestaltig und abhängig von der Lage. An den Gliedmaßen sind sie eher spindelförmig, am Rücken rundlich-lang und seitlich am Körper großflächig ausgebildet. An den Muskeln unterscheidet man einen Muskelbauch, einen Ursprung und einen Ansatz (Abb. 10). Bei Muskeln an den Gliedmaßen liegt der Ursprung auf der dem Rumpf zugewandten Seite, während sich der Ansatz in Bodennähe befindet. Aus der Anordnung ergibt sich die Wirkung des Muskels. Muskeln, die den Gelenkwinkel verkleinern, heißen Beuger, während man solche, die den Gelenkwinkel vergrößern, als Strecker bezeichnet.

Kein Muskel arbeitet für sich alleine. Alle Bewegungen sind vielmehr das Resultat eines feinen Zusammenspiels von mehreren Muskeln. Es gibt Muskeln, die miteinander, und solche, die gegeneinander arbeiten. Wenn sich bestimmte Muskeln zusammenziehen, muss die Spannung der Gegenspieler entsprechend nachlassen. Letztere wirken wie eine Art Bremse. Die Bewegungsstärke und der Zeitpunkt

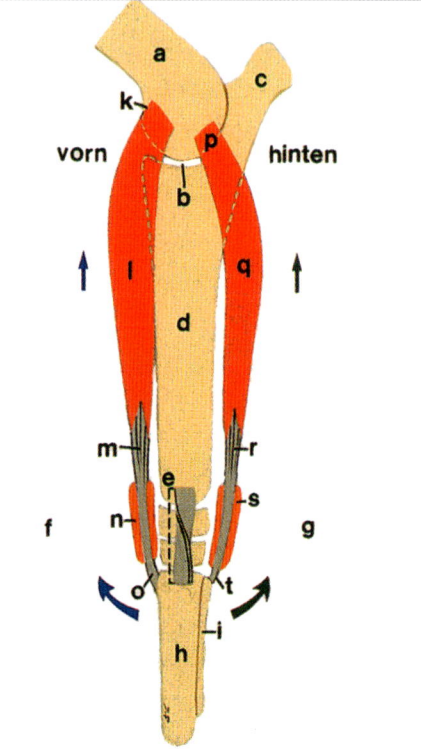

a   Oberarmknochen;
b   Ellbogengelenk;
c   Ellbogenhöcker;
d   Speiche;
e   Ausdehnung des Karpalgelenks mit innerem Seitenband;
f   Streckseite (Vorderseite) des Karpalgelenks; g Beugeseite des Karpalgelenks;
h   Röhrbein;
i   Griffelbein;
k-o Streckmuskel des Karpus mit Sehne: k Ursprung,
l   Muskelbauch,
m   Sehne;
n   Sehnenscheide,
o   Ansatz der Sehne; blaue Pfeile: Bewegungsrichtung beim Strecken;
p-t Beugemuskel des Karpus mit Sehne: p Ursprung,
q   Muskelbauch,
r   Sehne;
s   Sehnenscheide, t Ansatz; grüne Pfeile: Bewegungsrichtung beim Beugen
*   Vorderfußwurzelgelenk = »Vorderknie« = Karpalgelenk

Abb. 10: Streck- und Beugemuskeln des Vorderfußwurzelgelenks* und ihre Anteile, schematisierte Ansicht auf die Innenseite der Gliedmaße

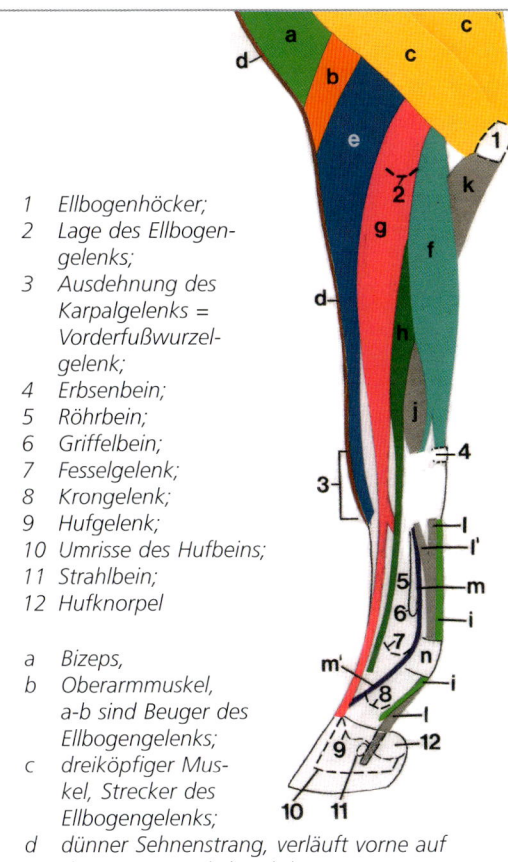

1 Ellbogenhöcker;
2 Lage des Ellbogen-
   gelenks;
3 Ausdehnung des
   Karpalgelenks =
   Vorderfußwurzel-
   gelenk;
4 Erbsenbein;
5 Röhrbein;
6 Griffelbein;
7 Fesselgelenk;
8 Krongelenk;
9 Hufgelenk;
10 Umrisse des Hufbeins;
11 Strahlbein;
12 Hufknorpel

a Bizeps,
b Oberarmmuskel,
   a-b sind Beuger des
   Ellbogengelenks;
c dreiköpfiger Mus-
   kel, Strecker des
   Ellbogengelenks;
d dünner Sehnenstrang, verläuft vorne auf
   dem Bizepsmuskel und dem inneren Karpalstrecker. Der Sehnenstrang verbindet
   das Schulterblatt mit dem Röhrbein und
   fixiert so das Vorderbein beim Stehen in
   Streckstellung; e innerer Karpalstrecker;
f äußerer Karpalstrecker, der das Karpalgelenk beugt, weil er weit hinten ansetzt.
   Bei anderen Tierarten, wo er weiter vorn
   ansetzt, streckt er das Karpalgelenk;
g gemeinsamer Zehenstrecker;
h seitlicher Zehenstrecker;
i oberflächliche Beugesehne, der zuge-
   hörige Muskelbauch am Unterarm ist
   nicht sichtbar, da er von anderen Muskeln bedeckt ist;
j-l tiefer Zehenbeuger:
k sein von der Elle kommender Teil, l tiefe
   Beugesehne, l' ihr Halteband vom Röhrbein;
m Fesselträger, m' seine untere Verbindung zur Strecksehne;
n Fesselringband = Sehnenhalteband
   hinter dem Fesselgelenk

Abb. 11: Muskeln, Sehnen und Gelenke an der
linken Vordergliedmaße, von Oberarmmitte
nach unten, Ansicht von der Außenseite

des Zusammenziehens werden vom Nervensystem reguliert. Erkrankungen der hierfür zuständigen Teile des Nervensystems wirken sich dementsprechend in Form von Bewegungsstörungen aus.

Der Muskel verjüngt sich in der Regel an den Enden und geht in Sehnen über. Diese stellen die Verbindung zwischen Muskel und Knochen her. Aus spindelförmigen Muskeln gehen Sehnen mit einem rundlichen Querschnitt hervor, während flächige Muskeln in Sehnenplatten münden. Die Sehnenfasern sind parallel und in der Zugrichtung angeordnet. Sie zeichnen sich durch eine hohe Zug- und Reißfestigkeit aus, die aber nicht unendlich groß ist.

Bei starken und dauernden Zugbelastungen der Sehnen kommt es häufig zu Mikrorissen von Sehnenfaserbündeln, die ihrerseits zu chronischen Entzündungen führen. Bekannt sind zum Beispiel die chronischen Sehnenentzündungen nach Faserzerreißungen unterschiedlichen Grades an der oberflächlichen Beugesehne, die vor allem bei Galopprennpferden häufig sind. Die verdickte, oberflächliche Beugesehne wird auch »Bogen« oder »Banane« genannt. Die verdickte, seitwärts ausbuchtende, tiefe Beugesehne bezeichnet man als »Wade«. Bei der Ultraschalluntersuchung erscheint das veränderte Sehnengewebe im Gegensatz zum normalen, sehr dichten Sehnengewebe aufgelockert.

Ein weiteres charakteristisches Merkmal des Sehnengewebes ist seine geringe Blutgefäßversorgung. Sehnenverletzungen heilen deshalb sehr schlecht und langsam. Nach einer vollständigen Durchtrennung hat eine Sehne selbst zwölf Monate nach der Operation erst circa 50 % ihrer ursprünglichen Reißfestigkeit wiedererlangt.

Im Gegensatz zur hohen Zugfestigkeit ist die Druckfestigkeit von Sehnen sehr gering. An Stellen mit starker Druckbelastung sind die Sehnen deshalb häufig von Sehnenscheiden umhüllt, oder sie sind – beispielsweise an Knochenkanten oder Knochenflächen – von einem Schleimbeutel unterlagert.

Bei den Schleimbeuteln handelt es sich um dünnhäutige, kleine Säcke im Gewebe.

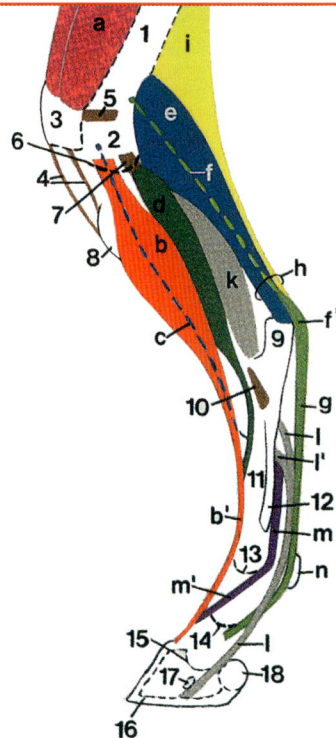

1-2 Oberschenkelknochen: 1 sein Schaft,
2 sein unteres Ende;
3 Kniescheibe;
4 untere Kniescheibenbänder;
5 seitliches Kniescheibenband;
6 Lage des Kniekehlgelenkes;
7 Seitenband des Kniekehlgelenkes;
8 Schienbein;
9 Fersenhöcker;
10 Seitenband des Sprunggelenkes;
11 Röhrbein;
12 Griffelbein;
13 Fesselgelenk;
14 Krongelenk;
15 Hufgelenk;
16 Umrisse des Hufbeins;
17 Strahlbein;
18 Hufknorpel

*Abb. 12: Muskeln, Sehnen und Gelenke an der
linken Hintergliedmaße von Oberschenkelmitte
nach unten, Ansicht von der Außenseite. Die
außen liegenden Portionen der Hinterbacken-
muskeln sind entfernt,damit die Unterschenkelmuskulatur gut sichtbar ist.*

a   vierköpfiger Oberschenkelmuskel,
Strecker des Kniegelenks. Der Muskel
kann mit wenig Kraft die Kniescheibe
auf einer Knochennase des Oberschenkelknochens festhalten und so das Kniegelenk und damit die ganze Hintergliedmaße in Streckstellung fixieren;
b   langer Zehenstrecker, b' seine Sehne;
c   sehniges Spannband vom Oberschenkelknochen zum Röhrbein, beugt
gleichzeitig das Sprunggelenk bei Beugung des Kniegelenks;
d   seitlicher Zehenstrecker;
e   Wadenmuskel;
f   oberflächlicher Zehenbeuger, heftet
sich mit Fersenkappe (f') am Fersenhöcker an. Der oberflächliche Zehenbeuger ist ein stark sehnig durchsetzter
Muskel, der das hintere Spannband
des Unterschenkels bildet und bei
Streckung des Kniegelenks gleichzeitig
das Sprunggelenk streckt;
g   oberflächliche Beugesehne;
h   Fersensehnenstrang; i hintere Anteile
der langen Sitzbeinmuskulatur (von
Bizeps und halbsehnigem Muskel), die
in den Fersensehnenstrang einstrahlen;
k-l tiefer Zehenbeuger, l tiefe Beugesehne, l' ihr Halteband vom Röhrbein;
m   Fesselträger, m' seine untere Verbindung zur Strecksehne;
n   Fesselringband = Sehnenhalteband
hinter dem Fesselgelenk

Sie enthalten eine Flüssigkeit, die in ihrer Zusammensetzung der Gelenkflüssigkeit gleicht.
Die Schleimbeutel dienen als Gleit- oder was-
serkissenartige Schutzvorrichtung. Sie befinden sich zwischen den Knochen und den straff
über diese hinwegziehenden Muskeln, unter
Sehnen und Bändern oder unter der Haut. Der
Schleimbeutel unter der oberflächlichen Beugesehne am Fersenhöcker ist ein wichtiges
Gleitkissen und Druckpolster für diese Sehne,
da der knochige Fersenhöcker einen erheblichen Druck auf die darüber liegenden Gewebe
(Sehne und Haut) ausübt.
Nach ihrer Entstehung unterscheidet man zwischen angeborenen und erworbenen Schleimbeuteln. Die unter der Haut liegenden Schleimbeutel entstehen erst nach der Geburt, sind
also erworben. Ihr Vorkommen ist nicht regelmäßig und hängt vom Alter, vom Ernährungs-
zustand und vom Einsatz des Pferdes ab. Der
Schleimbeutel über dem Ellbogenhöcker kann
sich durch Druck des Stollens am Hufeisen vergrößern und wird dann zur sogenannten Stoll-
beule. Weitere wichtige Schleimbeutel unter
der Haut sind derjenige am Fersenhöcker (Abb.
13) und vor allem der subkutane Schleimbeutel am Widerrist (S. 29, Abb. 17), der über dem

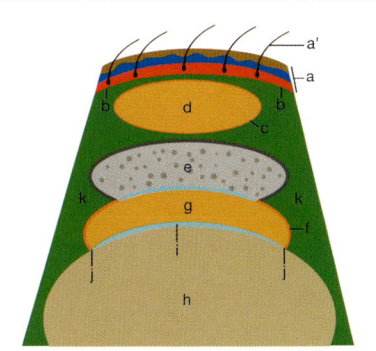

a   Haut mit Haaren (a');
b   Unterhaut;
c-d   Schleimbeutel in der Unterhaut: c
        seine Wand, d sein Lumen, gefüllt
        mit Gleitflüssigkeit (= Synovia);
e   Sehne (hier: oberflächliche Beuge-
        sehne);
f-g   Schleimbeutel unter einer Sehne:
        f seine Wand, g sein Lumen mit
        Gleitflüssigkeit;
h   Unterlage zum Beispiel überknorpel-
        tes Knochenstück (hier: Fersenhö-
        cker);
i   Knorpel;
j   Übergangsstelle der Wand des
        Schleimbeutels in den Knorpel;
k   umhüllendes Bindegewebe

Abb. 13: Lage und Aufbau von Schleimbeuteln
am Beispiel eines Querschnitts von Haut bis Fersenhöcker. Die Schleimbeutel dienen zur Polsterung der Haut und als Gleitkissen für die druckempfindliche Sehne

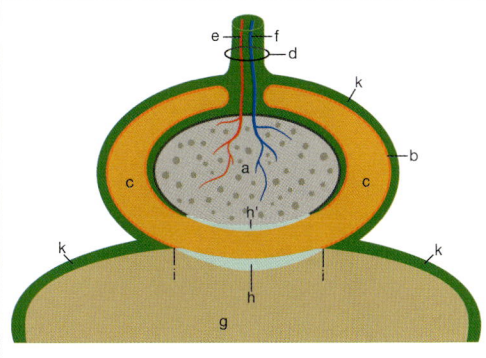

a   Sehne;
b-c   Sehnenscheide: b ihre Wand, bildet
        Gleitflüssigkeit; c Lumen der Sehnen-
        scheide, gefüllt mit Gleitflüssigkeit;
d   Sehnengekröse = Haltezügel, der Ge-
        fäße an die Sehne heranbringt;
e   Arterie;
f   Vene;
g-h   Unterlage: zum Beispiel Knochen (g),
        Gelenkkapsel, Knorpel (h), h' Knorpel
        an der Sehnenfläche;
i   Übergang der Wand der Sehnenscheide
        in Knorpel;
k   umhüllendes Bindegewebe (grün)

Abb. 14: Sehne und Sehnenscheide im Querschnitt. Die druckempfindlichen Sehnen sind an
allen druckgefährdeten Stellen von schlauch-
ähnlichen Sehnenscheiden umgeben, die mit
Gleitflüssigkeit (= Synovia) gefüllt sind. Das
Schema zeigt auch, dass die Sehne nur schwach
mit Gefäßen versorgt ist

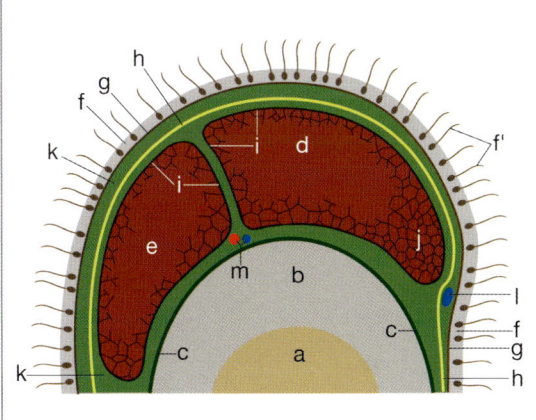

a-c   Speiche: a Knochenmark,
b   Knochenrinde = Kompakta, c Knochen-
        haut = Periost;
d   Muskel, Karpalstrecker;
e   Muskel, Zehenstrecker;
f   Haut mit Unterhaut, f' Haare;
g   oberflächliche Faszie;
h   tiefe Faszie (Faszien sind straffe Bindege-
        webshäute);
i   straffe Muskelhülle (= Muskelfaszie);
j   Bindegewebssepten, grenzen Muskelfaser-
        bündel ab;
k   lockeres Bindegewebe (hellgrün);
l   oberflächlich liegende Vene;
m   tiefliegende Arterie und Vene

Abb. 15: Querschnitt durch die Mitte des Unterarms, vordere Hälfte. Im Bereich der dicken Muskel-
bäuche ist bei Verletzungen die Entfernung von der Haut bis zum Knochen groß. Tiefe Fleischwunden sind manchmal weniger gefährlich als Wunden, die nahe der Oberfläche zum Beispiel eine
Sehnenscheide eröffnen

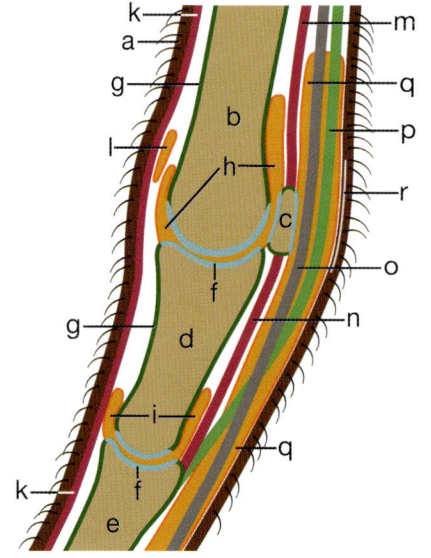

a   äußere Haut;
b   Röhrbein;
c   Gleichbein;
d   Fesselbein;
e   Kronbein;
f   Knorpel (blau);
g   Knochenhaut (grün);
h   Fesselgelenk;
i   Krongelenk;
k   Sehne des Zehenstreckers;
l   Schleimbeutel unter Strecksehne;
m-n Fesselträger: m oberer Teil, n unterer Teil (= unteres Gleichbeinband);
o   tiefe Beugesehne, Hufbeinbeuger;
p   oberflächliche Beugesehne, Kronbeinbeuger;
q   Fesselbeugesehnenscheide für beide Beugesehnen, reicht von einer Handbreit über dem Fesselgelenk bis in die Hufkapsel hinein;
r   Fesselringband

Abb.16: Längsschnitt durch den Vorderfuß in der Fessel- und Krongelenksgegend, schematisiert. Die für Infektionen sehr anfälligen Gelenke, Sehnenscheiden und Schleimbeutel liegen hier nahe der Haut und werden bei Verletzungen leicht mit betroffen

Dornfortsatz des fünften bis siebten Brustwirbels unter dem Vorderzwiesel des Sattels liegt und sich bei Reibung und Druck leicht vergrößern und auch infizieren kann. An vielen Stellen, an denen Druck auf die Sehnen ausgeübt wird, sind diese nicht von einem Schleimbeutel unterlagert, sondern von Sehnenscheiden (S. 27,

Abb.14 und Abb.16) umgeben. Sehnenscheiden sind schlauchähnliche und mit Flüssigkeit gefüllte Hüllen. Die Sehnenscheiden findet man dort, wo Sehnen mit einer starken Spannung über harte, oft vorspringende Skelettteile hinwegziehen, zum Beispiel am Karpus oder am Fesselgelenk. Die Sehnenscheiden gleichen vom Aufbau her den Schleimbeuteln, funktionieren aber hauptsächlich als Gleitvorrichtung. Die Sehnenscheiden umschließen die Sehnen mehr oder weniger vollständig.

Bei einer krankhaften Vermehrung der Flüssigkeit wölben sich die erweiterten Sehnenscheiden unter der Haut hervor, soweit dies möglich ist. Man spricht in diesem Fall von einer Sehnenscheidengalle. Die Wand der Sehnenscheide und des Schleimbeutels ähnelt der Wand der Gelenkkapsel und ist sehr schmerzempfindlich.

Zusammenfassend muss noch darauf hingewiesen werden, dass Sehnenscheiden, Schleimbeutel und ganz besonders die Gelenke sehr anfällig für Infektionen sind. Bei Verletzungen dieser Synovialräume – beispielsweise durch einen Gabelstich –, die oft auch oberflächennah unter der Haut erscheinen, sollte schnellstmöglich eine tierärztliche Behandlung erfolgen. Dringender Verdacht auf eine Eröffnung von Synovialräumen besteht immer, wenn gelblich-viskose Flüssigkeit im Wundgebiet vorhanden ist. Dagegen sind tiefgehende Fleischwunden (S. 27, Abb.15) manchmal weniger gefährlich als scheinbar harmlose, oberflächliche Wunden, bei denen Synovialräume eröffnet sind.

Weitere Merkmale des Bewegungsapparats sind Faszien und Sehnenhaltebänder. Faszien sind flächenhafte, ziemlich straffe Bindegewebshäute, die entweder unter der Haut oder weiter innen nahe bei der Muskulatur, den Sehnen oder Gelenken liegen. Als Muskelhüllen umgeben Faszien auch die Muskeln oder Teile von Muskeln. Bei Wunden wirken Faszien oft wie Folien, an denen entlang sich der Eiter ausbreiten oder in die Tiefe versacken kann. Dies ist zum Beispiel bei vereiterten Schleimbeuteln am Widerrist der Fall.

Sehnenhaltebänder sind Faszienverstärkungen. Es handelt sich dabei um stark gerafftes Bin-

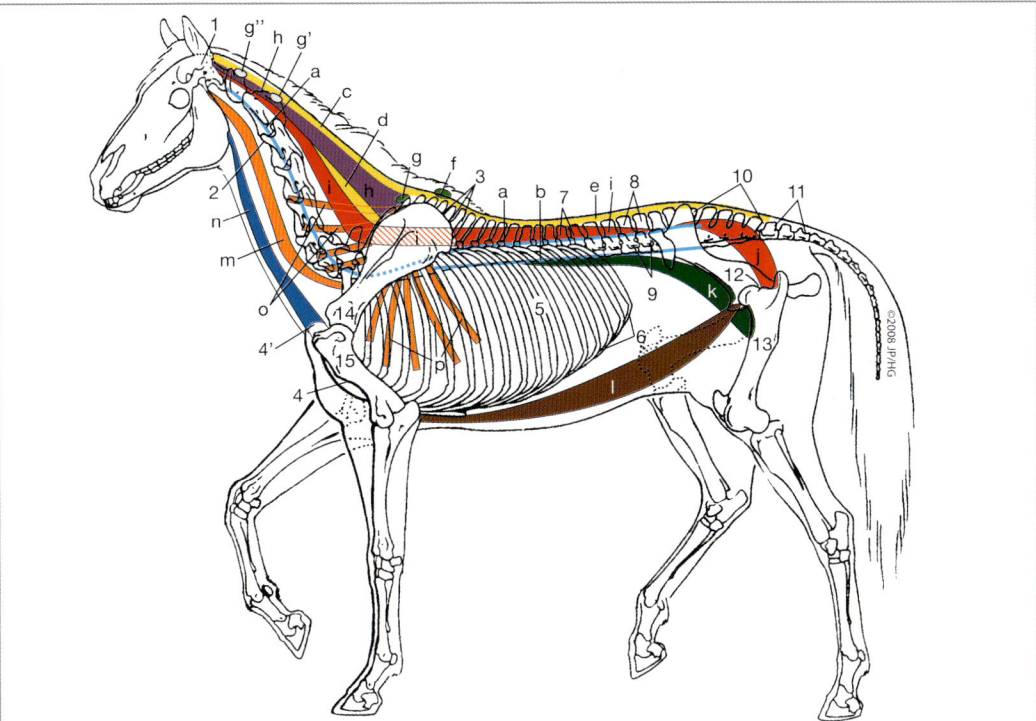

1 Hinterhauptsbein; 2 Halswirbel; 3 Dornfortsätze der vorderen Brustwirbel am Widerrist; 4 Brustbein, 4' Brustbeinspitze; 5 Rippen; 6 Rippenbogen; 7 Dornfortsätze der letzten Brustwirbel; 8 Dornfortsätze der Lendenwirbel; 9 Querfortsätze der Lendenwirbel; 10 Kreuzbein; 11 Schwanzwirbel; 12 Hüftbein; 13 Oberschenkelbein; 14 Schulterblatt; 15 Oberarmknochen.

a oberes Längsband, verläuft über den Wirbelkörpern; b unteres Längsband, zieht unter den Wirbelkörpern ab Brustmitte nach hinten; c-e Nackenrückenband: c Nackenstrang, d Nackenplatte, e Rückenband; f subkutaner Schleimbeutel am Widerrist; g Schleimbeutel zwischen Nackenstrang und Dornfortsätzen, g' Schleimbeutel zwischen 2. Halswirbel und Nackenstrang, g" Schleimbeutel zwischen 1. Halswirbel und Nackenstrang.

h Riemenmuskel = milzförmiger Muskel (M. splenius), vom Hinterhaupt und Hals zum Widerrist; i langer Rückenmuskel (M. longissimus = Entrecôte), hinten verbunden mit j; j mittlerer Kruppenmuskel (M. glutaeus medius); k innerer Lendenmuskel (M. psoas major = Filet); l gerader Bauchmuskel (M. rectus abdominis); m langer Hals-Kopfmuskel (M. longus colli und M. longus capitis); n Brustbein-Kopfmuskel (M. sternocephalicus); o-p Sägemuskel (M. serratus ventralis): o sein Halsteil, p sein Brustteil.

Abb. 17: Knochen, Bänder und Muskeln an Hals und Rumpf des Pferdes

degewebe, das die Sehnen an exponierten Stellen in ihrer Position hält und ein Abgleiten verhindert. Typische Beispiele sind das Fesselringband am Fesselkopf (Abb.16) oder die seitliche Befestigung der oberflächlichen Beugesehne am Fersenhöcker. Für die Untersuchung sollte man wissen, dass Schleimbeutel oder Sehnenscheiden, die von Haltebändern bedeckt sind, im Bereich der Haltebänder nicht zu fühlen sind. Sie quellen erst neben oder über den Haltebändern hervor und sind dort

fühlbar – zum Beispiel die Fesselbeugesehnenscheide oberhalb des Fesselringbandes.
Zur Schonung von Gelenken, Bändern und Sehnen ist es wichtig, dass die Muskulatur eines Pferdes gut und regelmäßig trainiert und gymnastiziert wird, so dass sich das Tier »tragen« kann. Bei wenig oder schlecht trainierten Pferden, von denen oft trotzdem Höchstleistungen verlangt werden, ermüdet die Muskulatur schnell. Dadurch steigt die Belastung der passiven Tragelemente, und es kommt durch

Überbeanspruchung zu Schäden an Sehnen, Gelenken und Bändern wie Zerrungen, Zerreißungen, Stauchungen und Gelenkkreizungen.

2.3   Der Rumpf

Die Wirbelsäule besteht aus sieben Halswirbeln, 18 Brustwirbeln, sechs oder manchmal fünf Lendenwirbeln, fünf Kreuzwirbeln sowie 15 bis 20 Schwanzwirbeln. Der Brustkorb wird außer von den Brustwirbeln seitlich noch von 18 Rippen und unten durch das Brustbein gestützt. Die Gegend der Brust- und Lendenwirbelsäule wird »Rücken« genannt.

Als Widerrist bezeichnet man den Bereich der hohen Dornfortsätze der vorderen Brustwirbel 3–12. Im hinteren Brustbereich sowie im Lendenwirbelbereich ist zu beachten, dass sich die Dornfortsätze von benachbarten Wirbeln berühren und zu Schmerzen führen können. Man bezeichnet sie dann als »kissing spines«.

Die Bewegung der Wirbel erfolgt an den Wirbelgelenken. Im Halsbereich erlauben die schräg gestellten Gelenkflächen auch starke Seitwärtsbewegungen. In der Brust- und Lendengegend sind nur noch leichte Seitwärtsbewegungen möglich, wobei die Krümmung beziehungsweise Biegung des Rückens nach oben und unten ausgeprägter ist als die Seitwärtsbewegung. Hier ist zu beachten, dass die Wirbelgelenke im hinteren Brustbereich sowie in der Lendengegend und am Übergang des letzten Lendenwirbels zum Kreuzbein auch erkranken und die häufig auftretenden Rückenschmerzen verursachen können.

Am Rumpf findet man verschiedene Tragelemente (S. 29, Abb. 17). Entlang der Wirbelkörper verläuft ein oberes und ein unteres Längsband. Diese Bänder ziehen über eine lange Strecke von vorn nach hinten. Außerdem sind die einzelnen Wirbel untereinander jeweils durch kleine Bänder verbunden.

Als wichtigstes Band ist das Nackenrückenband anzusehen: Das Nackenband verläuft vom Hinterhaupt zum Widerrist und geht dort in das Rückenband über. Bei der Beizäumung des Pferdes oder beim Absenken des Kopfes spannt sich das Nackenband und damit auch das Rückenband, und es kommt zu einer festen und dennoch leicht elastischen Stabilisierung der Wirbelsäule. Der Riemenmuskel in der oberen Halshälfte, der vom Kopf und der vorderen Hälfte des Halses zum Widerrist zieht und die Widerristdornfortsätze leicht nach vorn bringt, ist für die Aufrichtung des Pferdes verantwortlich. Er unterstützt das Nackenband aktiv und spannt beim Aufrichten der Dornfortsätze auch das Rückenband.

Als wichtigste Muskeln an Rumpf und Hals sind folgende zu nennen:
• der lange Rückenmuskel als oberer Tragegurt,
• der innere Lendenmuskel als innere Stabilisierung und mittlerer Tragegurt,
• der gerade Bauchmuskel als unterer Tragegurt, der am Becken ansetzt und das Becken in seiner Stellung hält. Dazu kommt noch vorn und unten am Hals der Brustbein-Kopfmuskel.

Eine weitere Tragevorrichtung ist der große Sägemuskel, der vom Hals und von den Rippen kommend oben zum Schulterblatt führt. Dieser Muskel ist zusammen mit dem Brustmuskel für die Aufhängung des Rumpfes zwischen den beiden Vordergliedmaßen zuständig. Der kräftige Sägemuskel ist neben anderen Muskeln sehr wesentlich an der Vorwärtsbewegung der Schultergliedmaßen beteiligt.

Für den Rumpf gilt, ähnlich wie für die Gliedmaßen, dass auch hier die aktiven Tragelemente, also die Muskulatur, langsam und kontinuierlich trainiert werden müssen, damit die Knochen, Gelenke und Bänder geschont werden.

2.4   Der Huf

Der Huf ist beim Pferd besonders hohen Belastungen ausgesetzt. Hier treten oft Erkrankungen wie beispielsweise die Hufrehe auf, die auch zu Notfallsituationen führen können.

Der Huf des Pferdes besteht aus zentralen Stützteilen und dem sie umschließenden, stark verhornten Hautüberzug (S.31). Zu ersteren zählt man das Kron-, Huf- und Strahlbein, den Hufknorpel sowie die Sehnen und Bänder. Der Hautüberzug setzt sich wie bei der behaarten

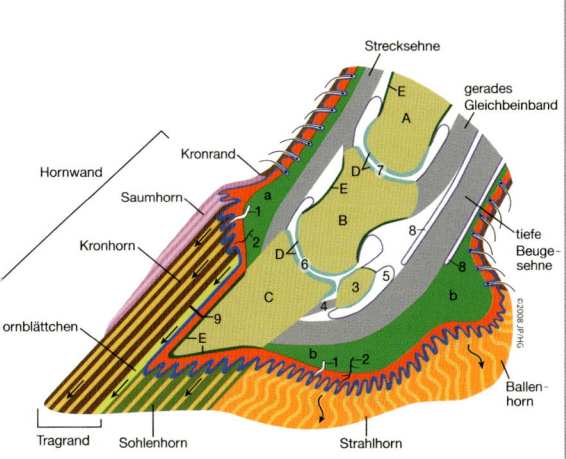

Unterhaut = Subcutis (grün), a Kronwulst,
b Strahlkissen. Lederhaut = Corium = Dermis (rot).
Oberhaut = Epidermis, ihre Keimschicht = hornbildende Schicht (blau), ihre Hornschicht: Röhrchenhorn, verschiedene Farben je nach Region, Hornblättchen (gelb), Pfeile: Wachstumsrichtung des
Horns.

A Fesselbein; B Kronbein; C Hufbein; D Gelenkknorpel; E Knochenhaut.

1 Blutgefäße; 2 Nerven; 3 Strahlbein; 4 Strahlbein-
Hufbeinband; 5 Hufrollenschleimbeutel; 6 Hufgelenk; 7 Krongelenk; 8 Fesselbeugesehnenscheide;
9 Querschnitt durch den Blättchenbereich in Abb. 19.

Abb. 18: Längsschnitt des Pferdehufes

Haut aus Unter-, Leder- und Oberhaut zusammen. Am Huf sind diese Elemente in ihrer Bau-
weise jedoch sehr stark modifiziert.
Die Unterhaut dient der Polsterung und der
Stoßdämpfung. Sie ist nur dort vorhanden, wo
diese Eigenschaften erwünscht sind: als Kronwulst im Bereich des Kronrandes und als
Strahlpolster am Strahl sowie weiter hinten als
Ballenpolster. An den Stellen, an denen sich
die Innenteile des Hufes fest mit den Außenteilen verbinden – also im Bereich der Wand und
der Sohle –, fehlt die Unterhaut, und die Knochenhaut geht direkt in die Lederhaut über.
Die blutgefäß- und nervenreiche Huflederhaut
dient der Ernährung der fest mit ihr verbundenen Oberhautzellen. Außerdem stellt sie die
Verbindung zwischen dem Hornschuh und den
Innenteilen des Hufes her. Sie lässt sich in sechs
verschiedene Abschnitte unterteilen, so dass
eine Saum-, Kron-, Wand-, Sohlen-, Strahl- und

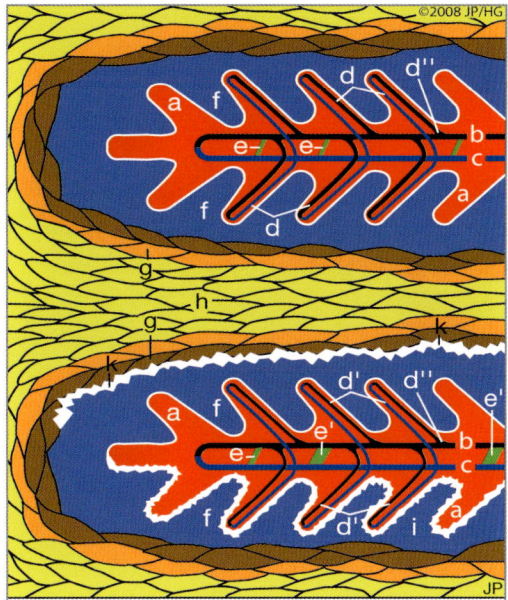

a Lederhaut; b Arterien; c Venen; d Kapillaren,
gut durchblutet; d' Kapillaren, schlecht durchblutet bei Hufrehe, d" Verschlussstellen vor Kapillaren; e arterio-venöse Kurzschlüsse, eng; e'
arterio-venöse Kurzschlüsse, können weit offen
sein bei Hufrehe, dass Kapillaren schlechter
durchblutet werden; f Keimschicht der Oberhaut.

a + f: Lederhaut + Keimschicht der Oberhaut =
weiche Blättchen – die Basalmembran = Grenz-
membran zwischen Lederhaut und Oberhaut ist
weiss gefärbt; g kleine Hornzellen, legen sich an
die Seite der Hornblättchen in Pfeilrichtung; h
Hornblättchen von oben nach unten wachsend;
i-k Trennlinien bei Hufrehe: i zwischen Lederhaut und Keimschicht durch Schäden an Basalmembran und an Basalzellen der Keimschicht;
k Trennlinie zwischen Keimschicht und Hornzellen, wenn Schäden sich gegen außen fortsetzen.

*Abb. 19 Querschnitt durch den Blättchenbereich
in halber Höhe des Hufes, stark vergrößert.
Obere Bildhälfte: Normalzustand. Untere Bildhälfte: Veränderungen bei Hufrehe*

Ballenlederhaut vorhanden ist. Durch die Ausbildung von Zotten in der Saum-, Kron-, Soh-
len-, Strahl und Ballenlederhaut und von Blättchen in der Wandlederhaut entsteht eine große Verbindungsfläche zur Oberhaut.
Die Hufoberhaut hat innen eine Keimschicht,
die der Lederhaut anliegt. Darüber befindet
sich jeweils die Hornschicht. Entsprechend der

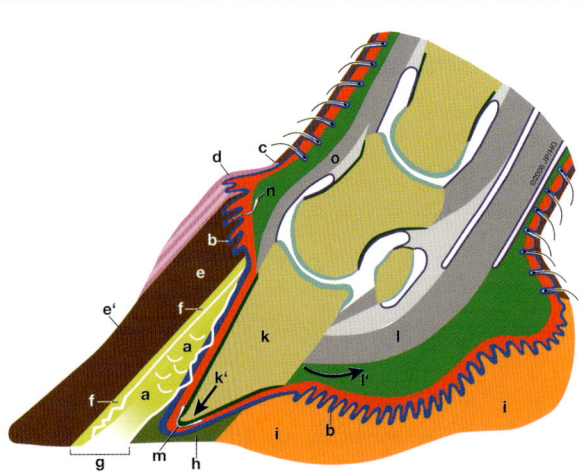

a Trennungsbereich zwischen den Innenteilen des Hufes und der Hornkapsel, teilweise gefüllt mit Narbenhorn; b Keimschicht der Oberhaut; c Kronrand, oft mit Delle; d Saumhorn; e Kronhorn, oft verbogen bei e', oder mit Ringen; f Hornblättchen; g verbreiterte weiße Linie; h Sohlenhorn; i Strahlhorn; k Hufbein und nach unten wirkende Druckkräfte (k') sowie aufgebogene Hufbeinspitze; l tiefe Beugesehne, ihre Zugkräfte (l') führen zur Hufbeinrotation; m komprimierte Blutgefäße an der Hufbeinspitze; n komprimierte Blutgefäße am Kronwulst; o Strecksehne

Abb. 20: Schematischer Längsschnitt durch einen Huf mit schwerer Hufrehe. Der Innenteil des Hufes ist nach unten gesunken, wobei durch Druck Blutgefäße am Kronwulst komprimiert werden, was die Hornbildung stört. Durch Zug der tiefen Beugesehne ist das Hufbein in Pfeilrichtung (l') nach hinten gedreht. Die Drehung nach hinten kann auch durch Druck des vorne gebildeten Narbenhorns begünstigt werden. Die Hufbeinspitze drückt auf Sohlengefäße und kann in schwersten Fällen durch das Sohlenhorn durchbrechen.

Einteilung an der Lederhaut unterscheidet man Saum-, Kron-, Wand-, Sohlen-, Strahl- und Ballenhorn. Saum-, Kron- und Wandhorn bilden zusammen die Hornwand. Der obere Rand der Hornwand, der die Grenze zur behaarten Haut darstellt, heißt Kronrand. In der Nähe des Kronrandes wird ein Großteil des Hufhorns gebildet. Den unteren Rand der Hornwand, der einen hohen Anteil der Belastung trägt, bezeichnet man als Tragrand.

Die Keimschicht der Oberhaut besteht aus lebenden, vollsaftigen Zellen. Sie überziehen die Zotten und Blättchen der Lederhaut und sind mit ihr innig verbunden. Durch die Vermehrung der lebenden Oberhautzellen und die anschließende Verhornung wächst das Horn, das sich überwiegend als Röhrchenhorn ausbildet. Nur im Wandbereich sind Hornblättchen vorhanden.

Die wichtigste Wachstumsrichtung des Hornes verläuft von oben nach unten. Das Kronhorn wächst pro Monat um sieben bis acht Millimeter, wobei zwischen einzelnen Pferden und Rassen erhebliche Unterschiede bestehen können. Es dauert etwa ein Jahr und länger, bis sich ein Huf ganz erneuert hat. Die Hornröhrchen stellen eine sehr zug-, druck- und biegefeste Konstruktion dar. Das Röhrchenhorn ist an den verschiedenen Stellen des Hufes sehr unterschiedlich ausgebildet. Am härtesten ist das Kronhorn, das den größten und wichtigsten Teil der Hornwand bildet.

Die Schwachstellen der Hornwand sind die oberflächlichen Hornschichten, die direkt den Umwelteinflüssen ausgesetzt sind. Besonders gefährdet ist der Übergang von der Mittel- zur Innenzone des Kronhorns, denn hier kommt es in Tragrandnähe häufig zu Rissen. Oft entsteht schon oben an der Bildungsstelle minderwertiges Horn, das dann vorzeitig zerfällt. Pferde, bei denen dies der Fall ist, sind und bleiben in der Regel Problempferde.

Am Sohlenhorn ist ein Zerfall der oberflächlichen Hornschichten normal. Kommt es jedoch bei den tieferliegenden Schichten zu solchen Vorgängen, so führt dies zur Druckempfindlichkeit der dünner gewordenen Sohle. Auch am Strahl lösen sich häufig die Zellen der tiefen Hornschichten vorzeitig voneinander, was der Anfang der Strahlfäule ist. Darauf folgt meist noch eine Keimbesiedelung der zerfallenden Hornzellen mit Bakterien und Pilzen. Eine Ablösung der oberflächlichen Strahlhornzellen ist dagegen normal. Beim Strahlkrebs kommt es aber schon in den tiefen, noch unverhornten Zelllagen der Oberhaut zu einem totalen Zerfall der Zellen.

Im Blättchenbereich (S. 31, Abb.19) ist es wichtig, dass die Hornblättchen fest mit den zwischen ihnen liegenden weichen Lederhautblättchen verbunden sind. Denn die zentralen Stützteile sind in der Hornkapsel des Hufes aufgehängt. Bei der Hufrehe kann sich diese innige Verbindung lösen. Eine mangelhafte Blutversorgung der Lederhaut und vor allem eine Schädigung der basalen Zellen der Keimschicht der Oberhaut und der Basalmembran zwischen Lederhaut und Oberhaut bedingen die Ablösung der Innenteile des Hufes von den Außenteilen.

Die Schäden an der Basalmembran und an der Keimschicht der Oberhautzellen bei Hufrehe können durch bakterielle Toxine und die durch diese freigesetzten eiweißspaltenden Enzyme entstehen. Die Bildung von Bakterientoxinen kann durch den Eintritt von viel Reststärke in den Dickdarm z. B. nach reichlicher Fütterung von Gerste oder durch die Aufnahme von viel Fructanen (Polymere des Fruchtzuckers) zustande kommen. Diese Zucker werden durch bestimmte Bakterien abgebaut, die sich dann stark vermehren und Toxine bilden können. Bakterielle Toxine können auch bei Nachgeburtsverhaltung oder bei Kolik entstehen. Starke mechanische Belastungen bei langen Märschen oder sehr langen Transporten können ebenfalls zu Schäden an der Verbindung Lederhaut-Oberhaut führen.

Durch die Lösung der Zellverbindungen im Grenzbereich Lederhaut-Oberhaut und in den untersten Lagen der Oberhaut verlieren die zentralen Stützteile des Hufes ihre Verbindung zum Hornschuh (Abb. 19–20). Ist der gesamte Wandbereich betroffen, so sinkt das Hufbein innerhalb der Hufkapsel. Durch den Zug der tiefen Beugesehne dreht sich die Spitze des Hufbeins nach unten und kann unter Umständen die Sohle perforieren. Die akute Hufrehe ist ein Notfall, und man muss sofort einen Tierarzt rufen.

Am Tragrand wird der Bereich der Hornblättchen als weiße Linie bezeichnet. Die Zwischenräume zwischen den Hornblättchen werden hier anstelle der weichen, schmerzempfindlichen Blättchen von unempfindlichem Röhrchenhorn ausgefüllt. Dieses Horn zerfällt oft vorzeitig, was zum unerwünschten Weichoder Schmierigwerden der weißen Linie führt.

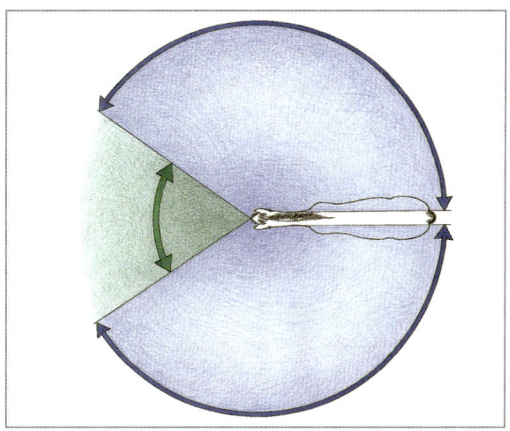

Abb. 21: Das Gesichtsfeld des Pferdes. Durch die seitliche Stellung der Augen hat das Pferd annähernd einen Rundblick. Das räumliche Sehen durch das Überschneiden der Gesichtsfelder beider Augen ist auf einen schmalen vorderen Bezirk von ca. 60° beschränkt

An weichen Stellen der weißen Linie können, ähnlich wie in den Strahlfurchen, leicht Steinchen oder andere Fremdkörper eingetreten werden. Dies kann zu Schmerzen und Lahmheit, bei Erreichen der Lederhaut auch zu Infektionen führen.

3. Das Auge

Das Auge des Pferdes ist grundsätzlich ähnlich aufgebaut wie das Auge anderer Säugetiere. Durch anatomische Besonderheiten ist es jedoch optimal an den ursprünglichen Lebensraum des Pferdes angepasst. Die Augen liegen seitlich am Kopf und bieten dem Pferd als Fluchttier in der Steppe eine größtmögliche Rundumsicht (Abb. 21). Die Pupille verengt sich in der Sonne zu einem waagrechten Schlitz und nicht wie beim Menschen zu einem kleinen runden Loch. Dadurch erweitert sich das Gesichtsfeld des Pferdes auf beinahe 360°. Dies ermöglicht es ihm, auch Gefahren hinter sich zu sehen. Der Mensch beispielsweise erreicht dagegen nur ein Gesichtsfeld von circa 180°.

Das räumliche, dreidimensionale Sehen, das in der Zone entsteht, in der sich die Gesichtsfelder der beiden Augen überschneiden, ist dagegen beim Pferd nur wenig entwickelt und

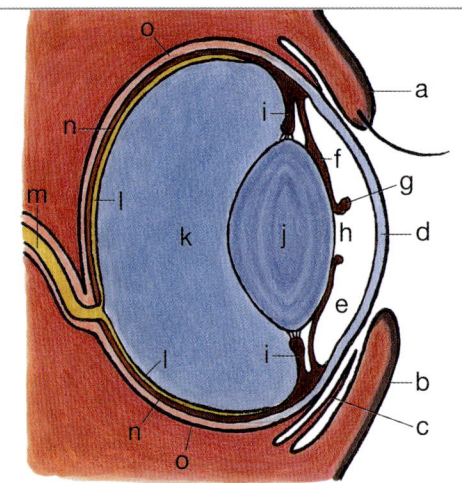

a Oberlid; b Unterlid; c Nickhaut = 3. Augenlid; d Hornhaut = Cornea; e vordere Augenkammer mit Kammerwasser; f Regenbogenhaut = Iris; g Traubenkörner; h Pupille; i Ziliarkörper mit Aufhängefasern für die Linse; j Linse; k Glaskörper; l Netzhaut = Retina; m Sehnerv; n Aderhaut = Chorioidea; o Sehnenhaut = Sklera, weiß, undurchsichtig; sie ist die hintere Fortsetzung der Hornhaut.

Abb. 22: Die wichtigsten Bezeichnungen am Pferdeauge, gezeigt an einem Längsschnitt

spielt eine untergeordnete Rolle. Dafür können Pferde selbst kleinste, weitentfernte Bewegungen in der Peripherie des Gesichtsfeldes entdecken. Auch dies bietet ihnen einen guten Schutz gegen Angriffe. Durch eine besondere lichtreflektierende Struktur in der Aderhaut, die dem Menschen fehlt, können Pferde – ähnlich wie Katzen und Hunde – in der Dämmerung deutlich besser sehen als wir. Das Farbensehen scheint deutlich weniger differenziert zu sein als beim Menschen. Man nimmt bis heute an, dass das Pferd besonders die Farben Grün, Gelb und Blau recht gut erkennen kann. Pferde sind generell etwas weitsichtig und haben Probleme, kleine, nahegelegene Gegenstände zu erkennen. Dies zwingt uns zu erhöhter Vorsicht, zum Beispiel bei kleinen vorstehenden Nägeln in der Box.
Der Augapfel liegt tief eingebettet in der knöchernen Augenhöhle und ist so gut geschützt. Zusätzlichen Schutz erhält das Auge durch das Ober- und das Unterlid, durch die Wimpern und Tasthaare sowie das im inneren Augenwinkel gelegene dritte Augenlid, die sogenannte Nickhaut.

Am inneren Augenwinkel befinden sich im Ober- und Unterlid kleine Öffnungen, welche in den Tränenkanal münden, der in der Nüster des Pferdes gut sichtbar endet. Der Augapfel wird von verschiedenen Muskeln bewegt, die von außen nicht sichtbar sind.

Die Innenseite der Lider (Abb. 22) und ein Teil des Augapfels werden von der Bindehaut überzogen. Der vordere Teil des Augapfels ist glänzend klar, feucht und durchsichtig und lässt das Licht ins Augeninnere treten: Das ist die sogenannte Hornhaut (Cornea). Hinter der Hornhaut liegt ein mit Flüssigkeit gefüllter Raum (vordere Augenkammer), welcher die Hornhaut von der Regenbogenhaut (Iris) trennt. Die Iris ist bei den meisten Pferden braun bis dunkelbraun und umschließt in der Mitte eine Öffnung, die Pupille. Die Pupille ist im Dunkeln ganz groß und zieht sich zusammen, je heller es wird. So wird eine Überbelichtung der Netzhaut (Retina) vermieden. Am oberen Rand der Pupille sind einige braune Gebilde sichtbar, die sogenannten Traubenkörner (Corpora nigra). Hinter der Iris liegt die Linse, welche für die Scharfeinstellung der Bilder auf der Netzhaut zuständig ist und die von Nahsicht auf Fernsicht umstellen kann. Hinter der Linse befindet sich ein großer, mit einer durchsichtigen, gallertigen Masse gefüllter Raum, der sogenannte Glaskörper. Erst ganz hinten im Auge liegt der wichtigste Teil, nämlich die Netzhaut. Sie kann mit ihren zahlreichen Sinneszellen Bilder aufnehmen und diese als Nervensignale via Sehnerv ins Gehirn senden, wo der eigentliche Sehvorgang stattfindet.

Die gesunden Augen erkennt man daran, dass das Pferd einen aufmerksamen Blick zeigt und die Augen offen hält. Die Augenumgebung muss trocken und sauber sein, die Hornhaut glänzend und klar, die Regenbogenhaut gut erkennbar und die Pupille entsprechend der Beleuchtung offen und in beiden Augen gleich groß. Übermäßiger wässriger Ausfluss ist ebenso wie schleimiger oder eitriger Ausfluss immer ein Anzeichen einer Erkrankung im Be-

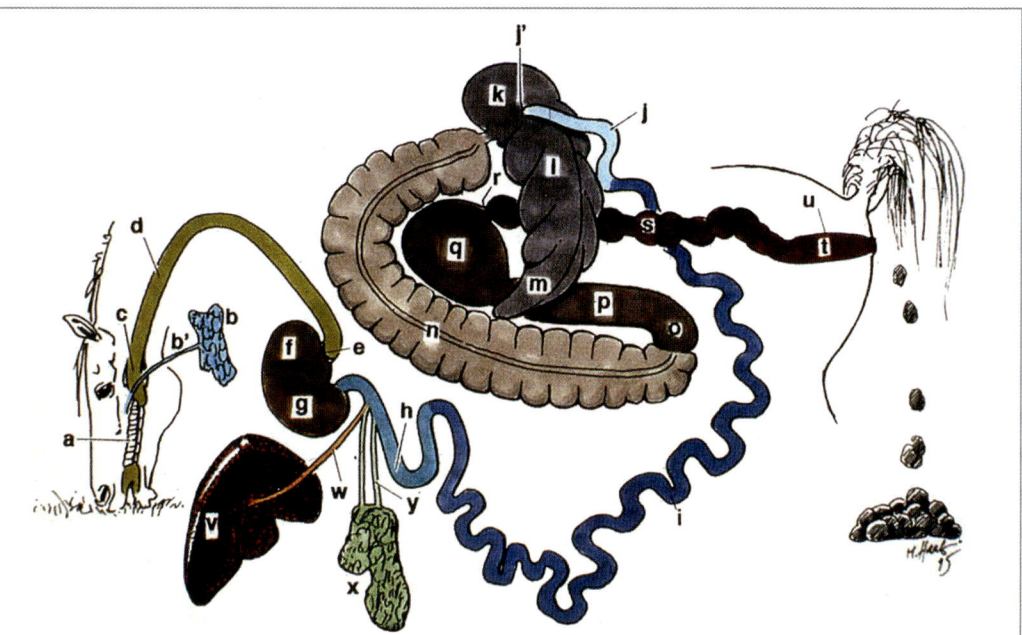

a Mundhöhle; b Speicheldrüsen, b' Speichelgang; c Rachen; d Speiseröhre; e fester Verschluss am Übergang der Speiseröhre in den Magen; f-g Magen: f seine Gärzone, g seine Salzsäurezone; h-j Dünndarm: h Zwölffingerdarm, i Leerdarm, j Hüftdarm, j' seine Mündung in den Blinddarm.

k-n Dickdarm: k-m Blinddarm: k Kopf, l Körper, m Spitze; n-q großer Grimmdarm: n seine untere Lage (weit), o seine Beckenkrümmung (eng); p-q obere Lage: p enger Teil, q ihre magenähnliche Erweiterung; r enger Übergang der magenähnlichen Erweiterung in den Querteil des Grimmdarms; s absteigender Teil des Grimmdarms; t Mastdarm mit dünner Stelle bei (u) im Mastdarmdach.

v Leber; w Gallengang; x Bauchspeicheldrüse; y Ausführungsgänge der Bauchspeicheldrüse.

Abb. 23 Schema des Verdauungsapparates

reich des Auges. Alle Trübungen und Verfärbungen (grau-milchig, rötlich und so weiter), Zukneifen des Auges oder eine einseitig enge Pupille sind Alarmzeichen, die ernst genommen werden müssen! Es handelt sich bei solchen Erscheinungen immer um ein ernsthaftes Augenleiden, und es muss unverzüglich ein Tierarzt benachrichtigt werden.

4. Die Verdauungsorgane

Der Verdauungsapparat des Pferdes beginnt mit der Mundhöhle. Das Pferd erfasst seine Nahrung sehr vorsichtig vor allem mit den Lippen und den Schneidezähnen. Die Zunge ist Kontroll- und Transportorgan. Durch die Geschmacksknospen der Zunge wird die Nahrung geprüft und manche Pflanzen oder Futtermittel, deren Geschmack nicht zusagt, werden auch gemieden.

Die hohen, schmelzfaltigen Zähne ermöglichten es den Pferden, die Steppen zu besiedeln und die harten Steppengräser zu verwerten. Die Zähne des Pferdes sind darauf ausgerichtet, viel Kauarbeit zu leisten, um das Futter zu zermahlen. In der freien Natur sind die Pferde bis zu 16 Stunden mit der Nahrungsaufnahme und mit Kauen beschäftigt. Bei den heutigen, konzentrierten Futtermitteln mit wenig Struktur, ist die zu leistende Kauarbeit oft viel zu gering. Dadurch werden die Zähne nur ungenügend abgenutzt, und den Pferden fehlt die wichtige Beschäftigung mit dem Futter.

Die Backenzähne des Unterkiefers werden zum Zermahlen des Futters nach Seitwärtsverschiebung unter den Backenzähnen des Oberkiefers

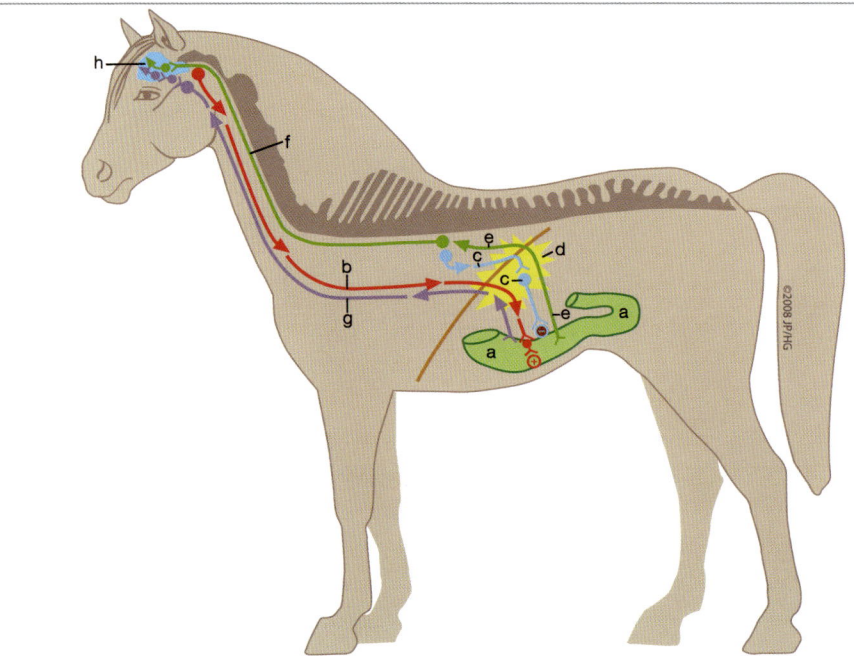

a *Darmstück, linker Teil und Beckenkrümmung des großen Grimmdarmes, stellvertretend auch für die übrigen Abschnitte des Magen-Darm-Traktes; b zum Darm führende Nervenfasern des Parasympathicus (Vagusnerv, rot), fördern die Motorik (+); c zum Darm führende Nervenfasern des Sympathicus (blau), hemmen die Motorik (-); d Sonnengeflecht (Geflecht von vegetativen Nervenzellen und Nervenfasern in der Bauchhöhle).*

e vom Darm wegführende Fasern des Sympathicus (grün); f Nervenbahnen im Rückenmark (grün), leiten Dehnungs- und Schmerzreize zum Gehirn; g vom Magen-Darm-Trakt wegführende Fasern des Vagusnerven (violett); h Gehirn.

Die vom Magen-Darm-Trakt wegführenden Fasern (e, g) leiten Dehnungsreize zum Rückenmark oder zum Gehirn. Starke Dehnungsreize können als Schmerzen bewusst werden, wenn sie bis zur Großhirnrinde des Gehirns (h) geleitet werden.

Abb. 24: Die Innervation des Magen-Darm-Traktes

vorbeigeführt. Bei Raufutter wird ein Bissen mit etwa 60–80 Kieferschlägen zermahlen, bis er durch die Zunge und den Schluckakt zum Rachen und zur Speiseröhre transportiert wird.

Da die Backenzähne des Unterkiefers weiter innen stehen als die des Oberkiefers, entstehen bei ungenügenden Mahlbewegungen überstehende Zahnspitzen. Sie sind vor allem an den »freien« Rändern der Backenzähne zu finden: am Unterkiefer an der Innenseite, am Oberkiefer an der Außenseite der Backenzähne. Die Zahnspitzen können die Mahlbewegungen mechanisch behindern oder zu schmerzhaften Schleimhautverletzungen führen. Die Folge davon sind häufig Fressstörungen. Bei Unfällen

ist auch zu bedenken, dass Brüche (Frakturen) des Unterkiefers nicht nur im Bereich der Schneidezähne, sondern auch im Backenzahnbereich vorkommen können. Durch das Sekret der Speicheldrüsen (Abb. 23) wird die feste Nahrung in der Mundhöhle befeuchtet. Die großen Speicheldrüsen (Ohrspeicheldrüse, Unterkieferspeicheldrüse und Unterzungendrüse) bilden pro Kilogramm aufgenommenem Heu etwa vier Liter, pro Kilogramm Kraftfutter aber nur circa einen Liter Speichel. Der Speichel enthält auch Bikarbonat als Puffersubstanz für die später im Magen dazukommenden Säuren.

Von der Mundhöhle gelangen die feste und durch den Speichel eingeweichte Nahrung oder die Flüssigkeiten durch den Druck der Zunge in den hinten anschließenden Rachen. Der Rachen ist der Kreuzungspunkt zwischen Atmungs- und Verdauungsweg. Der Bissen oder die Flüssigkeit werden durch die Bewegungen des Rachens nach hinten in den Anfangsteil der Speiseröhre transportiert, die oben über dem Kehlkopf beginnt.

Die Speiseröhre (Schlund) ist eine Art Schlauch, der aus Schleimhaut und Muskulatur besteht. Sie verläuft im Halsbereich links von der Luftröhre und ist im leeren Zustand von außen weder zu sehen noch zu fühlen. Die Speiseröhre zieht durch die Mitte des Brustraumes und durch das Zwerchfell. Dann mündet sie, umgeben von einer dicken Muskelschleife, schräg in den Magen ein. Die schräge Einmündung der Speiseröhre in den Magen und die dicke Muskelschleife machen ein Erbrechen von Mageninhalt fast unmöglich.

Am Hals ist ein in der Speiseröhre hinabgleitender Bissen oft von außen sichtbar; auch eine in der Speiseröhre liegende Schlundsonde ist im Halsbereich fühlbar. Die Speiseröhre des Pferdes kann außerdem verstopfen, wenn zum Beispiel Trockenschnitzel, die nicht genügend eingeweicht wurden, in der Speiseröhre aufquellen oder pelletiertes Futter zu gierig gefressen wird. Eine angefüllte Speiseröhre kann im Halsbereich gefühlt werden. Die Schlundverstopfung ist beim Pferd ein sehr dramatisches Ereignis, da durch den Rückstau der Futtermassen bis in den Rachen Nahrungsbrei entweder in Kehlkopf und Luftröhre aspiriert wird oder auch durch die Nase abfließt.

Der Magen des Pferdes ist im Verhältnis zur Größe des Tieres sehr klein. Er fasst nur zwischen acht und maximal 20 Liter. In seinem Anfangsteil mit verhornter Schleimhaut laufen normalerweise schon Gärvorgänge ab, bei denen Stärke zu Milchsäure abgebaut wird. Im Drüsenteil des Magens wird Salzsäure und Pepsin zur Eiweißverdauung abgesondert. Die Salzsäure kann bei ungenügenden Schutzmechanismen der Magenschleimhaut auch Magengeschwüre verursachen.

Wegen der geringen Größe des Magens und des festen Verschlusses am Mageneingang be-

steht bei jeder Magenüberladung die Gefahr der Zerreißung des Magens (Magenruptur). Auch bei einem Verschluss des Dünndarms durch Einklemmen oder Verdrehen oder bei ungenügenden Bewegungen des Dünndarms kann Inhalt vom Dünndarm zum Magen zurückfließen und zu einer Magenüberladung führen. Bei jedem Pferd mit Kolik muss man daher grundsätzlich an die Gefahr der Magenüberladung und der Magenruptur denken.

Der Dünndarm besteht aus Zwölffingerdarm, Leerdarm und Hüftdarm (S.17, Abb. 4). Der Dünndarm dient dem Abbau der leicht verdaulichen Nahrungsbestandteile (Stärke und ihre Abbauprodukte, Eiweiße und Fette), die dann von der Darmwand aufgenommen werden. Die aufgenommenen Stoffe werden über die Pfortader direkt der Leber zugeführt (S. 45, Abb. 28) – die Fette gelangen über Lymphgefäße zunächst in andere große Venen, später aber auch zur Leber.

Der Leerdarm ist der längste Teil des Dünndarmes. Er ist circa 20 Meter lang. Er liegt vor allem im linken Bauchraum (S. 35, Abb. 23) wo seine »Geräusche« zu hören sind. Der Hüftdarm ist der etwa einen Meter lange letzte Abschnitt des Dünndarmes, der in den Blinddarm mündet. Bei hohen Kraftfuttergaben ist der Inhalt des Hüftdarmes oft ziemlich fest, so dass die Masse nur schwer in den Blinddarm transportiert werden kann (Gefahr der Verstopfung).

Der Dünndarm wie auch der Dickdarm sind über das Gekröse vor allem an der oberen Bauchwand befestigt. Das Gekröse ist eine dünne Bindegewebshaut, die wie ein Tuch von der Bauchwand zum Darm zieht. Im Gekröse verlaufen die Gefäße und Nerven der entsprechenden Darmabschnitte. Die an langen Gekrösen aufgehängten Därme haben eine erhebliche Beweglichkeit. Das trifft für den größten Teil des Dünndarmes, aber auch für Teile des Dickdarmes zu (linker Teil des großen Colons und kleines Colon).

Der Dickdarm gliedert sich in Blinddarm, Grimmdarm und Mastdarm (Abb. 23, S. 35). Am Grimmdarm (Colon) unterscheidet man einen beim Pferd riesig ausgebildeten Anfangsteil, den großen Grimmdarm (großes Colon), an den sich ein kurzer Querteil anschließt. Auf den Querteil folgt der absteigende Teil, der kleiner Grimmdarm (kleines Colon) genannt wird. Hier werden die Pferdeäpfel geformt. Der Blinddarm und der große Grimmdarm sind riesige Gärkammern, die insgesamt circa 120 Liter fassen. In diesen Därmen wird durch Bakterien die Zellulose zu Fettsäuren (vor allem zu Essigsäure) abgebaut, die zur weiteren Verwertung über die Pfortader der Leber zugeführt werden. Außerdem werden in den Gärkammern minderwertige pflanzliche Eiweiße in besseres Eiweiß von Bakterien und Wimpertierchen (Infusorien) umgewandelt, das teilweise in den hinteren Abschnitten des Grimmdarmes noch abgebaut und verwertet wird.

Der Blinddarm ist gebaut wie ein Schüttelbecher, der etwa einen Meter lang ist und circa 35 Liter Inhalt fasst. Zu ihm gehören der Blinddarmkopf, der Körper und die Blinddarmspitze; der Kopf liegt in der rechten Hungergrube – an der Stelle, an der die Blinddarmgeräusche zu hören sind (S. 16, Abb. 3). Am Blinddarmkopf befinden sich auch die beiden engen Öffnungen für den Zu- und Abfluss.
Der große Grimmdarm hat die Form von zwei übereinander liegenden Hufeisen und ist drei bis vier Meter lang. Man unterscheidet eine untere Lage und eine obere Lage, die an der links vor dem Becken liegenden Beckenkrümmung ineinander übergehen. Das ist eine Stelle, an der sich der weite Darm plötzlich verengt. Der linke Teil des großen Grimmdarmes ist frei beweglich. Daher kann er sich leicht verlagern und verdrehen. Die obere Lage des großen Grimmdarmes erweitert sich auf der rechten Seite zur »magenähnlichen Erweiterung«, an die sich am Übergang zum Querteil des Grimmdarmes eine trichterförmige Verengung anschließt.
Der Dickdarm des Pferdes ist dadurch gekennzeichnet, dass auf weite Stellen plötzliche Verengungen folgen. Diese sollen normalerweise eine allzu rasche Passage des Nahrungsbreis verhindern. Die engen Stellen neigen aber zu Verstopfungen (Anschoppungen) und verursa

chen dann Blähungen und Bauchschmerzen. Zu diesen Engpässen zählen die Öffnungen am Blinddarmkopf, die Beckenkrümmung des großen Grimmdarmes sowie der Übergang der magenähnlichen Erweiterung in den Querteil des Grimmdarmes.

Der bis circa vier Meter lange kleine Grimmdarm (kleines Colon) liegt zusammen mit den Leerdarmschlingen vor allem im linken Teil des Bauchraums und zieht dann Richtung Beckenhöhle, wo er in den Mastdarm übergeht. Der Mastdarm (Rektum) ist der letzte, im Becken gelegene Abschnitt des Darmkanals. Seine vordere Hälfte ist noch vom Bauchfell überzogen; sie hat noch Anschluss an die Bauchhöhle. Die hintere Hälfte des Mastdarmes ist nur von Bindegewebe umgeben und liegt hinter dem Bauchraum. Im Dach des Mastdarmes gibt es beim Pferd eine Stelle, an der die Muskulatur der Darmwand sehr dünn ist. Diese Schwachstelle birgt ein kleines, aber doch vorhandenes Risiko für die tierärztliche Untersuchung vom Mastdarm aus (rektale Untersuchung). Eine solche Untersuchung ist zum Beispiel beim Kolikpferd und häufig bei Stuten nötig. Bei stark pressenden Tieren mit ausgeprägter Schwachstelle im Mastdarmdach kann es selten einmal zu einem Mastdarmriss kommen, ohne dass der Untersucher zu heftig vorgegangen ist.
Die gesamte Darmlänge des Pferdes beträgt circa 35 Meter. Eine Mahlzeit ist zum größten Teil (70 %) bereits nach zwei Tagen mit dem Kot ausgeschieden, der Rest der Mahlzeit hat den Darm spätestens vier Tage nach der Futteraufnahme verlassen. Die Nahrung passiert den Magen und den Dünndarm sehr schnell, im Dickdarm bleibt sie dagegen mit eineinhalb bis zwei Tagen relativ lang. Nach zwei Stunden Verweildauer im Magen durchfließt die Nahrung den Dünndarm in drei bis vier Stunden, wobei alle leicht verdaulichen Stoffe abgebaut und resorbiert werden. Die Dünndarmwand muss besonders gut mit Blut- und Lymphgefäßen versorgt sein, um diese großen Leistungen erbringen zu können. Daher wird die Wand des Dünndarms bei einer Störung der Gefäßversorgung, wie sie bei einer Kolik vorkommen kann, sehr schnell stark geschädigt. Deshalb

müssen Patienten mit Verdacht auf Dünndarmkolik besonders rasch in eine Klinik mit Operationsmöglichkeit gebracht werden. Aber auch der Dickdarm kann bei Störungen der Gefäßversorgung in kurzer Zeit schwer geschädigt werden.

Die Darmgase entstehen beim Pferd vor allem im Dickdarm durch die Gärvorgänge und in erheblicher Menge (wahrscheinlich einige hundert Liter). Diese Gase müssen fast ausschließlich die hinten anschließenden Darmteile passieren und durch den Mastdarm, oft deutlich hörbar, ausgestoßen werden. Daraus erklärt es sich, dass bei ungenügenden Darmbewegungen und bei Darmverschlüssen durch Verstopfungen oder Verlagerungen rasch ein starkes Aufblähen der Därme erfolgt.

In folgende vorgegebene Öffnungen kann sich vor allem der Dünndarm einklemmen:

- in eine Öffnung, die sich im Bereich der Leber zwischen der Pfortader und der hinteren Hohlvene befindet und die »Netzbeutelloch« genannt wird
- in den Leistenspalt, wenn dieser zu weit ist. Der Leistenspalt- ist ein Schlitz in der Bauchwand, der vor dem Beckeneingang liegt. Durch ihn tritt beim männlichen Tier der Samenstrang in die Bauchhöhle. Beim weiblichen Tier ziehen Blut- und Lymphgefäße des Euters durch diese Öffnung.

Die Anhangsdrüsen des Darmes sind die Bauchspeicheldrüse und die Leber (S. 35, Abb. 23, S. 42, Abb. 26). Die Bauchspeicheldrüse gibt ihr Sekret zum Aufschließen der Nahrung kurz nach dem Magenausgang in den Zwölffingerdarm ab. Das Sekret der Bauchspeicheldrüse ermöglicht die Aufspaltung von Eiweiß, Stärke und Fetten während der Verdauung im Dünndarm. Ein zweiter Teil der Bauchspeicheldrüse (die Inseln) gibt seine Wirkstoffe ins Blut ab und reguliert mit diesen Hormonen (Insulin und Glukagon) den Blutzuckerspiegel.

Die Leber dient als großes Stoffwechselorgan. Sie erhält die Nährstoffe aus dem Magen-Darm-Trakt über die Pfortader (S. 45, Abb. 28). Als »chemische Fabrik« des Körpers verarbeitet sie die von der Pfortader angelieferten Stoffe. Sie wirkt aber auch entgiftend, indem sie zum Beispiel aus dem giftigen Stoff Ammoniak Harnstoff herstellt, der dann über die Niere ausgeschieden wird. Medikamente werden ebenfalls zum großen Teil von der Leber um- und abgebaut. Außerdem bildet die Leber die Gallenflüssigkeit, die über den Gallengang ebenfalls in den Anfangsteil des Zwölffingerdarmes gelangt. Die Galle emulgiert die Fette des Dünndarminhaltes, so dass sie besser von den Säften der Bauchspeicheldrüse angegriffen und aufgespalten werden können. Da das Pferd keine Gallenblase als Speicher besitzt, fließt die Galle ziemlich gleichmäßig in den Zwölffingerdarm.

Die arterielle Blutgefäßversorgung des Darmes (S. 45, Abb. 28) erfolgt hauptsächlich über die vordere Gekrösearterie, die unter dem ersten Lendenwirbel liegt. Durch wandernde Wundlarven kann dieses Gefäß stark geschädigt sein. Die Wurmlarven dringen vom Inneren des Darmes in die zugehörigen Arterien ein und wandern entgegen dem Blutstrom hinauf zur Gekrösearterie. Durch die Wundlarven wird die Wand der Darmarterien und besonders der Gekrösearterie stark verändert, wobei unter Umständen auch Blutgerinnsel (Thromben) entstehen. Abgeschwemmte Thromben (Emboli) können zur Verstopfung von Darmarterien und zu Koliken führen.

Die Nervenversorgung des Magen-Darm-Traktes (S. 36, Abb. 24) erfolgt vor allem über vegetative Fasern, die weitgehend unabhängig von Willen und Bewusstsein arbeiten. In der Wand des Magen-Darm-Traktes sitzen Nervenzellen, die Dehnungsreize registrieren, wodurch Kontraktionen und Transportbewegungen ausgelöst werden. Die Gesamtheit der von vorn nach hinten transportierenden Darmbewegungen bezeichnet man als Peristaltik. Der Vagusnerv als Teil des Parasympathicus, der als System der Ruhe gilt, stimuliert die Magen-Darm-Bewegungen und die Sekretion der Drüsen. Die Nervenfasern des Sympathicus als System der Erregung vermindern dagegen die Bewegungen des Verdauungsapparates und hemmen die Drüsensekretion.

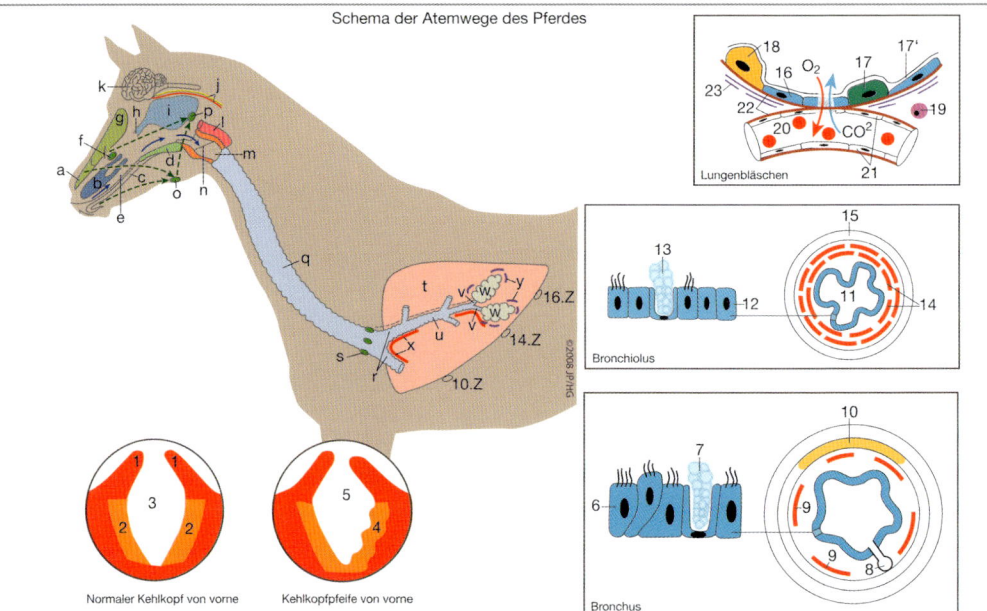

Schema der Atemwege des Pferdes

a-b Nasenhöhle: a obere Nasenmuschel, b untere Nasenmuschel; c harter Gaumen als Trennwand zwischen Nasen- und Mundhöhle; d Gaumensegel, sehr lang, kann schnarchendes Geräusch verursachen; e unterer Nasengang = Atmungsgang; f Zugang zur Kieferhöhle; g Stirnhöhle.

h Eingang in den Luftsack vom Rachen; i Luftsack; j Gehirnarterie und Hirnnerven, der Luftsackwand anliegend; k Gehirn; l Anfangsteil der Speiseröhre; m Kehlkopf mit Stimmfalte (n); o Kehlgangslymphknoten; p Rachen- oder Luftsacklymphknoten.

q Luftröhre; r Luftröhrenverzweigung; s Lymphknoten an der Luftröhrenverzweigung, kontrollieren Lymphe aus der Lunge; t Lunge; u Bronchien; v Bronchiolen; w Lungenbläschen = Alveolen; x Blutgefäße (rot); y elastische Fasern (violett); z hintere Lungengrenze, liegt auf bestimmter Höhe in den angegebenen Zwischenrippenräumen (16. Z, 14. Z, 10. Z).

1-3 Kehlkopf normal: 1Stellknorpel; 2 Stimmfalten, straff; 3 Kehlkopflumen, weit; 4-5 Kehlkopf eines Kehlkopfpfeifers (Rohrer): 4 linke Stimmfalte, schlaff; 5 Kehlkopflumen eingeengt; 6-10 Bronchien = große Luft leitende Röhren der Lunge, von Knorpel gestützt; 6-9 Schleimhaut: 6 ihre flimmertragenden Deckzellen; 7 Schleim bildende Becherzellen; 8 Schleimdrüse; 9 Muskulatur; 10 Knorpel als Stütze, hält den Bronchus offen; 11-14 Bronchiolus = kleinste Luft leitende Röhrchen ohne Knorpel: 11 Lumen, 12-13 Schleimhaut: 12 Deckzellen, teilweise schon ohne Flimmer; 13 Schleim bildende Becherzellen; 14 kräftige Muskulatur, kann das Lumen (11) stark einengen (z.B. beim Allergiker); 15 Bindegewebshülle.

16-18 Wand des Lungenbläschens = Alveole: 16 sehr dünne Deckzellen; 17 Zellen, die oberflächenaktive Substanz (17') bilden, die das Zusammenfallen der Lungenbläschen verhindert; 18 Fresszellen, nehmen Fremdsubstanzen auf; 19 kleine Abwehrzelle im Bindegewebe zwischen den Lungenbläschen; 20-21 Kapillare = Haargefäß, enthält rote Blutkörperchen zum Gasaustausch; 21 dünne Deckzellen = Innenauskleidung der Kapillaren; 22 Basalmembranen (rot), auf der die Zellen der Kapillaren und der Lungenbläschen befestigt sind; 23 elastische Fasern, retrahieren sich beim Ausatmen zur Entleerung der Lungenbläschen.

Abb. 25: Schema der Atemwege

Kolik heißt »Bauchweh«. Die schmerzhaften Prozesse in der Bauch- und Beckengegend können durch Veränderungen am Magen-Darm-Trakt aber auch durch Veränderungen an anderen Organen zustande kommen. Beim Kolikpatienten ist zu beachten, dass übermäßige Dehnungsreize, zum Beispiel beim Aufblähen des Magens oder der Därme, zum Gehirn geleitet und dann auch bewusst und als sehr schmerzhaft empfunden werden. Solche starken Dehnungsreize entstehen zum Beispiel bei Magenüberladung oder bei Verstopfung oder Verschluss eines Darmstückes, wobei die zuführenden Darmteile gebläht sind.

5.   Die Atmungsorgane

Der Atmungsapparat gliedert sich von vorn nach hinten in die Nasenhöhle mit den Nasennebenhöhlen, den Rachen, den Kehlkopf, die Luftröhre und die Lunge.

Die Nasenhöhle wird vom Nasenbein und vom Oberkieferbein gestützt. Im Inneren der Nasenhöhle findet man die stark durchbluteten Nasenmuscheln, die zur Erwärmung und Befeuchtung der Atmungsluft dienen. Wegen der starken Durchblutung der Nasenmuscheln kann es schon bei geringen Verletzungen zu massiven Blutungen kommen. Man unterscheidet eine obere und eine untere Nasenmuschel. Unter der unteren Nasenmuschel befindet sich, als größter Gang der Nasenhöhle, der Atmungsgang, durch den nötigenfalls auch Sonden eingeführt werden. Bei Blutungen aus der Nase ist zu bedenken, dass das Blut nicht nur von der Nase selbst, sondern auch von anderen Stellen wie zum Beispiel vom Luftsack oder von der Lunge kommen kann.

Die Lymphe als wässrige Gewebsflüssigkeit wird beim Pferd aus den vorderen zwei Dritteln der Nasenhöhle zum Kehlgangslymphknoten geführt. Vom hinteren Teil der Nasenhöhle geht die Lymphe zu den hinter dem Luftsack liegenden Rachenlymphknoten. Der fühlbare Kehlgangslymphknoten kann bei Infektionen, die vom Nasenraum ausgehen, geschwollen und schmerzhaft sein.

An die Nasenhöhle sind noch die Nasennebenhöhlen wie zum Beispiel die Kieferhöhle und die Stirnhöhle angeschlossen. Diese sind nur durch einen engen Zugang mit der Nasenhöhle verbunden, so dass sie zum Spülen bei Vereiterungen von außen eröffnet werden müssen.

Der hinten an die Nasenhöhle und an die Mundhöhle anschließende Rachen ist, wie im Abschnitt über den Verdauungsapparat schon erwähnt, die Kreuzung zwischen Atmungs- und Verdauungsweg. Im vorderen Abschnitt des Rachens wird der oben liegende Atmungsrachen durch das lange Gaumensegel von der unten an die Mundhöhle anschließenden Rachenenge des Schlingrachens getrennt. Da das Gaumensegel beim Pferd sehr lang ist, kann es nur unvollständig nach oben angehoben wer-

den. Folglich kann das Pferd nur erschwert durch die Mundhöhle atmen. Man hört daher beim Zuhalten der Nase das Flattern des Gaumensegels, wobei ein schnarchendes Geräusch entsteht. Das Flattern des Gaumensegels kann auch bei starker Anstrengung, bei zu langem Gaumensegel oder bei Rachenlähmungen auftreten. In Atemstellung liegt das Gaumensegel unter dem Kehldeckel, so dass die Atemluft ungestört von der Nase zum Kehlkopf und auch umgekehrt vom Kehlkopf Richtung Nase gelangen kann.

Beim Rennpferd, besonders beim Traber, wird das hintere Ende des Gaumensegels manchmal ganz plötzlich im Rennen über den Kehldeckel nach oben verlagert. Damit wird beim Ausatmen der Luftstrom durch das Gaumensegel getrennt und sowohl Richtung Mundhöhle als auch zur Nasenhöhle geführt. Es entsteht plötzlich ein schnarchendes Geräusch, und das Pferd hat beim Ausatmen große Atemnot. Die Verlagerung des Gaumensegels kommt vor allem bei Tieren mit kleinem Kehldeckel vor. Zur Vermeidung der Gaumensegelverlagerung wurde bis vor kurzem die Zunge mit einem Strumpf nach unten gebunden, damit sich der mit der Zunge verbundene Kehldeckel weniger bewegt und das Gaumensegel unter dem Kehldeckel bleibt. Diese für das Pferd nicht gerade angenehme Methode sollte aus tierschützerischen Gründen nicht mehr angewendet werden.

In den Atmungsrachen mündet beidseits der Luftsack (Abb. 25), der beim Pferd, Esel und Zebra eine starke Erweiterung der Eustachischen Röhre ist, die das Mittelohr mit dem Atmungsrachen verbindet. Der Luftsack ist relativ häufig erkrankt und vereitert. Besonders gefürchtet sind die Pilzinfektionen. Da hinten an der Luftsackwand wichtige Nerven und die zum Gehirn ziehende Arterie liegen, können diese geschädigt werden. Man muss immer daran denken, dass es bei Infektionen und Vereiterungen des Luftsackes zu Lähmungen der benachbarten Nerven und somit zu Rachenlähmungen und Schluckbeschwerden kommen kann. Bei Pilzinfektionen können Veränderungen an der Gehirnarterie plötzlich sehr star-

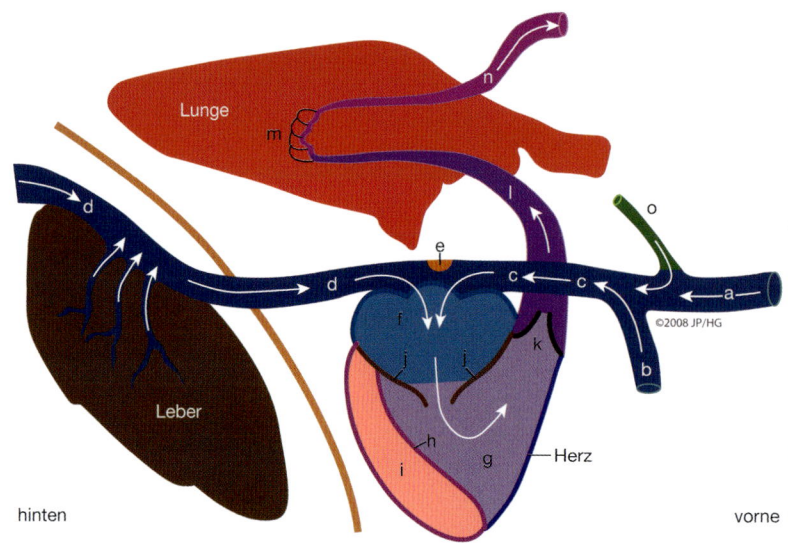

Lunge

Leber

hinten

vorne

Herz

©2008 JP/HG

f-k Herz: f rechte Vorkammer; g rechte Kammer; h Kammerscheidewand; i linke Herzkammer; j-k Herzklappen: j zwischen rechter Vorkammer und Kammer, k am Ursprung der Lungenarterie.

l Lungenarterie, führt verbrauchtes (venöses) Blut; m Lungenbläschen zum Gasaustausch; n Lungenvene, führt sauerstoffreiches (arterielles) Blut. Es sind mehrere Lungenvenen vorhanden, die das Blut zur linken Vorkammer zurückführen. Von der linken Vorkammer fließt das Blut in die linke Herzkammer (i); o Lymphsammelgang, mündet auf der linken Seite in die Drosselvene, über die die Lymphe zur vorderen Hohlvene (c) kommt.

Das Herz ist längs eröffnet. Die Pfeile zeigen die Fließrichtung des Blutes und der Lymphe an.

a Drosselvene von Kopf und Hals; b Vene der Vordergliedmaße; c vordere Hohlvene; d hintere Hohlvene, e Zwischenvenenwulst an der Mündung der Hohlvenen in die rechte Vorkammer des Herzens;

Abb. 26: Schema von Herz, Lunge und Leber mit großen Venen. Ansicht von rechts.

ke Blutungen zur Folge haben, die bis zum Zusammenbrechen der Pferde führen können.

Der Kehlkopf ist eine wichtige Passage- und Kontrollstelle für die Atemluft. Außerdem wird hier die Stimme gebildet. Der Kehlkopf muss sicherstellen, dass die Atemluft ungehindert passieren kann – und zwar angepasst an die Beanspruchung des Pferdes. Beim Schlucken muss sich der Kehlkopf nötigenfalls verschließen, damit keine Nahrungspartikel in die darunter liegenden Atemwege gelangen. Auf Berührungsreize von Fremdpartikeln löst die empfindliche Kehlkopfschleimhaut den Hustenreflex aus. Dadurch werden die Partikel rasch nach außen entfernt. Der Kehlkopf hat beim gesunden Pferd von vorne betrachtet eine symmetrische Form. Er erweitert sich beim Einatmen bei jedem Atemzug. Die engste Stelle des Kehlkopfes liegt zwischen den Stimmfalten. Ein starkes Anschwellen der Kehlkopfschleimhaut, zum Beispiel bei Allergien, kann zu Atemnot führen.

Im normalen Kehlkopf streicht die Luft zwischen den leicht gespannten Stimmfalten durch, ohne dass die Stimmfalten flattern. Die Kehlkopfmuskeln werden beim Pferd vor allem von einem Nerv versorgt, dem rückläufigen Nerv, der zuerst zur Brusthöhle und dann wieder am Hals zurück zum Kehlkopf zieht. Dieser Nerv ist auf der linken Seite häufig und auf der rechten Seite selten geschädigt. Dadurch kommt es auf der betroffenen Seite zu einer Lähmung der Kehlkopfmuskulatur, deren Folge das Rohren (Roaren) oder Kehlkopfpfeifen ist. Der Kehlkopf kann auf der gelähmten Seite nicht mehr erweitert werden, er wird asymmetrisch: Die Stimmfalte hängt schlaff in das Innere des Kehlkopfes und beginnt bei verstärkter Einatmung zu flattern, wodurch der Ton des Kehlkopfpfeifens entsteht. Beim Entstehen des Kehlkopfpfeifens spielt die Erblichkeit eine große Rolle. Doch die Ursachen, die zur Nervenschädigung und folglich zur Kehlkopflähmung und zum Rohren führen, sind bis heute nicht genau bekannt. Meistens kommt diese Veränderung aber bei größeren Pferden mit über 165 Zentimetern Stockmaß und langem Hals vor. Die Luftröhre und in den Lungen die Bronchien (S. 40, Abb. 25) sind von Knorpelspangen gestützt, damit sie für den Luftstrom weit offen bleiben. In der Lunge schließen sich an die Bronchien die kleinen Bronchiolen an, die dann in die Lungenbläschen (Alveolen) übergehen. Die Lungenbläschen sind traubenartig angeordnet, sie bilden das Ende des Luftweges. In diesen dünnen Lungenbläschen findet der Gasaustausch statt.

Die Lunge setzt sich aus einem linken und einem rechten Flügel zusammen, wobei der rechte Lungenflügel größer ist als der linke. Die Aufgabe der Lunge besteht darin, das Blut mit Sauerstoff zu beladen und die im »verbrauchten« Blut vorhandene Kohlensäure auszuatmen. Dieser Gasaustausch kann nur in den dünnwandigen Lungenbläschen stattfinden, denen ebenfalls sehr dünnwandige Blutgefäße, die Haargefäße oder Kapillaren, anliegen. Die gesamte Oberfläche der dem Gasaustausch dienenden Lungenbläschen soll beim um 500 kg schweren Pferd bei 1700 m^2 liegen, das entspricht etwa einem Viertel der Fläche eines Fußballfeldes.

In der Lunge haben auch viele der größeren Blutgefäße eine sehr dünne Wand. Bei Zerreißungen solcher Blutgefäße entstehen vor allem bei Vollblütern im Hochleistungssport immer wieder Lungenblutungen. Kleine Lungenblutungen bleiben in der Regel unbemerkt, größere können für das Pferd gefährlich sein. Typisch ist, dass hellrotes, schaumiges Blut aus beiden Nüstern hervorquillt.

Die kleinen Luft leitenden Bronchiolen sind die Verbindungsröhrchen zwischen Bronchien und Lungenbläschen. In ihrer Wand befindet sich Muskulatur, durch die sie die Luftzufuhr regulieren können. Bei Allergien oder chronisch entzündlichen Veränderungen, zum Beispiel bei Pferden, die überempfindlich auf Staub reagieren, können die Bronchiolen durch diese Muskulatur so stark verengt werden, dass der Luftstrom und der Gasaustausch behindert werden.

Die normale Atemfrequenz des Pferdes liegt in Ruhe bei etwa zwölf Atemzügen pro Minute. Ein erwachsenes Pferd von 600 Kilogramm Körpergewicht atmet pro Atemzug circa sechs Liter Luft ein beziehungsweise aus. Das Rennpferd macht unter maximaler Belastung synchron mit den Galoppsprüngen bis 130 Atemzüge pro Minute, wobei das Volumen des einzelnen Atemzuges etwa zwölf Liter beträgt. Bei maximaler Leistung werden somit pro Minute circa 1.500 Liter Luft ein- und ausgeatmet. Beim Atmen muss die Luft jeweils den langen Weg vom Naseneingang bis zu den Lungenbläschen und von diesen wieder bis zum Naseneingang zurücklegen. Die forcierte Atmung erkennt man gut an den weit offenen Nüstern, wie der Naseneingang des Pferdes auch genannt wird.

Bei der Einatmung vergrößert sich der Brustraum, indem sich das Zwerchfell, der wichtigste Atemmuskel, nach hinten verschiebt und die Rippen sich nach vorn und nach außen bewegen. Die Lunge dehnt sich in den vergrößerten Brustraum aus, und die Luft strömt ein. In der Brusthöhle herrscht immer ein Unterdruck (Vakuum), der beim Einatmen durch die Vergrößerung des Brustraumes erhöht wird. Bei Verletzungen im Brustbereich, zum Beispiel beim Findringen von spitzen Gegenständen oder bei Rippenbrüchen, besteht die Gefahr, dass der Brustraum geöffnet wird. Dadurch verschwindet das Vakuum im Brustraum, und folglich kann sich die Lunge nicht mehr voll entfalten.

Anders als die Einatmung erfolgt die Ausatmung weitgehend passiv. Hierzu verfügt die Lunge in ihrem Bindegewebe über zahlreiche elastische Fasern, die bei der Einatmung gedehnt werden. Bei der Ausatmung ziehen sich diese Fasern wieder zusammen, wodurch die Luft aus der Lunge entweicht. Beim Abklopfen der Lunge (der Perkussion) verläuft die hintere Lungengrenze der gesunden Lunge ziemlich gerade und langsam nach vorne abfallend.

Bei chronisch entzündlichen Prozessen in der Lunge werden die elastischen Fasern durch unelastisches Gewebe verdrängt. Die Lunge kann sich dann nur ungenügend zurückziehen: Es wird zu wenig Luft ausgepresst, und allmählich entsteht eine Blählunge (Lungenemphysem). Der hintere Rand der Lunge wird dann – ihrer Vergrößerung entsprechend – nach hinten verschoben und verläuft nach unten ausgebuchtet. Um bei solchen Lungenveränderungen doch noch möglichst viel Luft aus der Lunge auszupressen, versucht das Pferd unter Mithilfe der »Bauchpresse« das Zwerchfell nach vorne zu drücken und den Brustraum zu verkleinern. Bei dieser Betätigung der Bauchpresse wird die Bauchwand am

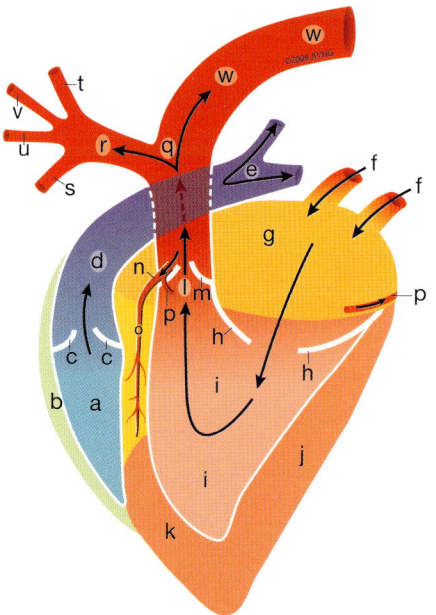

a rechte Herzkammer, ihr vorderer Anteil, der bis auf die linke Seite reicht; b dünne Wand der rechten Herzkammer; c Herzklappe am Anfang der Lungenarterie; d Lungenarterie, führt sauerstoffarmes Blut zur Lunge; e Aufteilung der Lungenarterie zum linken und rechten Lungenflügel; f Lungenvenen, bringen sauerstoffreiches Blut zum linken Herzen.

g linke Herzvorkammer; h Klappe zwischen linker Vorkammer und linker Herzkammer; i linke Herzkammer; j dicke Wand der linken Herzkammer; k dicke Scheidewand zwischen der linken und der rechten Herzkammer; l Anfang der Hauptschlagader = Aorta; m Aortenklappe; n Abzweigung der Kranzarterien über der Aortenklappe, zur Eigenversorgung des Herzens; o linke Kranzarterie in linker Längsfurche; p linke Kranzarterie, Ast in Kranzfurche.

q Aortenbogen; r Gefäßstamm für Schultergliedmaßen, Hals und Kopf (= Truncus brachiocephalicus); s Arterie für linke Schultergliedmasse (A. subclavia sinistra); t Arterie für rechte Schultergliedmaße (A. subclavia dextra); u linke, v rechte Halsschlagader = Arterien für Hals und Kopf (= A. carotis communis sinistra und dextra); w nach hinten gehender Hauptstamm der Aorta (= Aorta descendens).

Abb. 27 Herz von links, längs eröffnet, mit großen Arterien

Rippenbogen eingezogen: Es entsteht die sogenannte Dampfrinne.

Abschließend muss nochmals darauf hingewiesen werden, dass das Pferd als Bewegungstier nicht nur einen gesunden Bewegungsapparat, sondern auch voll leistungsfähige Atmungsorgane braucht.

6. Die Kreislauforgane

Das Herz ist der »Motor« des Kreislaufs. Es ist eine Saug-Druckpumpe und besteht aus einer linken und einer rechten Herzhälfte. Jede Herzhälfte setzt sich aus einer Vorkammer (auch Vorhof genannt) und aus einer Kammer zusammen. Zwischen Vorkammer und Kammer ist jeweils eine Herzklappe als »Ventil« eingefügt, so dass das Blut nur von der Vorkammer zur Kammer fließen kann, aber beim gesunden Herzen nicht zurück.

Als Arterien bezeichnet man alle vom Herzen wegführenden Blutgefäße. Sie besitzen eine kräftige dicke Wand, die in Herznähe viel elastische Fasern und weiter vom Herzen entfernt viel Muskulatur enthält. Die Arterien führen in der Regel sauerstoffreiches Blut, das hellrot aussieht. Nur eine Arterie, die Lungenarterie, die das verbrauchte Blut von der rechten Herzkammer zur Lunge bringt, führt sauerstoffarmes Blut.

Als Venen bezeichnet man alle zum Herzen führenden Blutgefäße. Sie sind dünnwandiger als die Arterien und enthalten in der Regel verbrauchtes, sauerstoffarmes Blut. Die einzigen Ausnahmen sind die Lungenvenen, die das mit Sauerstoff beladene Blut von der Lunge zurück in den linken Vorhof des Herzens bringen.

Die Venen nehmen das verbrauchte Blut von den Geweben des Körpers auf. Damit das Blut nicht in den dünnwandigen Venen zurückfließt und »versackt«, sind in den weiter vom Herzen entfernten Venen die Venenklappen als Ventile eingebaut. Außer von den Venen wird über ein zweites Drainagesystem, das Lymphgefäßsystem, wässrige Gewebeflüssigkeit weggeführt. In die Lymphbahnen sind jeweils als Kontrollstellen des Abwehrsystems die Lymphknoten eingeschaltet, die immer ein bestimmtes Gebiet kontrollieren. Die Lymphknoten enthalten viele Abwehrzellen, die bei Infektionen vermehrt werden. Vergrößerungen der Lymphknoten weisen daher auf krankhafte Veränderungen in ihrem Einzugsgebiet hin. Die Lymphflüssigkeit wird über den Milchbrustgang und über zwei Sammelgänge vom Halsgebiet im Bereich der Drosselvene wieder dem venösen Blut zugeführt (Abb. 28).

Die Milz (Seite 17, Abb. 4) ist beim Pferd vor allem

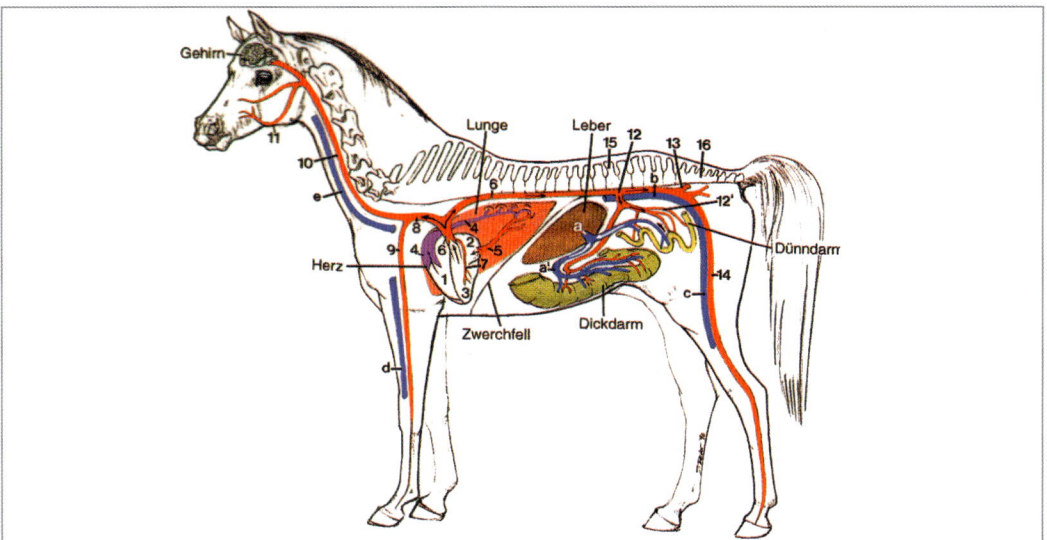

1 rechte Herzkammer; 2 linke Herzvorkammer; 3 linke Herzkammer; 4 Lungenarterie mit sauerstoffarmem Blut; 5 Lungenvenen mit sauerstoffreichem Blut; 6 Hauptschlagader (Aorta); 7 Herzkranzarterien zur Versorgung des Herzens; 8 Gefäßstamm für Vordergliedmaßen, Hals und Kopf; 9 Arterie für Vordergliedmaße; 10 Halsschlagader (Carotis); 11 Gesichtsarterie zum Pulsfühlen am Unterkieferrand. 12 Vordere Gekrösearterie, Hauptversorgung des Darmes; 12' Darmarterien (Gefäßwand dicker als in Darmvenen!); 13 Endaufteilung der Aorta in Gefäße für Becken und Beckengliedmaße; 14 Arterie für Beckengliedmaße; 15 1. Lendenwirbel; 16 Kreuzbein. a Pfortader = große Vene, die Blut vom Magen-Darm-Trakt aufnimmt; a' Darmvenen, dünnwandig, werden leicht abgeklemmt; b hintere Hohlvene; c Vene der Beckengliedmaße; d Vene der Vordergliedmaße; e Drosselvene vom Kopf-Hals-Gebiet.

Abb. 28 Schema des Kreislaufes. Ansicht von links

ein Blutspeicherorgan, das aber auch Abwehrfunktionen erfüllt. Außer den Abwehrzellen enthält die Milz als Blutspeicher in der Ruhe eine große Menge roter Blutkörperchen, die sie bei verstärkter Arbeit in die Blutbahn abgibt. Beim Lauftier Pferd ist dieser Blutspeicher wichtig, damit bei intensiver Arbeit genügend rote Blutkörperchen als Sauerstoffträger in den Kreislauf gegeben werden können, so dass die Muskulatur möglichst gut mit Sauerstoff versorgt wird.

Im Blutkreislauf kommt das verbrauchte Blut aus dem hinteren Bereich des Körpers über die hintere Hohlvene zum rechten Vorhof. Das verbrauchte Blut vom Kopf-Halsbereich wird über die beiden Drosselvenen gesammelt. Diese Venen sowie die Venen der Vordergliedmaßen bringen das Blut zur vorderen Hohlvene, die ebenfalls in den rechten Vorhof mündet. Damit es im Mündungsgebiet der Venen keine Wirbel gibt, lenkt der Zwischenvenenwulst das Blut nach unten in die rechte Herzkammer ab. Die rechte Herzkammer pumpt das Blut in die

weiter vorne liegende und nach links ziehende Lungenarterie. Da die rechte Herzkammer relativ wenig Muskelkraft braucht, um das Blut in die benachbarte Lunge zu pumpen, ist ihre Wand ziemlich dünn.

Nachdem das Blut in der Lunge mit Sauerstoff versehen wurde und die Kohlensäure abgegeben hat, fließt es über mehrere Lungenvenen zurück zur linken Vorkammer des Herzens. Von hier gelangt das Blut in die linke Herzkammer und wird von dieser über die große Körperschlagader, die Aorta, in den ganzen Körper gepumpt. Da hierzu viel Muskelkraft nötig ist, ist die Wand der linken Herzkammer sehr dick. Bei der Kontraktion der Herzkammer wird das Blut in die Arterien ausgepresst. Dabei erweitern sich die Arterien, und man spürt eine Pulswelle in der Arterienwand, die zum Beispiel auch an der Gesichtsarterie an der Unterseite des Unterkiefers zu fühlen ist (Abb. 28). Am Ursprung der Aorta und der Lungenarterie ist jeweils noch eine Klappe als Ventil eingebaut, damit das Blut nach dem Herzschlag, beim Erschlaffen des Herzens, nicht wieder zurück in die Herzkammern fließt. Das Schließen dieser halbmondförmigen Klappen ist als zweiter Herzton zu hören.

Die Herzfrequenz liegt beim Pferd in Ruhe etwa bei 30 bis 40 Schlägen pro Minute, bei Arbeit kann die Frequenz auf mehr als 200 und bei Extrembelastungen bis auf 250 Schläge pro Minute ansteigen. Die Herztöne werden vor allem auf der linken Seite des Brustkorbes direkt hinter dem Ellbogenhöcker mit dem Ohr oder einem Hörgerät (Stethoskop) abgehört. Pro Herzschlag hört man zwei Herztöne: Der erste Herzton entsteht, wenn das Blut beim Zusammenziehen der Kammerwände in Schwingungen versetzt wird, und der zweite Herzton kommt beim Schließen der beiden Klappen in der Aorta und der Lungenarterie zustande. Pro Herzschlag wird pro Kammer je etwa dreiviertel Liter Blut in die Lungenarterie bzw. in die Aorta gepresst.

Die ersten Gefäße, die nach der Klappe aus der Aorta abzweigen, sind die Herzkranzgefäße, die zur Eigenversorgung des Herzens dienen. Aus der Aorta entspringt nach den Kranzgefäßen ein großer Gefäßstamm nach vorne, aus dem die beiden Halsschlagadern als Gefäße für Kopf und Hals sowie die Gefäße für die Vordergliedmaßen abzweigen. Die am Kopf von der Halsschlagader ausgehenden Gefäße zum Gehirn sind besonders wichtig, da das Gehirn sehr viel Sauerstoff braucht.

Der vom Herzen nach hinten ziehende Teil der Aorta versorgt in seinem Verlauf alle wichtigen Organe und Muskeln, zum Beispiel über die Gekrösearterien auch den Darm. In Nähe des Beckeneingangs teilt sich die Aorta in ihre Endäste auf, die Beckengliedmaße, das Becken und die Beckenorgane versorgen. Blutpfropfen (Thromben), die durch Larven der Blutwürmer an der Abzweigung der Gekrösearterie entstanden sind, können – wie bereits erwähnt – Darmarterien verstopfen. Sie können aber auch in die Aorta hineinwachsen, losgerissen und nach hinten abgeschwemmt werden und zum Beispiel die Arterie für eine Beckengliedmaße verstopfen. Dadurch kommt es zu Sauerstoffmangel in der Muskulatur und bei zunehmender Belastung zu Lahmheit.

Beim Überprüfen des Kreislaufes muss nicht nur die Herz- oder die Pulsfrequenz gezählt werden. Man überprüft auch mit den Fingern, ob die Arterie gut gefüllt ist, ob der Puls regelmäßig und kräftig ist und ob die Schleimhäute des dritten Augenlides, der Nüstern, und der Mundhöhle rosarot sind. Blasse Schleimhäute, schwacher Puls und eine hohe Puls- beziehungsweise Herzfrequenz können auf einen Blutverlust oder einen sonstigen Schockzustand hinweisen.

Beim Koliker muss man besonders daran denken, dass beispielsweise bei Darmverdrehungen oder Darmverlagerungen die dünnwandigen Darmvenen leicht abgeklemmt werden, während die dickwandigeren Darmarterien noch weiterhin Blut in den Darmbereich pumpen. Es kommt zu einem »Versacken« des Blutes im Darmbereich und bald zum Schockzustand, da der Rückfluss des Blutes über die Leber zum Herzen gestört ist. Durch die Stauung im Darmbereich treten auch Giftstoffe aus dem Darm ins Blut über, die die feinen Haargefäße (Kapillaren) der Gewebe schädigen. Es kommt dadurch oft zu einer Verfärbung der Schleimhäute, die dann blaurötlich »verwaschen« aussehen.

Ein Schock ist ein lebensbedrohlicher Zustand, bei dem in der Regel vor allem die Funktionen von Kreislauf, Atmung und Gehirn schwer gestört sind. Bei Verdacht auf Kolik oder Schock muss man wegen der möglichen Lebensgefahr immer sofort den Tierarzt holen.

Die vegetativen Nervenfasern des Kreislauf- und Atmungsapparates funktionieren unabhängig vom Willen des Tieres wie folgt: Die Nervenfasern des Sympathicus als System der Bewegung und Erregung lassen das Herz schneller schlagen. Die Fasern des Parasympathicus als System der Ruhe bremsen die Herztätigkeit und vermindern die Herzfrequenz. Sympathische Fasern können auch die Blutgefäße verengen und bewirken damit eine Erhöhung des Blutdruckes, während sie am schneller arbeitenden Herzen die Kranzgefäße erweitern, damit die intensiver arbeitende Herzmuskulatur mit genügend Sauerstoff versorgt wird. An der Lunge sorgen sympathische Fasern für eine Erweiterung der Bronchien während parasympathische Fasern für deren Verengung und für eine Verringerung des Gasaustausches verantwortlich sind.

II. Beurteilung des Gesundheitszustandes und des Bewegungsapparates

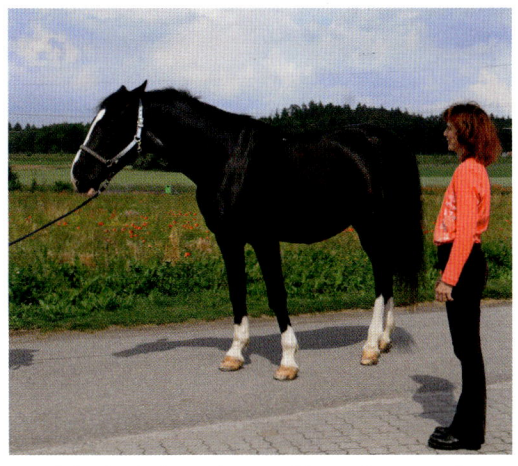

Das Pferd wird an einen ruhigen Ort gestellt und sein Verhalten beobachtet

1. Überprüfung des Gesundheitszustandes

Vor der Untersuchung des Pferdes soll sein gewohnter Aufenthaltsort, die Box, der Auslauf oder die Weide kontrolliert werden. Darauf wird das Pferd an einen hellen, ruhigen, eventuell vor der Witterung geschützten Ort geführt und Verhalten, Gesichtsausdruck, Blick, Ohrspiel, Nüstern und Maulöffnung beobachtet. Anschließend werden die Vitalfunktionen erhoben.

Pulsfühlen an der Gesichtsarterie am Unterkieferrand

Abhören der Herzschläge

Beurteilung des Pulses

Das wichtigste Kriterium ist der Puls, der sehr einfach gefühlt und gezählt werden kann. Beim Pferd fühlt man den Puls vorwiegend an der Gesichtsarterie am Unterkieferrand. Er kann aber auch an anderen Arterien, beispielsweise am Vorderbein an der Zehenarterie über dem Fesselgelenk, an der Mittelfußarterie am Hinterbein oder an der Schweifarterie gefühlt werden.

In seltenen Fällen kann der Puls nicht oder nur schwer gefühlt werden, beispielsweise bei extremer Widersetzlichkeit des Pferdes, durch die dicke Haut von Kaltblütern oder durch ein dichtes Fell, besonders in der Winterzeit. In diesen Fällen kann die Anzahl der Herzschläge durch Abhören des Herzens hinter dem Ellbogen, am bestem mit einem Stethoskop, ermittelt werden. Der Puls ergibt sich dann durch Halbieren der gehörten Herzschläge.

Der Puls kann aufgrund folgender Kriterien beurteilt werden:

Quantität: Die Anzahl der Pulsschläge liegt beim ruhigen Pferd bei 30–40 pro Minute.

Qualität: Dabei wird
* die Stärke des Pulses
* die Gleichmäßigkeit und
* die Regelmäßigkeit, das heißt der Rhythmus der zeitlichen Abstände zwischen den Herzschlägen beurteilt. So hat zum Beispiel ein Pferd, das sich in einem schweren Schockzustand befindet und folglich ein vermindertes Blutvolumen aufweist, einen schwachen, ungleichmäßigen und unregelmäßigen Puls.

Normalwerte von Vitalfunktionen (PAT) beim erwachsenen Pferd (bei jüngeren Tieren höhere Werte)

Puls:	in der Ruhe	30-40/Min.
	bei Anstrengung/ Aufregung/Schmerzen	100-120/Min.
	Extremwerte bei Höchstleistungen	bis 200/Min.
	Erholungszeit bis unter 60/Min.	20 Min.
Atmung:	In der Ruhe	8-16/Min.
	bei Anstrengung/Aufregung/Schmerzen	80-100/Min.
	Extremwerte bei Höchstleistungen	bis 150/Min.
	Erholungszeit bis unter 60/Min.	20 Min.
Temperatur:	in der Ruhe	37.3-38.0° C

Beurteilung des arteriellen Kreislaufs

Der arterielle Teil des Kreislaufs kann anhand der Farbe der sichtbaren Schleimhäute beurteilt werden. Bei normaler Durchblutung sind die Schleimhäute blassrötlich bis rosa gefärbt. Wenn der Kreislauf zu wenig Blut führt, also zu wenig rote Blutkörperchen vorhanden sind, werden die Schleimhäute deutlich heller, bis sie schließlich bei sehr großem Blutverlust marmorweiß erscheinen.

Wenn das Blut andererseits nicht mehr ausreichend mit Sauerstoff gesättigt ist und in den Arterien ein großer Anteil Blut fließt, das mit Kohlendioxyd beladen ist, erscheinen die Schleimhäute dunkelrot bis bläulich.

Durch Aufspreizen beider Augenlider mit Daumen und Zeigfinger wird zuerst die Farbe der Bindehaut beurteilt. Durch zusätzlichen Druck auf den Augapfel fällt das dritte Augenlid (Nickhaut) vor, wobei dessen Farbe beurteilt werden kann.

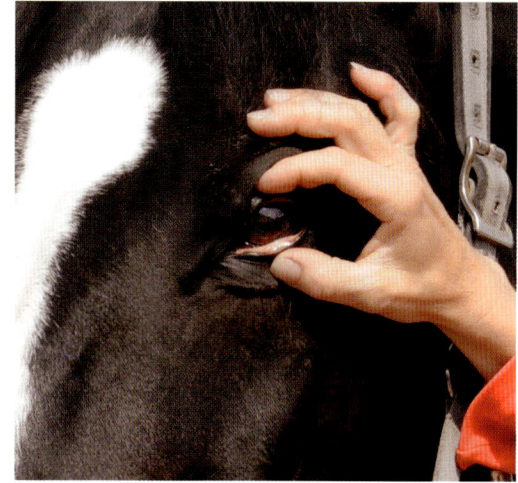

Beurteilung der Farbe der Lidbindehäute

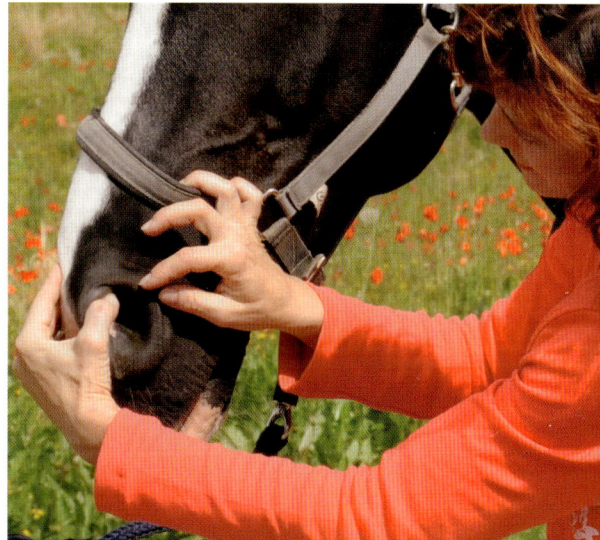

Beurteilung der Farbe der Schleimhäute in den Nüstern

Durch Anheben des Nasenflügels wird die teilweise unpigmentierte Nasenschleimhaut sichtbar.

Eine dunkelrote bis bläuliche Färbung ist ein deutliches Zeichen für einen schweren Schockzustand, wie er beispielsweise bei schweren Koliken oder Vergiftungen auftreten kann.

Ein weiteres einfaches Mittel, den Kreislauf zu überprüfen, ist die Ermittlung der sogenannten kapillären Füllungszeit (abgekürzt KFZ oder englisch: capillary refill-time). Damit ist die Zeitspanne gemeint, in der sich ein Schleim-

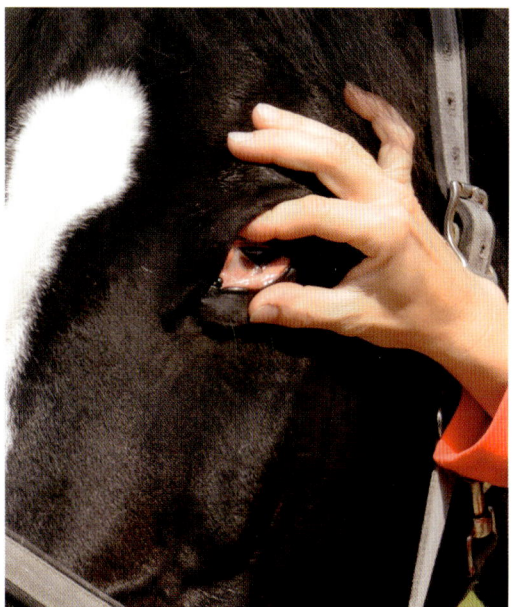

Beurteilung der Farbe der Nickhaut

hautbezirk, dessen Blutzufluss durch einen Fingerdruck unterbrochen wurde, wieder mit Blut füllt. Am einfachsten kann diese Probe im Bereich der Mundschleimhaut durchgeführt werden, indem mit dem Daumen oder Zeigefinger ungefähr zwei Zentimeter über den oberen Schneidezähnen drei Sekunden lang auf die Schleimhaut des Zahnfleisches gedrückt wird. Dann nimmt man den Finger weg und zählt die Sekunden, bis der weiße, blutleere Fleck wieder die Farbe der umliegenden Schleimhaut angenommen hat. Normal ist hier eine Zeit von höchstens ein bis zwei Sekunden bei unveränderten Blutdruckverhältnissen.

Durch Druck erzeugt man eine weiße, blutleere Stelle. Beim gesunden Pferd nimmt sie bei unverändertem Blutdruck innerhalb 1–2 Sekunden wieder die ursprüngliche rosa Farbe an, je nach Krankheitszustand kann dies mehrere Sekunden dauern

Beurteilung des venösen Kreislaufs
Die Funktion des venösen Teils des Kreislaufs kann kontrolliert werden, indem die Jugular- oder Drosselvene gestaut wird. Wenn mit dem Daumen in der Drosselrinne ungefähr in der Mitte des Halses ein leichter Druck ausgeübt wird, staut sich die Vene und tritt hervor. Beim gesunden Pferd wird sich diese Stelle sofort wieder glätten, sobald der Daumen weggenommen wird.

Wenn beim Stauen der Vene unterhalb, das heißt herzwärts, eine Pulswelle beobachtet werden kann, ist dies krankhaft und die Folge einer undichten Herzklappe zwischen der rechten Vor- und Hauptkammer, was als positiver Venenpuls bezeichnet wird.

Bei normalen Verhältnissen im venösen Teil des Kreislaufs muss sich eine Stauung der Vene sofort wieder zurückbilden

Beurteilung des Wasserhaushalts
Auch anhand des Wasserhaushalts und der Elastizität der Gewebe kann der Kreislauf beurteilt werden. Dazu wird in der Halsgegend eine Hautfalte herausgezogen und kurze Zeit zwischen den Fingern festgehalten. Wenn sich diese Falte nach dem Loslassen nicht sofort wieder glättet, ist dies ein Hinweis darauf, dass der Organismus des Pferdes ausgetrocknet ist. Es muss allerdings darauf geachtet werden, dass sich diese Verhältnisse mit zunehmendem Alter verändern und es bei einem älteren Pferd länger dauert, bis sich die Hautfalte vollständig zurückgebildet hat.

Zur Überprüfung des Wasserhaushaltes und der Hautelastizität wird eine Hautfalte herausgezogen

1.2 Untersuchung und Beurteilung der Atmung

Atemfrequenz

Bei der Überprüfung der Atmung wird primär die Quantität durch Zählen der Atemzüge beurteilt.

In der Ruhe soll ein erwachsenes Warmblutpferd 8–16 mal pro Minute ein- und ausatmen. Beim Kleinpferd und Pony können es in der Ruhe bis zu 20 Atemzüge pro Minute sein. Abweichungen und Gründe für eine erhöhte Atemfrequenz sind in der Tabelle (siehe Seite 48) Normalwerte von Vitalfunktionen dargestellt.

Auch bei gesunden Pferden steigt die Atemfrequenz schon bei leichter Bewegung, die Atmung beruhigt sich aber relativ bald wieder. Bei großer Hitze, bei starken Schmerzen oder psychischen Störungen und besonders bei großem Blutverlust erhöht sich die Atemfrequenz deutlich. Wie schnell sie sich wieder normalisiert, hängt stark von den auslösenden Ursachen ab.

Bestimmung der Atemfrequenz an der Flanke

Die Atemfrequenz wird am einfachsten gezählt, indem man sich in einem Winkel von 45° zur Längsachse des Pferdes stellt und von dort aus die Flankenbewegungen beobachtet. Diese Bewegungen sind auch bei einer sehr oberflächlichen und ruhigen Atmung erkennbar. Dabei kann festgestellt werden, dass das Pferd die Luft langsam einzieht und ein kurzer Moment verstreicht, bevor sich die Flanke wieder nach innen bewegt und die Luft ausströmt. Bei lungenkranken Pferden ist vor allem die Ausatmung erschwert, was sich in der Entstehung einer Dampfrinne manifestiert.

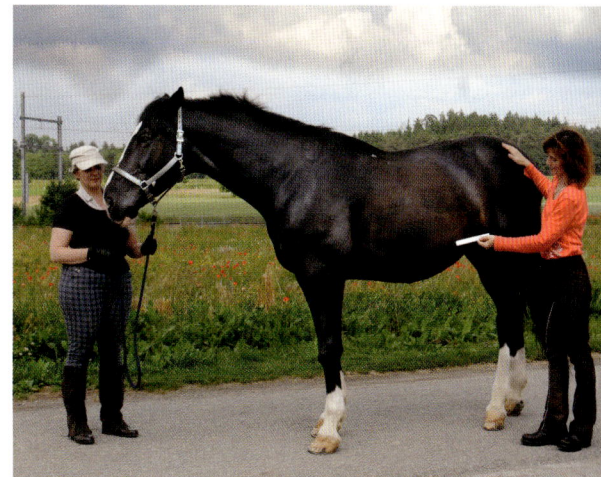

Hier bildet sich bei lungenkranken Pferden die Dampfrinne

Abhören der Lungengeräusche

Die Qualität der Atmung kann durch Abhören der Lungengeräusche beurteilt werden, was man am besten mit einem Hörgerät (Stethoskop) macht. Diese Untersuchung ist allerdings in der Regel dem Tierarzt vorbehalten, da sie genauere Kenntnisse des normalen beziehungsweise krankhaften Zustandes erfordert. Der Laie kann höchstens bei starken Veränderungen wie zum Beispiel akuten, schweren Bronchitiden oder Lungenblutungen die dabei auftretenden, rasselnden oder knarrend-ächzenden Geräusche schon mit bloßem Ohr hören.

werden. Rutscht ein Thermometer irrtümlicherweise vollständig in den Darm, ist dies kein Grund zur Panik. Dies kann relativ leicht passieren und ist nicht so schlimm, da es beim nächsten Misten wieder herausbefördert wird. Aus diesem Grund gibt es spezielle Thermometer für Pferde. Diese sind aus etwas dickerem Glas mit einer kleinen, kugelförmigen Verdickung am Ende ausgestattet. An dieser Verdickung wird ein Halteschnürchen befestigt, das mit einer Wäscheklammer zur Befestigung an den Schweifhaaren versehen ist.

Es kann auch ein digitales Thermometer verwendet werden.

Bestimmung der Lungengeräusche mit einem Hörgerät (Stethoskop)

Korrektes Einführen des Thermometers

1.3 Messung der Körpertemperatur

Die Körpertemperatur ist ein äußerst wichtiges Kriterium, um den Grad und die Gefährlichkeit einer Erkrankung zu beurteilen. Sie muss deshalb bei jedem Verdacht auf eine Erkrankung als Erstes gemessen werden. Beim ausgewachsenen Pferd ist in Ruhe eine Temperatur von 37,3 bis 38° C normal, beim bis halbjährigen Fohlen liegt die Normaltemperatur zwischen 38 und 39° C.

Die Temperatur kann beim Pferd mit einem handelsüblichen Glasthermometer für Menschen im After gemessen werden. Das Thermometer muss vollständig in den After eingeführt und mindestens 3 Minuten dort gehalten

Wenn kein Thermometer zur Verfügung steht, können kalte Ohren und Gliedmaßen sowie das Aufstellen der Haare eine Untertemperatur und überwärmte Partien am Rumpf eine höhere Temperatur anzeigen. In diesem Zusammenhang möchten wir darauf hinweisen, dass das Phänomen Fieber eine Folge des erhöhten Stoffwechsels und somit eine erwünschte Abwehrreaktion des Körpers ist. Bei gewissen Erkrankungen, insbesondere bei Infektionen, kann diese Abwehr über das Ziel hinausschießen, und es können Körpertemperaturen bis gegen 42° C auftreten. So hohes Fieber kann die Eiweißstoffe im Körper chemisch irreversibel verändern.

Nebst den bisher beschriebenen Untersuchungen der Vitalfunktionen hat der Laie die Möglichkeit, weitere Organsysteme zu überprüfen.

1.4 Untersuchung der Augen

Mit einer Taschenlampe kann die Hornhaut, die nicht trüb, sondern glänzend sein muss, beurteilt werden.

Untersuchung der Augen

Öffnen der Maulspalte und Kontrolle der Zähne

1.5 Untersuchung der Maulhöhle

Wenn ein Pferd nicht mehr frisst, sollte als Ursache an eine Veränderung in der Maulhöhle gedacht werden. Dies können akute Zahnprobleme wie abgebrochene oder querliegende Zähne sein, Zahnspitzen oder -haken, die in die umliegenden Schleimhäute stechen, Verletzungen der Zunge oder eingekeilte Fremdkörper. Die Maulhöhle ist beim Pferd nicht einfach zu öffnen, und man sollte vor allem auf die eigenen Finger aufpassen.
Zum Öffnen der Maulspalte fährt man mit der einen Hand seitlich in die zahnlosen Lücken des Unter- und Oberkiefers, worauf das Pferd diese öffnet. Mit der anderen Hand ergreift man darauf die Zunge und stellt die Hand in der Maulhöhle auf. Dadurch wird verhindert,

dass das Pferd das Maul wieder schließt. Nun kann, am bestem mit einer Taschenlampe, die eine Seite der Zahnreihe kontrolliert werden. Die andere Seite wird nach dem Wechseln der Seite kontrolliert.

1.6 Untersuchung des Lymphsystems

Bei fieberhaften Erkrankungen ist es oft hilfreich, gleich zu Beginn festzustellen, ob die Lymphknoten geschwollen sind. Viele Erkrankungen am Kopf wie eitrige Kiefer-, Stirn- und Keilbeinhöhlen oder eitrige Zahnfachentzündungen gehen mit geschwollenen und schmerzhaften Lymphknoten im Kopf- und oberen Halsbereich einher. Auch bei Druse treten Vergrößerungen der Lymphknoten auf – nicht selten bis hin zu Einschmelzungen und Abszessen, die dann in vielen Fällen vom Tierarzt chirurgisch geöffnet und anschließend intensiv gespült werden müssen.

Hörgerät in der Gegend der Hungergruben und der Flanken abgehört werden. In der linken Hungergruben-Flanken-Gegend hört man im oberen Teil konstante leichte Plätschergeräusche des Dünndarms und darunter die dumpfen Geräusche des Grimmdarms, in dem der Futterbrei eingedickt wird. In der rechten Hungergrube hört man, vor allem nach der Futteraufnahme, überwiegend im oberen Teil, die Einspritzgeräusche des dünnflüssigen Futterbreis aus dem Hüftdarm in den Blinddarmkopf. Liegt die letzte Fütterung schon etwas länger zurück, ist hier nur noch zweimal pro Minute ein an Donnergrollen erinnerndes Geräusch des Blinddarmkörpers zu vernehmen, der die Futtermassen wie in einem Schüttelbecher auf und ab bewegt.

Bei Infektionen im Kopfbereich sind die Lymphknoten hinter dem Rachen besonders oft schmerzhaft und geschwollen

1.7 Untersuchung und Beurteilung der Darmfunktionen

Bauchschmerzen infolge Veränderungen des Magen-/Darmtraktes sind bei den Pferden die häufigste Ursache für akute Todesfälle. Es kann lebensrettend sein, solche Erkrankungen frühzeitig zu erkennen. Folglich ist die Beurteilung der Darmfunktionen eine äußerst wichtige zusätzliche Untersuchung. In vielen Fällen kann das Funktionieren des Darmes durch Überprüfen der Darmgeräusche und des Pferdemistes kontrolliert werden. Dabei muss allerdings daran gedacht werden, dass die Darmfunktion infolge von anderen Erkrankungen beziehungsweise Schmerzen oder psychischem Stress zum Erliegen kommen kann, und nicht immer eine Darmerkrankung die Ursache einer solchen Störung sein muss.

Die Darmtätigkeit kann am zuverlässigsten überprüft werden, indem die Darmgeräusche mit bloßem Ohr oder noch besser mit einem

Wichtiger Hinweis

Frisch abgesetzter Mist bedeutet nicht, dass der Darm des Pferdes durchgängig ist. Im hintersten Abschnitt des Verdauungskanals, im Mastdarm, sind mindestens drei Portionen Pferdemist gelagert, die normalerweise in den kommenden 24 Stunden abgesetzt werden. Ein Pferd kann also im vorderen Darmabschnitt eine schwere Darmveränderung haben und trotzdem noch Mist absetzen.

Aus der Konsistenz, der Farbe und dem Geruch des Mistes in der Box können Rückschlüsse auf die Darmtätigkeit gezogen werden. So ist zum Beispiel harter, dunkler, mit Schleim überzogener Mist ein deutliches Zeichen dafür, dass der Kot länger als gewöhnlich in den hinteren Darmabschnitten verblieben ist, was für eine drohende oder bereits vorliegende Anschoppung spricht. Dünner, heller, übel riechender Kot mit unverdauten Kraftfutteranteilen deutet auf eine ungenügende Verdauung im Dünndarmbereich hin, beispielsweise infolge von Darmkatarrh, Nervosität, Vergiftungen und dergleichen.

Abhören der Darmtätigkeit beidseits auf Höhe der Hungergrube und der Flankengegend mit dem Ohr oder besser mit dem Stethoskop

2. Überprüfung des Bewegungsapparates

Das nachfolgend beschriebene Schema ist eine Anleitung für den Laien zur Überprüfung des Bewegungsapparates eines aufgezäumten, an der Hand vorgeführten, nicht gesattelten oder nicht eingespannten Pferdes.

Zur Abklärung einer Lahmheit, insbesondere in akuten Fällen, ist immer ein Tierarzt beizuziehen.

Zur Überprüfung im Stehen wird das Pferd möglichst im Freien auf ebenen, bei Bedarf witterungsgeschützten Platz gestellt. Das Pferd soll aus mindestens sechs Meter Distanz von allen Seiten besichtigt werden, um seine Körperhaltung, Gliedmaßenstellung und Konturveränderungen, vor allem an den Beinen, festzustellen.

Zur Überprüfung in der Bewegung wird das Pferd an der Hand auf einer ebenen, mindestens 15 Meter langen Strecke auf hartem und wenn möglich zusätzlich weichem Belag im Schritt und Trab vorgeführt. Dabei beobachtet

der Untersucher das Pferd jeweils von vorn, von hinten und von der Seite.

Hilfreich für die Beurteilung ist es, wenn noch ein Platz für das Vorführen an der Longe auf einer mindestens 12 Meter Volte zur Verfügung steht. Ist eine Reithalle vorhanden, ist man von Tageszeit und Wetter unabhängig und es besteht der Vorteil, dass das Pferd weniger von den Einflüssen der Umgebung abgelenkt wird.

Das Pferd wird vorerst im Schritt mindestens zweimal hin und her geführt, wobei am Ende der Strecke jeweils eine 8 Meter Volte rechts und links herum gemacht wird.

Auf der Volte können nämlich geringgradige Stützbeinlahmheiten, die vielfach Folge von Veränderungen im unteren Bereich der Gliedmaße sind, auf dem inneren Fuß durch die stärkere Belastung deutlicher erkannt werden. Im Gegensatz dazu verstärken sich Hangbeinlahmheiten auf dem äußeren Fuß, deren Ursache hauptsächlich Schmerzzustände im oberen Bereich der Gliedmaße sind.

Vorführen des gezäumten Pferdes im Schritt und Trab auf der Geraden sowie auf kleinen Volten rechts und links herum

Anschließend wird das Pferd analog im Trab, jedoch ohne Volten, vorgeführt. An der Longe, unter dem Reiter oder beim Fahren können vor allem geringgradige Störungen, die sich erst bei längerer Belastung manifestieren, erkannt werden.

Nach diesen Beurteilungen im Stehen und in der Bewegung folgt die eigentliche Untersuchung am Pferd, die mit dem Palpieren von Hals und Rumpf beginnt. Zu Beginn wird längs der oberen Linie das Genick bis zum Schweifansatz palpiert. Bei Vorliegen eines Schmerzes können an folgenden Orten Abwehrreaktionen beobachtet werden:

- am Genick wegen einer Genickbeule als Folge einer Druckbeschädigung durch Halfter oder Zaumzeug

Palpation des Genicks (Genickbeule)

- im Halsgebiet wegen Halswirbelveränderungen, vor allem nach Stürzen

Prüfung der Beweglichkeit der Halswirbelsäule (Wobbler-Syndrom)

- am Widerrist infolge Druckbeschädigungen durch eine zu enge Sattelkammer oder nicht passende Pferdedecke

Adspektion und Palpation des Widerristes (Décollement, Widerristfisteln, Frakturen der Dornfortsätze)

- in der Sattellage wegen Verspannung der Muskulatur als Folge von Veränderungen an Rücken- und Lendenwirbeln (Kissing Spine)

Kräftige Kompression mit zwei bis drei Fingern, circa 5 cm beidseitig neben der Wirbelsäule im Bereich der Sattellage, d.h. der Rücken- und vorderen Lendenwirbel (Berühren der einzelnen Dornfortsätze sogenannte Kissing Spines oder Arthrose der Wirbelgelenke)

Palpieren

Beim Palpieren werden die verschiedenen Strukturen des Pferdekörpers mit den Fingern ertastet. Mit leichtem Druck wird auch die Schmerzhaftigkeit von den verschiedenen Knochen, Gelenken, Sehnen, Bändern und Muskeln beurteilt.

• in der Iliosakralgegend als Folge von Stürzen

Palpation der Iliosakralgelenke (evtl. Asymmetrien)

• an der Kruppenmuskulatur und am Schweifansatz als Folge eines Kreuzschlages oder Tonusverlusts wegen Nervenschädigungen

Palpation der Kruppenmuskulatur und Schweifansatz (Verspannung, Verhärtung)

Anschließend erfolgt die Untersuchung der Gliedmaßen. Diese beginnt mit dem Aufheben des Vorderfußes und der Beurteilung des Hufes und des Beschlagszustandes.

Kontrolle des Hufes und Beschlagzustandes

Insbesondere wird kontrolliert, ob das Eisen und alle Nägel noch korrekt sitzen und ob das Pferd einen Fremdkörper eingeklemmt oder einen Nagel eingetreten hat. Speziell beachtet werden müssen der Strahl und die Strahlfurchen bezüglich Strahlfäule und ob Verletzungen an der Hufsohle vorliegen. Diese kann mit einer Hufzange auf Druckschmerz, vor allem im Eckstrebengebiet, untersucht werden.

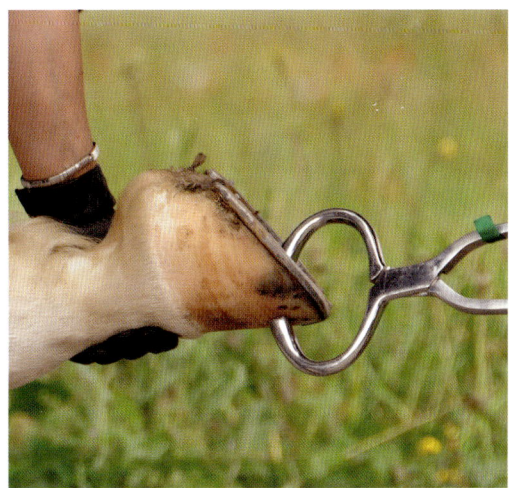

Adspektion von Sohle und Strahl und Untersuchung mit der Hufzange, speziell der Strahlspitze wegen Hufbeinsenkung und/oder -Rotation

Darauf erfolgt das Abtasten des Kronrandes und der Ballengegend, die Prüfung der Elastizität des Hufknorpels, Palpation des Huf-, Kron- und Fesselgelenkes bezüglich Ausweitung der Gelenkkapseln, sogenannte Gelenkgallen, oder Auflagerung an den Zehenknochen, sogenannte Schalen.

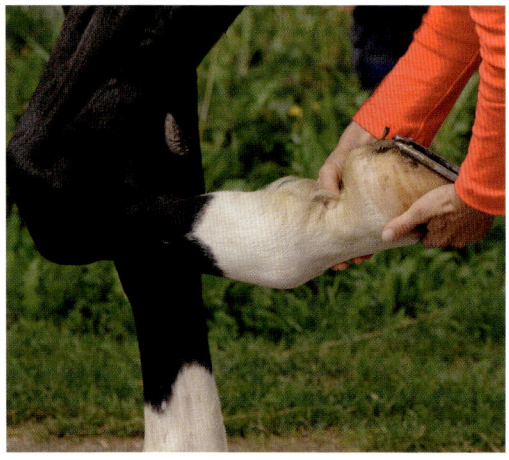

Palpation der drei Zehengelenke (Gelenkskapselerweiterung = Gelenkgalle), Sehnen und Sehnenscheiden unterhalb des Fesselgelenkes

Anschließend werden die Abbiege- oder Beugeproben (Hyperflexion) der Zehengelenke durchgeführt. Dazu stellt sich der Untersucher bei den Vordergliedmaßen seitlich etwas vor das aufzuhebende Vorderbein. Die Gliedmaße wird im Vorderfußwurzelgelenk (Karpalgelenk) leicht abgebogen und auf dem Oberschenkel des Untersuchers leicht abgestützt.

Darauf wird der Huf mit beiden Händen umfasst und mit langsam steigendem Zug während 1–2 Minuten die Zehengelenke abgebogen. Anhand der Intensität der Abwehrreaktion des Pferdes, die bis zum Wegziehen der Gliedmaße gehen kann, kann der Schmerzgrad bereits beurteilt werden. Noch deutlicher zeigt sich der Schmerzgrad anhand der Reaktion beim anschließenden Antraben, die von leichter Unregelmäßigkeit bis zur Weigerung des Auffußens führen kann.

Beugeproben der Zehengelenke an der Vordergliedmaße

Weiter oben, dicht hinter dem Röhrbein, liegt zwischen den beiden Griffelbeinen der Körper des sehnigen Fesselträgers, dessen beide Schenkel über den unteren Teil des Röhrbeins und den oberen Teil des Fesselbeins ziehen und sich vorne mit der Strecksehne verbinden. Gleichzeitig werden die beiden Gleichbeine auf Druckschmerz und die Griffelbeine auf Knochenzubildungen, vor allem innen (sogenannte Überbeine), überprüft.

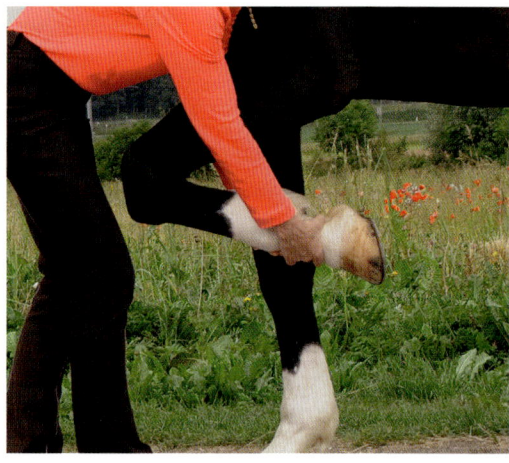

Palpation des Fesselträgers und der Haltebänder

Im vorderen Bereich des Röhrbeins liegt relativ ungeschützt unter der Haut die Strecksehne und im hinteren Bereich die oberflächliche und tiefe Beugesehne mit ihrem Unterstützungsband.

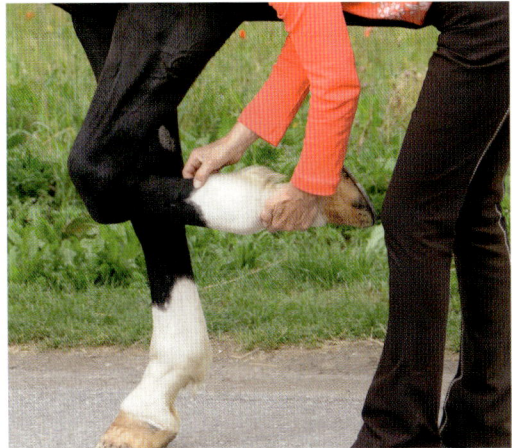

Palpation der oberflächlichen und tiefen Beugesehnen und der Sehnenscheiden (Sehnenscheidenerweiterung = Sehnenscheidengalle), des Unterstützungsbandes der tiefen Beugesehne und der Griffelbeine, besonders innen (Überbeine)

Die nächst höhere Stufe bildet das Vorderfußwurzelgelenk oder Vorderknie, wo vor allem bei Rennpferden Veränderungen in Form von chronischen Gelenksentzündungen auftreten können. Beim Springpferd kennt man in dieser Region den Knieschwamm, ein durch Anschlagen vergrößerter Schleimbeutel.

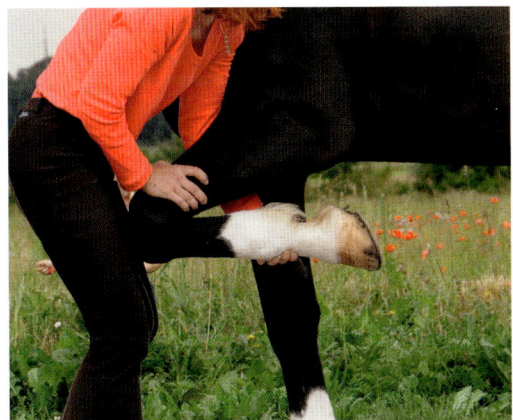

Starkes Abbiegen des Karpalgelenkes

An der Hintergliedmaße befinden sich an der Zehe bis zum Sprunggelenk die gleichen Strukturen wie am Vorderbein, die analog überprüft werden.
Bei der Abbiegeprobe am Hinterbein muss sich der Untersucher seitlich rückwärts neben das Pferd stellen und das Hinterbein leicht abgebogen auf seinem Oberschenkel abstützen. Im Übrigen ist analog zu verfahren wie bei den Vorderbeinen.

Abbiegeprobe der Zehengelenke an der Hintergliedmaße (Sprung- und Kniegelenk bleiben unbelastet)

Am Sprunggelenk können die einzelnen Gelenkaussackungen erweitert sein, was als Sprunggelenkgalle bezeichnet wird. Außerdem ist eine bei einzelnen Pferderassen gehäuft vorkommende chronische Gelenksentzündung des unteren mehrstufigen Gelenkes bekannt, die als Spaterkrankung bezeichnet wird. Bei der für den Nachweis typischen positiven Beugeprobe, der sogenannten Spatprobe, wird der Mittelfuß mit beiden Händen erfasst und unter maximaler Beugung des Gelenkes 1–2 Minuten angehoben. Sogleich nach Absetzen der Gliedmaße wird das Pferd angetrabt. Die Reaktion kann auch hier von einer leichten Unregelmäßigkeit bis zu einer Weigerung, den Fuß abzusetzen, führen.

Für die Spatprobe wird der Mittelfuß 1–2 Minuten stark angehoben und das Pferd darauf sogleich angetrabt, wobei Zehen- und Kniegelenke möglichst unbelastet bleiben

Die übrigen, höher gelegenen Anteile der Vorder- und Hintergliedmaße werden ebenfalls adspektorisch und palpatorisch geprüft, wobei der Laie nur akute Veränderungen in Form von starken Schwellungen oder überwärmten Bezirken als Ursache von Bewegungsstörungen feststellen kann. Im Übrigen ist an diesen Orten erfahrungsgemäß selten die Ursache für eine Bewegungsstörung zu suchen, abgesehen von möglichen Unfallverletzungen oder chronisch bedingten Veränderungen. In diesen beiden Fällen ist eine tierärztliche Abklärung nötig.

Wichtiger Hinweis

Wurden diese Überprüfungen im Rahmen einer notfallmäßig erfolgten Lahmheitsuntersuchung durch den Laien durchgeführt, können die im vorliegenden Buch empfohlenen Erste-Hilfe-Maßnahmen wie Anlegen von kühlenden Kompressen oder Verbänden, Ruhigstellen des Pferdes vorgenommen werden. Das Beiziehen eines Tierarztes zur weiteren Abklärung und allenfalls Behandlung wird aber dringend empfohlen.

III. Einige Begriffe aus der allgemeinen Krankheitslehre

In diesem Abschnitt sollen einige wenige wichtige Begriffe im Zusammenhang mit Erkrankungen erklärt werden.

Symptome
Unter Symptomen verstehen wir Krankheitsanzeichen; sie stellen Abweichungen vom Normalzustand dar und können sehr allgemein sein wie etwa Fieber oder Fressunlust. Auf der anderen Seite gibt es sehr spezifische Symptome wie zum Beispiel einseitiger Nasenausfluss oder eine verdickte Sehne.

Infektion
Unter einer Infektion verstehen wir das Eindringen und Vermehren von krankmachenden Mikroorganismen in einen Makroorganismus.

Mikroorganismen
Dies sind mikroskopisch kleine, meist einzellige Gebilde. Die für uns wichtigsten Mikroorganismen sind Bakterien, Viren, Pilze und Protozoen. Nachfolgend sollen einige Beispiele für die verschiedenen Mikroorganismen aufgezählt werden. In Klammern stehen die jeweils von ihnen ausgelösten Krankheiten:
- Bakterien: Salmonellen (Durchfall), Streptokokken (Druse, Einschuss), Tetanus (Wundstarrkrampf)
- Viren: Influenzaviren (Grippe), Herpesviren (seuchenhaftes Verwerfen, Husten)
- Protozoen: Babesien (Piroplasmosen)
- Pilze: Trichophyten (Flechten, Hautkrankheiten)

Makroorganismen
Sie sind immer mehrzellige Wesen wie die Menschen, die Tiere und auch die Pflanzen.

Eiter
Eiter besteht aus Bakterien und weißen Blutzellen (dies sind Abwehrzellen).

Entzündung
Unter einer Entzündung versteht man eine bestimmte Reaktion des Organismus auf eine Gewebebeschädigung als Folge einer Gewalteinwirkung (Trauma) oder eines Reizes. Diese Reaktionen führen in der Regel zu folgenden fünf charakteristischen Veränderungen, die je nach Ursache oder Lokalisation unterschiedlich stark ausgeprägt sind: Wärme, Schwellung, Schmerz, Rötung und eine gestörte Funktion.

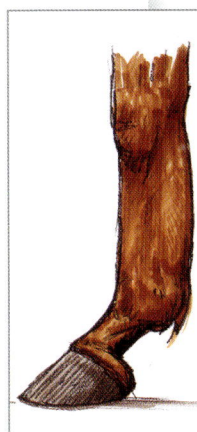

Zeichnung einer Entzündung der oberflächlichen Beugesehne, des sogenannten »Bogens«

Bei den Traumen kann es sich um Verletzungen, Verbrennungen, Vergiftungen oder auch um Infektionen handeln. Die Entzündung ist eine wünschenswerte Reaktion des Körpers und stellt in der Regel den ersten Schritt zur Heilung einer geschädigten Struktur dar. Sie kann aber auch über ein bestimmtes Maß hinausgehen und dann zu Gewebezerstörungen führen, wie dies zum Beispiel bei langanhaltendem, hohem Fieber der Fall ist.

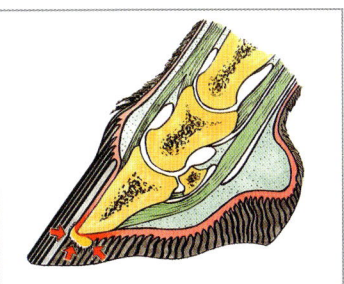

Zeichnung einer eitrigen Infektion (Abszess) im Bereich der Hufbeinspitze

IV. Kleine Medikamentenlehre

In diesem Abschnitt werden die Wirkungen von einigen wichtigen und häufig eingesetzten Medikamenten kurz erklärt. Jeder Pferdebesitzer sollte wissen, wie diese Medikamente wirken und welche Nebenwirkungen möglicherweise auftreten können. Trotz dieser Grundkenntnisse sollte ein Medikament erst nach Rücksprache mit dem Tierarzt verwendet werden!

1. Die wichtigsten Verabreichungsarten von Medikamenten

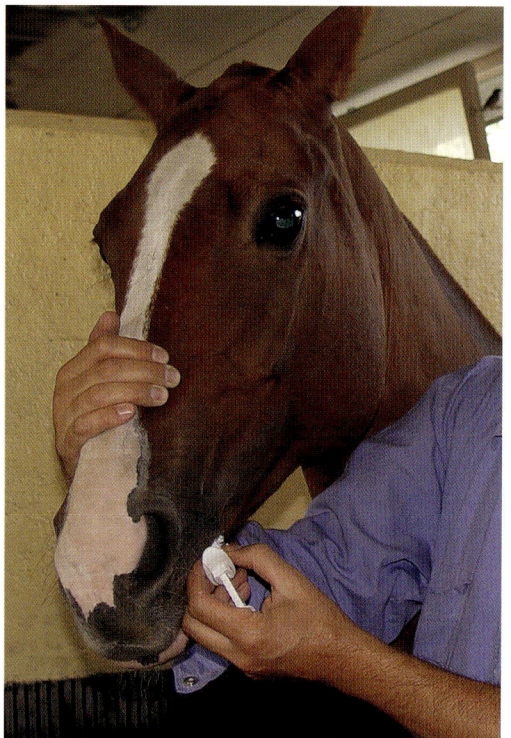

Eingeben der Entwurmungspaste

Die Medikamente können dem Pferd auf unterschiedliche Arten verabreicht werden.

a) peroral = über das Maul
Bei dieser Methode werden die Medikamente dem Pferd direkt in das Maul oder über das Futter verabreicht.

Dadurch gelangen die Wirkstoffe in den Darm, wo sie ähnlich wie die Futtermittel aufgenommen und im ganzen Körper verteilt werden. Da die Pferde einen sehr gut ausgebildeten Geruchs- und Geschmackssinn haben, ist diese Art der Verabreichung von Medikamenten nicht unproblematisch. Medikamente in Pulverform streut man bei dieser Verabreichungsart in der Regel über das Kraftfutter. Dabei muss man darauf achten, dass das Pulver gut

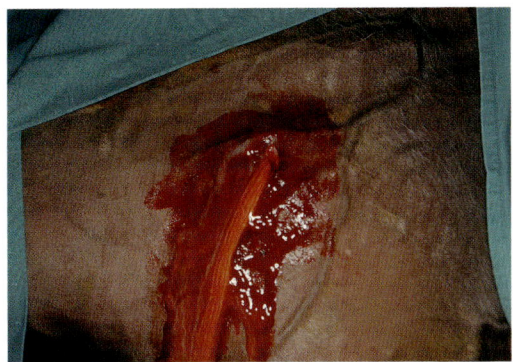

Bei Injektionen ist eine lokale Infektion möglich. Bei dem Pferd auf dem Bild hat sich nach einer intramuskulären Injektion am Hals eine Infektion mit anschließendem Abszess gebildet. Der Abszess wurde chirurgisch eröffnet, so dass der Eiter abfließen konnte

mit dem Futter vermischt wird. Damit das Medikament nicht auf den Boden der Futterkrippe fällt und dort liegen bleibt, kann man es mit geriebenen Äpfeln oder mit Honig vermischen. Daneben gibt es mit anderen Futterbestandteilen vermischte Medikamente oder solche in gepresster Form, wie zum Beispiel Vitaminwürfel.

Medikamente in flüssiger Form können mit dem Trinkwasser verabreicht werden. Dies wird bei Wettkämpfen vor allem mit Elektrolyt- und Vitaminlösungen versucht. Bei dieser Variante weigern sich aber viele Pferde, dieses Trinkwasser aufzunehmen.

Medikamente in Pastenform werden in einer Art Plastikspritze angeboten, mit der man die Pastenmenge exakt dosieren kann. Man schiebt die Spritze seitlich zwischen den Schneide- und Backenzähnen ins Pferdemaul und deponiert den Inhalt auf der Zunge. Diese Verabreichungsform ist bei Wurm- und Vitaminpasten üblich.

b) rektal = über den Enddarm
Medikamente in Zäpfchenform werden gut aufgenommen, weil der Enddarm sehr stark durchblutet ist. Diese Verabreichungsform wird leider viel zu selten genutzt.
Man kann Medikamente auch auflösen und als Einlauf oder Klistier in den Enddarm geben. Diese Verabreichungsart ist ebenfalls weitgehend in Vergessenheit geraten.

c) parenteral = unter Umgehung des Magen-Darmtraktes
Medikamente, die mittels Injektionen oder Infusionen in den Körper gebracht werden, können örtlich (lokal) oder systemisch auf den ganzen Körper wirken. Man unterscheidet verschiedene Injektionsformen:

- unter die Haut (subcutan = sc)
- in die Muskulatur (intramusukulär = im)
- in die Vene (intravenös = iv)
- ins Gelenk (intraartikulär = ia)

Das Spritzen und Infundieren von Medikamenten sollte man unbedingt dem Tierarzt oder einer ausgebildeten Fachperson, wie zum Beispiel der Tierarzthelferin, überlassen. Trotzdem kann selbst bei diesen Personen auch bei sauberem Arbeiten infolge der Reizung durch das Medikament oder durch eine lokale Unverträglichkeit eine Infektion und anschließend ein Abszess entstehen.

d) perkutan = durch die Haut
Damit Medikamente beim Einreiben auf der Haut ihre Wirksamkeit vollständig entfalten können, müssen die Haare geschoren werden. Ansonsten bleibt der größte Teil des Medikamentes auf dem Fell kleben. Diese Anwendungsart bleibt in der Regel der örtlichen Behandlung vorbehalten. Es gibt nur sehr wenige perkutan verwendete Medikamente, die so konzentriert ins Blutgefäßsystem gelangen, dass sie systemisch, das heißt auf den ganzen Körper, wirken können.

2. Übersicht über die wichtigsten Medikamentengruppen

2.1 Medikamente gegen Infektionserreger (Antibiotika)

Antibiotika sind Medikamente, die Bakterien sowie einige Viren, Pilze oder einzellige Lebewesen in ihrer Fortpflanzung oder ihrem Wachstum hemmen oder abtöten. Die Herstellung der Antibiotika erfolgt industriell entweder durch Züchtung von Pilzen, die diese Antibiotika produzieren, oder durch den chemischen Aufbau, die Synthese aus einzelnen Eiweißstoffen.

Das erste Antibiotikum war das Penizillin, ein Produkt des Schimmelpilzes, das 1928 von Sir Alexander Fleming entdeckt wurde. Seit vielen Jahrhunderten wusste man jedoch schon, dass gewisse Erkrankungen durch die Einnahme von verschimmelten Lebensmitteln geheilt werden konnten. Große Bedeutung haben auch die verschiedenen Sulfonamide beim Pferd erreicht.

Es gibt heute eine Vielzahl verschiedener Antibiotika, von denen beim Pferd jedoch nur wenige erfolgreich und finanziell vertretbar eingesetzt werden können. Sie unterscheiden sich in ihrer Wirksamkeit, in den möglichen Nebenwirkungen und in den Herstellungskosten. Vor allem bei bakteriellen Infektionen werden Antibiotika erfolgreich eingesetzt. Die direkte Wirkung bei viralen Infektionen ist dagegen sehr gering. Trotzdem werden Antibiotika bei der Behandlung von Virusinfektionen angewendet, um den durch das Virus geschwächten Organismus vor einem Befall mit Bakterien (Superinfektion) zu schützen (indirekte Wirkung). Die verschiedenen Antibiotika sind jeweils nur für bestimmte Keime wirksam. Eine Behandlung mit Antibiotika ist beim Pferd meist sehr teuer.

Leider können einige Antibiotika zu Nebenwirkungen wie Durchfall, Venen- und Muskelentzündungen führen. Ein weiteres Problem besteht darin, dass durch den unkontrollierten und übermäßigen Einsatz von Antibiotika viele Bakterien resistent geworden sind. Folglich wurden viele Antibiotika im Laufe der Jahre unwirksam. Bis heute werden aber auch beim Pferd noch erfolgreich Penizillinverbindungen eingesetzt, beispielsweise bei Druse.

2.2 Medikamente gegen Entzündungen (Antiinflammatorika), kortisonähnliche Medikamente

Kortison und chemisch verwandte Substanzen werden in der Nebenniere produziert. Diese Hormone sind für die meisten Lebewesen äußerst wichtig. Sie beeinflussen viele Stoffwechselvorgänge im Körper und besitzen außerdem eine stark entzündungshemmende Wirkung.

Artgemäße Haltung und Pflege sowie seriöses Training sind die Voraussetzungen für gute Leistungen. Nur in den seltensten Fällen steigern Wunderdrogen unbekannter Herkunft und Zusammensetzung die Leistungsfähigkeit eines Pferdes

Die Kortisonderivate werden erst seit etwa 30 Jahren als sehr wirkungsvolle Medikamente zur Behandlung von Entzündungen eingesetzt. Dank intensiver Forschung können mittlerweile kortisonähnliche Substanzen chemisch synthetisiert werden, die – gezielt eingesetzt – sehr stark entzündungshemmend wirken und dabei die Stoffwechselvorgänge nur noch wenig beeinflussen. Es gibt heute eine Vielzahl von verschiedenen Kortisonpräparaten, die sich in ihrer Wirkungsdauer und -stärke sowie im Hauptwirkungsort unterscheiden. Entzündungen und Entzündungsfolgen wie Schwellung, Wärme, Schmerzen und Rötung können durch Kortisonpräparate deutlich reduziert werden. Auch bei verschiedenen Allergieformen, akuten Verletzungen des Nervensystems und bestimmten Schockformen werden Kortisonprodukte erfolgreich eingesetzt. Neben den vielen erwünschten Wirkungen führen die Kortisonpräparate aber auch zu unerwünschten Nebenwirkungen. Vor allem bei der Verabrei-

chung von Kortisonpräparaten über einen längeren Zeitraum kann es zu erheblichen Störungen der Stoffwechselvorgänge kommen. Besonders gefährlich ist die Schwächung der Abwehrbereitschaft, wodurch die Infektionsanfälligkeit massiv erhöht wird. Beim Pferd besteht außerdem die Gefahr, dass eine Hufrehe ausgelöst wird.

Kortisonpräparate gibt es in unterschiedlichen Anwendungsformen. Sie können örtlich als Salbe auf die Haut aufgetragen oder als kortisonhaltige Augentropfen verabreicht werden. Daneben gibt es beispielsweise Kortisonpräparate zur Injektion in die Gelenke oder intravenös anzuwendende Kortisonpräparate bei schweren Entzündungen, beispielsweise des Darmes.

2.3 Aspirinähnliche Medikamente

Unter den aspirinähnlichen Medikamenten verstehen wir eine große Gruppe von Verbindungen mit schwachen Säuren, wie zum Beispiel Salicylsäure, die entzündungshemmende, schmerzstillende und fiebersenkende Wirkungen besitzen.

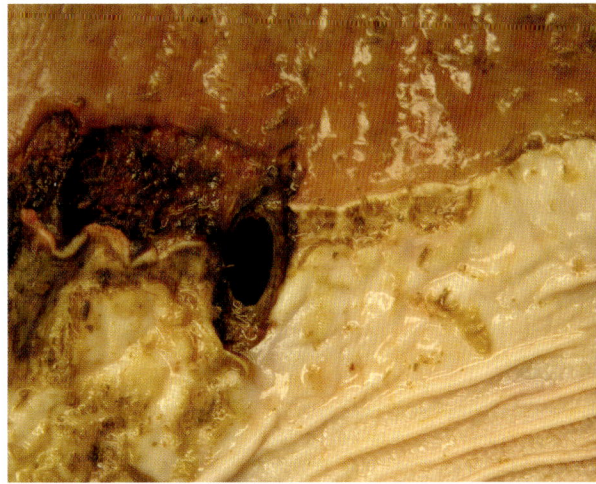

Aspirinähnliche Medikamente können beim Pferd Magen- und Darmgeschwüre verursachen

Schon vor langer Zeit wusste man, dass die Rinde von Weidenstauden Substanzen enthält, die das Fieber senken und Entzündungen hemmen können.

Später wurden diese Substanzen isoliert, als Acetylsalicylsäure bezeichnet und im Handel als Aspirin verkauft. In den folgenden Jahren wurden dann viele ähnliche Substanzen hergestellt. Sie werden heute als »nicht steroidale Entzündungshemmer« (NSAID = Non Steroidale Anti Inflammatory Drug) bezeichnet, wodurch zum Ausdruck kommen soll, dass sie nicht zur Kortisongruppe gehören und deshalb auch nicht die kortisontypischen Nebenwirkungen besitzen.

Auch die aspirinähnlichen Substanzen hemmen Entzündungen und deren Folgen wie Schwellungen, Schmerzen und Fieber. Außerdem beugen sie der Bildung von Blutgerinnseln vor und neutralisieren bestimmte Toxine.
Leider sind die Nebenwirkungen für Pferde und vor allem für Fohlen nicht ungefährlich: Die aspirinähnlichen Substanzen können Geschwüre in der Magen- und Darmregion auslösen, und bei einer Überdosierung kann es auch zu Leber- und Nierenschädigungen kommen.
Zu den bekanntesten Präparaten gehören Phenylbutazon, Meloxicam und Flunixin meglumin. Weiter wird auch das Metamizol = Novaminsulfonsäure als krampflösendes Medikament (= Spasmolytikum) beim Pferd häufig eingesetzt. Die Verwendung von Aspirin ist in der Veterinärmedizin dagegen relativ selten.

2.4 Medikamente gegen Parasiten (Antiparasitika)

Parasiten sind Organismen, die auf Kosten von anderen Organismen existieren. Schmarotzer, die auf der Körperoberfläche des Wirtes leben, bezeichnet man als äußere, solche im Körperinneren als innere Parasiten.

Antiparasitika werden seit vielen Jahrzehnten für die verschiedensten Tiere verwendet. Sie dienten und dienen in der Tiermedizin zur Bekämpfung zahlreicher schwerer Krankheiten. Auch bei den Pferden ist der Einsatz von Antiparasitika sehr wichtig. So kann man beispielsweise durch regelmäßige Entwurmung den schwerwiegenden, wundbedingten Koliken wirkungsvoll vorbeugen. Antiparasitika stören die Stoffwechselvorgänge der Parasiten, ohne dass der Wirt in Mitleidenschaft gezogen wird. Je nach Medikament wird das Funktionieren der Geschlechtsorgane, des Nervensystems oder anderer Organsysteme der Parasiten gestört. Da es nicht selten zu Resistenzbildungen kommt, müssen die Antiparasitika regelmäßig gewechselt werden. Werden sie gezielt und richtig dosiert eingesetzt, so treten in der Regel kaum Nebenwirkungen auf.

Neben den üblichen Wirkstoffen wie zum Beispiel Benzimidazolverbindungen, Ivermectin oder Praziquantel zählen auch Insektensprays, Waschlösungen aus Phosphorsäureester gegen Milben und viele weitere Medikamente zu den Antiparasitika.

2.5 Medikamente gegen Pilze (Antimykotika)

Antimykotika sind Medikamente beziehungsweise Substanzen, mit denen seit den fünfziger Jahren Pilzinfektionen erfolgreich behandelt werden. Die Abgrenzung zu den Antibiotika ist unscharf. Antimykotika stören ähnlich wie die anderen Antibiotika den Stoffwechsel der Pilze, wodurch diese abgetötet (fungizide Wirkung) oder im Wachstum gehemmt (fungostatische Wirkung) werden.
Nebenwirkungen sind nicht selten, was vor allem die Behandlung von Pilzinfektionen der inneren Organe erschwert. Bei der Therapie von Hautpilzinfektionen, sogenannten Flechten, treten hingegen selten Nebenwirkungen auf. Flechten werden beim Pferd in erster Linie mit Imaverol® oder Griseofulvin behandelt.

2.6 Beruhigungsmittel = Sedativa

In den letzten Jahren sind viele gut wirksame und sichere Beruhigungsmittel beim Pferd entwickelt worden. Einige davon können auch peroral eingesetzt werden, wobei deren Wirkung etwas weniger zuverlässig und auch weniger wirksam ist. Das Azepromazin (Sedalin®) wird seit Jahren bei den Pferden verabreicht und ist bei sehr ängstlichen Pferden häufig sehr hilfreich. Andere Sedativa wie Xylazin und Detomidine müssen vom Tierarzt intravenös oder intramuskulär verabreicht werden.

2.7 Andere Medikamente

Neben den erwähnten Medikamenten gibt es noch eine große Anzahl anderer Stoffgruppen, die beim Pferd eingesetzt werden – zum Beispiel Vitamine, Spurenelemente und Elektrolyte.

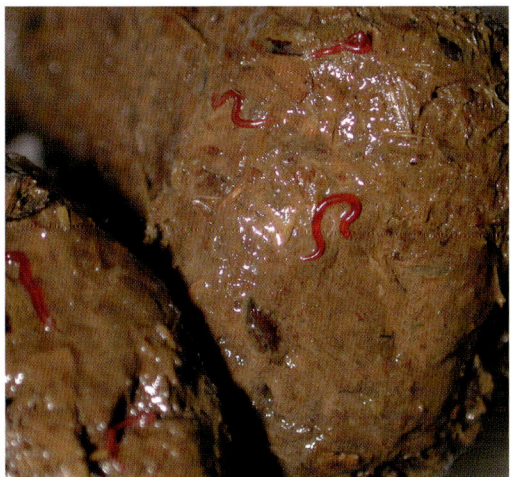

Koliken infolge von Wurmschädigungen kommen heute aufgrund der vielen wirksamen Antiparasitika seltener vor

Einen großen Boom erleben zur Zeit auch Produkte, die als Alternative zur schulmedizinischen Medikation angeboten werden und die den verschiedensten Stoffgruppen angehören. Vorwiegend sind es pflanzliche Substanzen,

aber auch chemische Produkte werden angeboten. In diesem Zusammenhang müssen besonders die homöopathischen Präparate erwähnt werden. Es handelt sich dabei um stark verdünnte Substanzen, deren Wirksamkeit immer noch sehr unterschiedlich beurteilt wird. Es würde den Rahmen dieses Ratgebers sprengen, auf all diese Heilmittel näher einzugehen.

Wichtiger Hinweis

Ob das wohl die richtigen Spritzen sind? Aus diesem Grund empfehlen wir Ihnen, sich mit Fragen rund um Medikamente und Heilmittel an Fachpersonen mit der nötigen Ausbildung, in erster Linie an Tierärzte, zu wenden.

V. Untersuchung und Erste-Hilfe-Maßnahmen bei äußeren Verletzungen

Jede Tierart zeigt, je nach Körperbau und Körperfunktionen, angeborene und erlernte Verhaltensweisen. Abhängig von der Haltung und der Verwendung des Tieres gibt es auch typische Krankheiten und häufig vorkommende Verletzungen.

Beim Pferd kann es bei Unfällen im Sport und im Straßenverkehr – nicht zuletzt auch infolge der großen Körpermasse – oft zu lebensbedrohlichen Verletzungen kommen. In diesen Fällen sind die Möglichkeiten von Erste-Hilfe-Maßnahmen durch Laien beschränkt. Daneben gibt es jedoch viele Verletzungen und auch Erkrankungen, bei denen die Erste Hilfe durch den Reiter, Fahrer oder Besitzer des Pferdes eine wichtige Rolle spielt. Korrekt durchgeführte Sofortmaßnahmen können die tierärztliche Behandlung und den Verlauf der Heilung äußerst günstig beeinflussen – ebenso wie verschleppte oder falsche Erste-Hilfe-Leistungen die Heilung verzögern oder sogar unmöglich machen können.

Jede Verletzung weist ihre Besonderheiten auf. Daher bestehen auch keine Pauschalrezepte, nach denen bestimmte Verletzungen generell behandelt werden müssen. Trotzdem gibt es allgemeine Richtlinien zur Wundbehandlung, die wir dem Leser hier vermitteln möchten. In einem weiteren Abschnitt gehen wir dann auf die Besonderheiten der Wunden im Bereich des Kopfes, des Rumpfes und der Gliedmaßen ein.

Auf keinen Fall darf aber die Meinung aufkommen, man könne durch Berücksichtigung der hier dargestellten Maßnahmen auf die tierärztliche Behandlung verzichten. In den meisten Fällen ist nämlich das Hinzuziehen eines Tierarztes unbedingt erforderlich, damit die Wunden fachmännisch beurteilt und auch behandelt werden.

1. Allgemeine Bemerkungen zu Verletzungen beim Pferd

Eine Verletzung ist eine Zerstörung von Gewebe, die meistens durch eine äußere Gewalteinwirkung, ein sogenanntes Trauma, entstanden ist. Man unterscheidet hierbei das stumpfe und das scharfe Trauma. Bei den stumpfen Traumen ist in der Regel die Haut nicht verletzt, wobei natürlich bei einer Quetschwunde die Haut selber auch geschädigt werden kann. Ein Beispiel hierfür ist der Hufschlag eines unbeschlagenen Pferdes, der zu ausgedehnten Blutergüssen führen kann, ohne dass die Haut verletzt ist. Auch die häufig vorkommenden Sehnen- und Bänderzerrungen können als stumpfe Traumen bezeichnet werden. Bei scharfen Traumen ist primär die Haut verletzt, und je nach Art und Stärke des Traumas die darunter liegenden Strukturen und Gewebe. Man unterscheidet nach Art der Verletzung Schnitt-, Riss-, Quetsch- und Stichwunden.

Die Beurteilung einer Verletzung erfordert sehr viel Wissen und auch Erfahrung. Sie muss daher im Allgemeinen dem Tierarzt überlassen werden. Zu oft werden Verletzungen vom Laien als unproblematisch und ungefährlich beurteilt und können in der Folge zu Katastro-

phen führen. Ein typisches Beispiel ist der Gabelstich, der sehr ungefährlich aussieht und oft unterschätzt wird. Die Aufgabe des Laien besteht nicht in der Behandlung von Krankheiten und Verletzungen der Pferde, sondern in korrekten Erste-Hilfe-Leistungen, die gute Voraussetzungen für die weitere tierärztliche Behandlung schaffen.

Eine korrekt durchgeführte Erste Hilfe ermöglicht es dem Tierarzt nämlich, auch noch maximal acht bis zwölf Stunden nach dem Trauma eine Wunde spannungsfrei zu verschließen. So kann eine richtig vorbehandelte und dann fachmännisch versorgte Wunde in der Regel innerhalb von 14 Tagen abheilen. Wird die Wunde aber nicht richtig vorbehandelt, so ist das Wundgebiet schon nach kurzer Zeit angeschwollen und mit Bakterien übersät; die Hautränder sind zurückgezogen und ausgetrocknet. Das Verschließen der Wunde mit Nadel und Faden, Klammern oder Klebern kann höchstens noch unter großer Spannung erfolgen. Die Wunde wird mit größter Wahrscheinlichkeit innerhalb der ersten fünf Tage aufbrechen. Trotz intensiver, offener Wundbehand-

lung kann es wegen der artspezifischen Tendenz der Pferde zu üppigem Granulationsgewebe, dem sogenannten wilden Fleisch, Wochen bis Monate beanspruchen, bis die Wunde sich geschlossen hat. Nicht selten bilden sich dann noch unansehnliche und im Gelenksbereich bewegungseinschränkende Narben oder sogar sogenannte Wulstnarben (Narbenkeloide). Befinden sich diese im unteren Gliedmaßenbereich, zum Beispiel in der Fesselbeuge, so können sie besonders in der Winterzeit oder bei schmutzigem Terrain eine dauernde Pflege und Behandlung nötig machen.

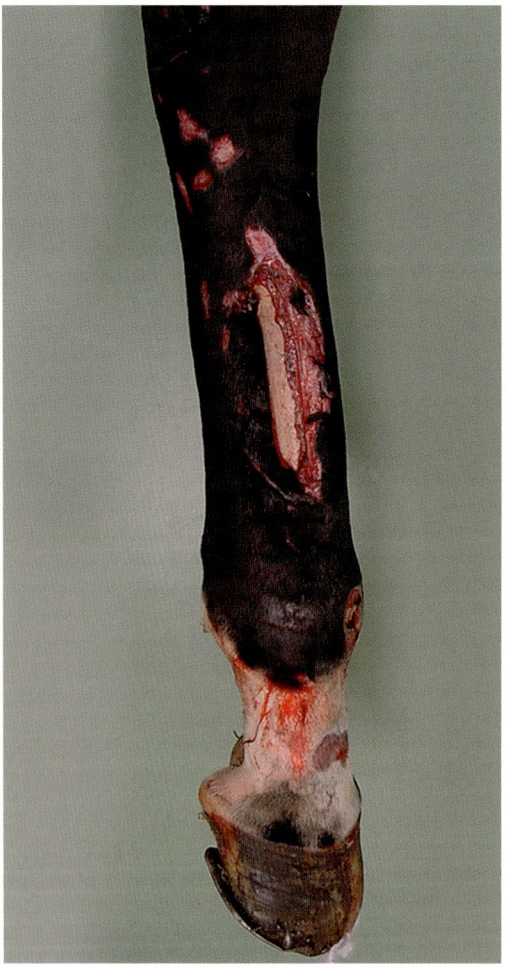

Tiefe Schnittverletzung im Bereich des Röhrbeins; die Haut und die darunter liegende Strecksehne sind durchtrennt worden

2. Die Beurteilung einer Verletzung

Vor jeder überstürzten Handlung muss die Wunde sorgfältig beurteilt werden. Dies erfordert einige Erfahrung mit Verletzungen sowie ein ruhiges und überlegtes Vorgehen. Im Folgenden sollen einige Punkte erwähnt werden, die bei der Behandlung jeder Verletzung beachtet werden müssen:

Allgemeinzustand des Pferdes
Bei jeder Verletzung sollte zuerst der Gesundheitszustand des Pferdes gemäß Kap. II beurteilt werden, damit zum Beispiel auch zusätzliche innere Verletzungen frühzeitig erkannt werden.

Schweregrad der Blutungen
Die Stärke der Blutung und auch der Blutverlust sollten rasch erkannt werden, um die Notwendigkeit einer sofortigen Blutstillung vornehmen zu können.

Lokalisation der Wunde
Bei jeder Wunde muss man sich die Frage stellen, ob es in der unmittelbaren Umgebung der Verletzung noch weitere infektionsanfällige Strukturen gibt. Verletzungen, die sich in der Nähe von Sehnen, Sehnenscheiden, Gelenken, Schleimbeuteln und in der direkten Umgebung von Knochen befinden, sind im Allgemeinen gefährlicher als Verletzungen des Muskelgewebes.

Ausdehnung der Wunde
Die Größe der Wunde kann von außen einfach beurteilt werden. Leider wird manchmal die Ausdehnung der Wunde mit dem Schweregrad der Verletzung gleichgesetzt. Man muss jedoch beachten, dass kleine Verletzungen gefährlicher sein können als große. Als Beispiel sollen die kleinen Stichverletzungen, wie der Gabelstich, erwähnt werden.

Tiefe der Wunde

Bei jeder Verletzung muss man beurteilen, ob die Haut durchstochen wurde. Solche sogenannte perforierende Hautverletzungen erfordern eine intensive Behandlung, während die nicht perforierenden Wunden weniger dramatisch und auch in der Behandlung weniger aufwendig sind.

Vor allem Stichverletzungen wie Gabelstiche und Nageltritte sind sehr gefährlich und werden in der Regel unterschätzt. Ihre große Gefahr liegt darin, dass spitze Gegenstände meistens sehr tief eindringen und damit empfindliche Strukturen wie Gelenke und Sehnenscheiden erfassen und verletzen können. Darüber hinaus sind die Gegenstände, die solche Verletzungen verursachen, fast immer verschmutzt, was unweigerlich zu Infektionen führt. Außerdem sind durch den kleinen Stichkanal kein Abfließen von Wundsekreten und kein Zutritt von Luft möglich, was das Entstehen einer Infektion begünstigt.

Art der verletzten Gewebe

Es ist wichtig, bei jeder Verletzung zu beurteilen, welche Strukturen beschädigt wurden. Je nach Lokalisation können Muskeln, Sehnen, Knochen, Nerven, Gelenke, Schleimbeutel und Sehnenscheiden beschädigt werden.

Verschmutzungsgrad

Stark verschmutzte Wunden haben ein sehr großes Infektionsrisiko.

3. Allgemeine Grundsätze der Wundbehandlung

Ein allgemeiner Grundsatz der Medizin besagt, dass eine Behandlung vor allem nicht schaden darf. Dies gilt ganz besonders für die Wundbehandlung. Leider muss man jedoch als Tierarzt immer wieder feststellen, dass Wunden falsch vorbehandelt wurden. Dadurch werden Wundinfektionen begünstigt, und die Wundheilung wird deutlich verzögert. Verschiedene nutzlose Salben, Sprays und Puder sowie einige stark reizende und damit besonders schädliche Substanzen aus dem Mittelalter konnten sich bedauerlicherweise bis ins Zeitalter der Computer halten – und diese Mittelchen scheinen sich nach wie vor großer Beliebtheit zu erfreuen.

Jede kompliziertere Wunde sollte so schnell wie möglich dem Tierarzt gezeigt werden, damit eine rasche, fachgerechte Wundversorgung stattfinden kann. Je weniger Zeit bis zum Nähen der Wunde verstreicht, desto größer ist die Chance auf eine problemlose Heilung. Im Allgemeinen sollte eine Wunde innerhalb von maximal zwölf Stunden genäht werden.

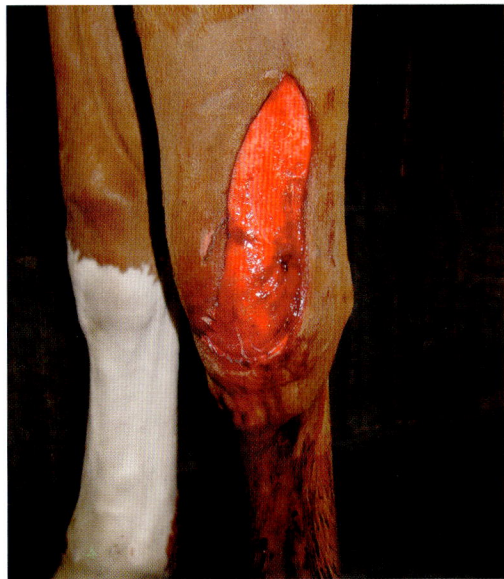

Schnittverletzung auf der äußeren Seite des linken Karpus

4. Die wichtigsten Punkte der Wundbehandlung

Das Vorgehen:

- Blutstillung (falls nötig)

- Reinigung der Wunde

- Desinfektion der Wunde

- Wundverband

- Schienung (falls nötig)

4.1   Blutstillung

Bei den meisten Verletzungen werden auch Blutgefäße beschädigt, weshalb es praktisch immer zu Blutungen kommt. Die kleinsten Blutgefäße im Gewebe, die sogenannten Kapillaren, führen zu Sickerblutungen; bei den größeren Gefäßen bedingen die Arterien pulsierende und die Venen kontinuierliche Blutungen. Man erkennt die arteriellen Blutungen am hellroten und die venösen Blutungen am dunkelroten Blut. In den meisten Fällen liegt jedoch eine Mischblutung aus Arterien und Venen vor.

Wichtiger Hinweis

Die Gesamtblutmenge des Pferdes beträgt circa 8 % seines Körpergewichts. Wenn wir von einem Gewicht von 500 Kilogramm ausgehen, sind dies etwa 40 Liter Blut, was vier bis an den Rand gefüllten Tränkeimern entspricht.
Der Verlust von mehr als acht Litern (20 %) des Blutvolumens ist für das Pferd gefährlich. Verliert es über 16 Liter (40 %), so kann dies zum Tod des Pferdes führen.

Wichtiger Hinweis

Schon gewusst? Die Blutmenge eines gesunden, 500 Kilogramm schweren Pferdes liegt bei etwa 40 Litern.

Das Blut kann eine Verletzung der Gefäßwand durch einen komplizierten Mechanismus, die Blutgerinnung, verschließen.

Bei leichten Blutungen ist somit keine zusätzliche Blutstillung notwendig, weil der Blutverlust bis zum Verschluss der Gefäße klein ist. Bei großen und vor allem bei arteriellen Blutungen ist hingegen eine rasche Blutstillung notwendig, weil sonst in kurzer Zeit ein erheblicher Blutverlust entstehen kann. Bei der Blutstillung geht man folgendermaßen vor:

Einfacher Wundverband

Der einfache Wundverband mit sauberen Wundkompressen genügt in vielen Fällen für die Stillung von oberflächlichen, leicht blutenden Verletzungen.

Druckverband auf die Wunde

Bei einer stärkeren Blutung versucht man zuerst, diese mit einem Druckverband zu stoppen.

Zusätzlich zum einfachen Wundverband wird im Bereich der Blutung ein Druckpolster, beispielsweise eine Mullbinde, aufgelegt und mit einer oder mehreren elastischen Binden fixiert. Der Druck im Gewebe steigt damit an, und die Wunde wird nach außen hin zusätzlich abgedichtet. Dadurch können sowohl größere venöse Blutungen als auch kleinere arterielle Blutungen zum Stillstand gebracht werden.

Im Bereich des Kopfes, des Halses und des Rumpfes, wo nur in Ausnahmefällen Verbände angelegt werden können, müssen die stark

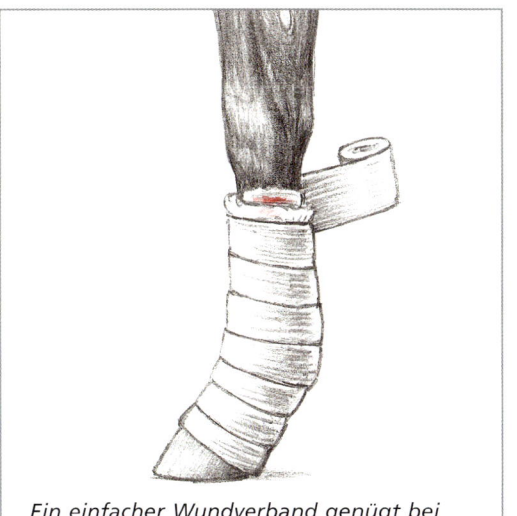

Ein einfacher Wundverband genügt bei leichten Blutungen

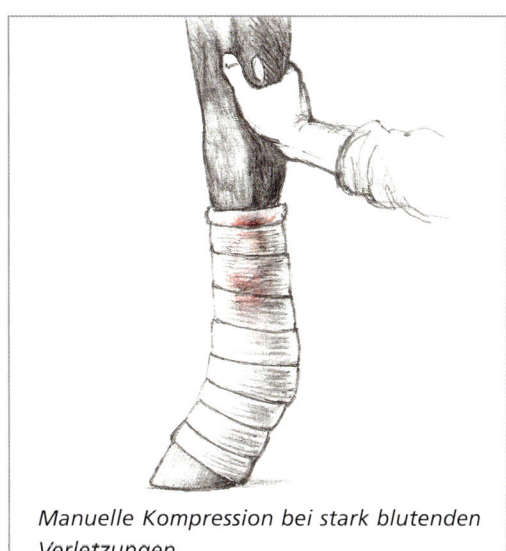

Manuelle Kompression bei stark blutenden Verletzungen

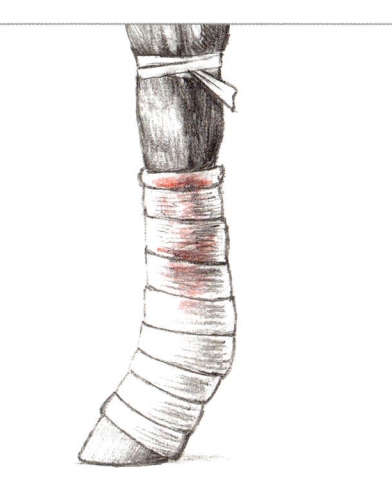

Bei stärkeren Blutungen muss ein Druckverband angelegt werden

Falls die Blutung auch trotz eines Druckverbandes nicht stoppt, muss das Bein herzwärts der Verletzung abgebunden werden

blutenden Wunden durch direkte manuelle Kompression (Druck mit der Hand) der zuführenden Arterien oder durch Druck direkt auf die Wundfläche gestillt werden.

Kompression zwischen der Wunde und dem Herz

Bei massiven und lebensbedrohlichen Blutungen an den Gliedmaßen, die durch den vorher beschriebenen Druckverband beziehungsweise mittels Fingerkompression nicht gestillt werden können, muss die Gliedmaße abgebunden werden.

Zuerst wird die zuführende Arterie mit den Fingern oder mit der Hand oberhalb der Wunde so lange komprimiert, bis das notwendige Abbindematerial herbeigebracht werden konnte. Das Abbinden selbst sollte ungefähr eine Handbreit über der Wunde herzwärts ausgeführt werden und muss mit elastischem und breitem Abbindematerial (spezielle Staubinde, Gummigürtel, Fahrradschlauch) ausgeführt werden. Die Staubinde sollte bis zum Eintreffen des Tierarztes am Bein belassen werden, muss aber nach spätestens einer Stunde gelockert und, falls die Blutung wieder beginnt, erneut angezogen werden.

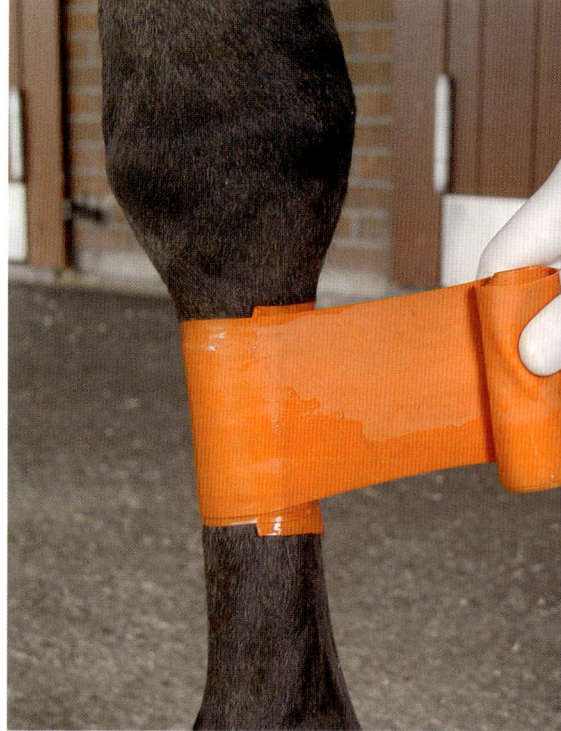

Beispiele des Abbindens mit einer Staubinde (oben) und einem Stauschlauch (unten)

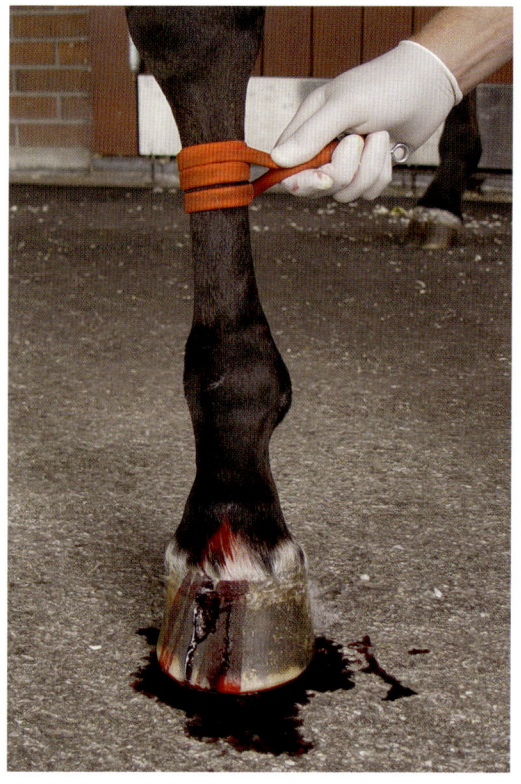

Wichtiger Hinweis

Absolut verboten sind schmale Hilfsmittel wie Seile oder Schnüre, weil sie tief in das Gewebe einschneiden und dadurch Nerven und Gefäße irreversibel (= nicht umkehrbar) schädigen können.

Da das Anlegen einer Staubinde für das Pferd je nach Ort schmerzhaft sein kann, sollte da mit gerechnet werden, dass das Pferd mit Abwehrbewegungen reagiert.

4.2 Reinigung der Wunde

Ausscheren des Wundgebietes

Die Haare um die Wunde müssen möglichst entfernt werden. Zum einen machen sie eine ausreichende Reinigung der Wunde und der Wundumgebung unmöglich. Darüber hinaus stören die Haare die Wundheilung, verkleben mit den Wundsekreten und führen so zu einer Reizung der Haut. Die Haare können mit einer Schermaschine oder mit einer gebogenen Schere entfernt werden.

Mechanische Reinigung des Wundgebietes

Zuerst sollte die Wunde mit sauberen Gazekompressen und sauberem handwarmem Leitungswasser gereinigt werden. Fremdkörper wie Haare, Steinchen und Holzsplitter müssen mit einer Pinzette entfernt werden.

4.3 Desinfektion der Wunde

Eine stark verunreinigte Wunde sollte zuerst mit einer milden desinfizierenden Seifenlösung gereinigt werden. Dazu eignen sich seifenhaltige Jodlösungen wie zum Beispiel »Betadine braun« und andere vorzüglich. Anschließend wird die Wunde mit einem Desinfektionsmittel betupft, beispielsweise mit der Jodlösung »Betadine grün«. Bei großflächiger Anwendung für Wunden oder für feuchte Verbände muss »Betadine grün« verdünnt werden (zwei bis sechs Esslöffel pro Liter sauberes Leitungswasser).

> **W i c h t i g e r   H i n w e i s**
>
> *Das Auge oder die Umgebung um ein Auge dürfen nur mit reinem Wasser aber nie mit Jodlösungen desinfiziert werden, da die Hornhaut auf Desinfektionsmittel sehr empfindlich reagiert.*

4.4 Wundverband

Frische Wunden im Bereich der Gliedmaßen sollten nach Möglichkeit immer großzügig gepolstert und wenn möglich über die benachbarten Gelenke verbunden werden. Das Aufkleben von Pflastern ist bei Pferden nicht möglich, weil diese auf der stark behaarten Haut nicht ausreichend festkleben. Dazu übt der Verband neben der Wundabdeckung noch weitere Funktionen aus.

Die Haare um die Wunde werden mit einer Schere weggeschnitten

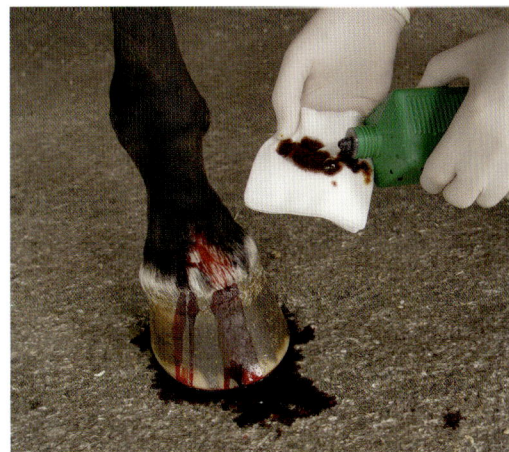

Reinigung der Wunde mit Gazekompressen und einem Desinfektionsmittel

Es verhindert eine zusätzliche mechanische Beschädigung der Wunde, schützt sie vor Verunreinigungen mit Fremdkörpern und Bakterien und dient damit der Vorbeugung gegen Infektionen. Außerdem besteht vor allem im Sommer ein erhöhtes Risiko, dass Fliegen ihre Eier in die Wunde ablegen, woraus sich Larven entwickeln und sogenannte Sommerwunden entstehen können. Bei frischen Verletzungen besteht in der Regel auch eine erhöhte Tendenz zum Anschwellen des Beines in der Wundumgebung. Diese Gefahr kann durch einen Verband wesentlich reduziert oder sogar verhindert werden.

Jeder Wundverband besteht aus einer möglichst sauberen Wundabdeckung (Wundkompresse), einer Polsterung (zum Beispiel Watte), eventuell einer Plastikzwischenlage und deren Befestigung (elastische Binden).

Abdeckung der Wunde mit einer Gazekompresse (oben) und Polsterung mit Watte (unten)

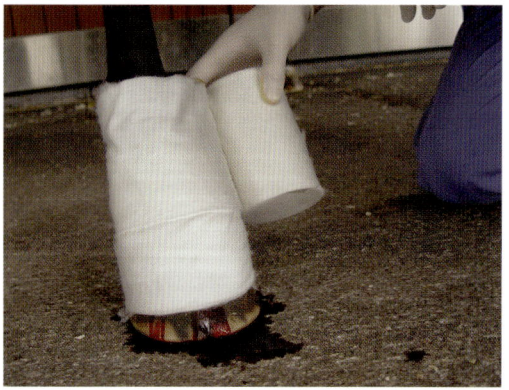

Wundabdeckung

Als Wundabdeckung eignen sich Gazetupfer oder Wundkompressen, die mit einem Desinfektionsmittel getränkt oder mit einer speziellen Folie beschichtet sein können, die nicht mit der Wunde verklebt. Je nach Situation können auch besondere Medikamente in Gel-, Salben- oder Pulverform auf die Wunde gebracht werden.

Polsterung

Das Pferdebein ist im Allgemeinen sehr druckempfindlich. An mehreren Stellen liegt der Knochen direkt unter der Körperoberfläche und ist nur mit einer dünnen Haut geschützt. Aus diesem Grund können fixierende Binden rasch zu Druckstellen führen. Sie dürfen daher nur über einer guten Polsterung angebracht werden.

Als Polstermaterial ist Watte sehr gut geeignet. Sie kann auch durch Schaumgummi, Kopfkissen, Bandagekissen und anderes weiches Material ersetzt werden. Vor allem bei Fohlen muss die Polsterung mit größter Sorgfalt erfolgen.

Plastikzwischenlage

Eine Plastikzwischenlage verlangsamt das Verdunsten bei feuchten Verbänden und verlängert damit die feucht-warme Wirkung des Verbandes. Diese sogenannte Prießnitzwirkung manifestiert sich in einer deutlich gesteigerten Blutzirkulation. Damit wird der Heilungsprozess beschleunigt und die Schwellung reduziert.

Befestigung der Polsterung

Da bei den Pferden die Gliedmaßen dauernd in Bewegung sind, sollten die Polsterungen in diesem Bereich mit elastischen Binden fixiert werden. Eine Ausnahme bilden die ausgesprochenen Ruhebandagen, die zur besseren Wärmeisolation idealerweise aus Wolle bestehen und praktisch nur bis zum Vorderfußwurzel- beziehungsweise Sprunggelenk angelegt werden.

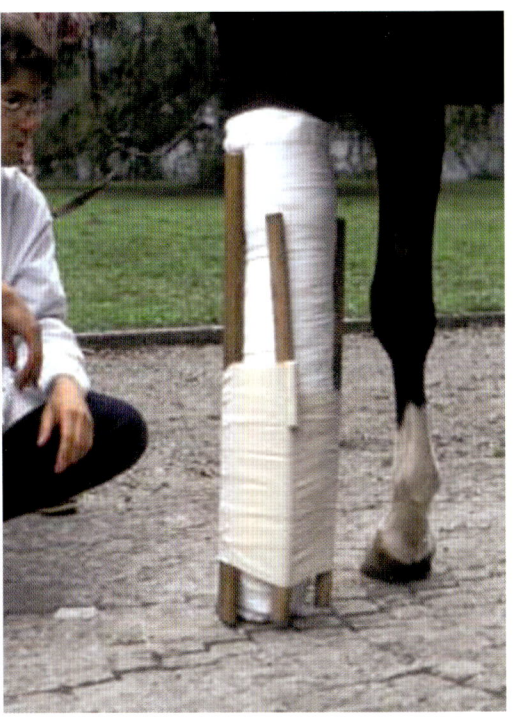

Improvisierte Schienung mit Besenstielen

4.5   Schienung

Die Schienung bedarf oft einer zusätzlichen Polsterung, die den Zweck hat, eine plane Auflagefläche für das Schienungsmaterial zu schaffen. Als Schienungsmaterial eignen sich stabile Elemente wie Holzlatten, Besenstiele, Äste oder metallene Stäbe. Besonders gut lassen sich hierfür auch halbierte PVC-Rohre verwenden. Diese stabilisierenden Elemente sollen auf dem Verband mit unelastischem Material wie Ledergürteln und Klebebinden fixiert werden, damit die Schienung nicht verrutschen und schlimme Druckschäden verursachen kann.

> **Wichtiger Hinweis**
>
> *Vorstehende Knochenteile wie Erbsenbeine, Gleichbeine, Sprunggelenkshöcker und die inneren Teile des Sprung- und Vorderfußwurzelgelenkes müssen besonders gut gepolstert werden, weil hier leicht Druckstellen entstehen. Solche Druckstellen haben meistens sehr ernsthafte Konsequenzen und können sogar so weit führen, dass das Pferd deshalb über Monate behandelt oder gar getötet werden muss.*

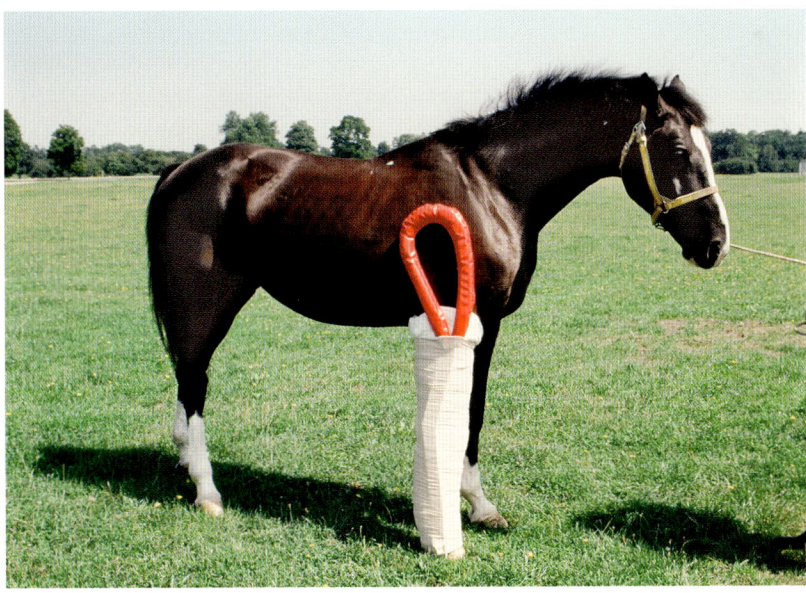

Schienung mit der sogenannten »Kombischiene« aus gepolsterten, gebogenen Betonarmierungseisen

5. Allgemeine Bemerkungen zur Wundheilung

Die Wundheilung erfolgt bei den verschiedenen Verletzungen in vergleichbaren Schritten, die im folgenden Abschnitt kurz erklärt werden sollen.

5.1 Die primäre Wundheilung

Unter der primären Wundheilung verstehen wir die Heilung einer Verletzung, die verschlossen wurde. Dabei werden die Geweberänder wieder in direkten Kontakt miteinander gebracht, so dass sie rasch zusammenwachsen können. Die primäre Wundheilung erfolgt dann sehr rasch und praktisch ohne Narbenbildung.

Wann ist eine primäre Wundheilung möglich?

Bei den meisten Operationen werden die durchtrennten Gewebe, insbesondere die Haut, wieder vernäht, um eine primäre Wundheilung zu erreichen.

Bei einer Verletzung entscheiden verschiedene Kriterien, ob eine primäre Wundheilung möglich ist:

Das Alter der Verletzung

Je frischer eine Verletzung ist, desto größer sind auch die Chancen für eine primäre Wundheilung. Als Faustregel gilt, dass je nach Verletzung maximal zwölf Stunden nach dem Ereignis genäht werden sollte. Das heißt aber nicht unbedingt, dass nach diesen zwölf Stunden eine primäre Wundheilung nicht mehr möglich ist.

Der Verschmutzungsgrad einer Verletzung

Es dürfen nur saubere Verletzungen vernäht werden. Sobald eine Infektion vorliegt, darf eine Wunde nicht vollständig verschlossen werden. Infizierte Wunden müssen mindestens teilweise offen gelassen werden, damit die Wundsekrete abfließen können. In der Regel wird am tiefsten Punkt der Wunde ein sogenannter Drain (zum Beispiel ein Gummischlauch) eingelegt, damit sich die Wunde nicht zu früh verschließen kann.

Haut- beziehungsweise Gewebeverlust bei einer Verletzung

Wenn durch die Verletzung ein großer Defekt entstanden ist, kann die Wunde oft nur unter größter Spannung genäht werden. Sie bricht dann oft nach einigen Tagen auf, und es kommt zur sogenannten sekundären oder Zweiheilung.

5.2 Die sekundäre Wundheilung

Von der sekundären Wundheilung spricht man, wenn die Wundränder nicht aneinanderstoßen und somit neues Gewebe gebildet werden muss. Diese Art der Wundheilung benötigt mehr Zeit, und es kommt meistens zu einer Narbenbildung. Da die Haut beim Pferd sehr straff gespannt ist, zeigen Hautwunden eine starke Tendenz zum Klaffen.

Wann erfolgt eine sekundäre Wundheilung?

- bei *großflächigen Verletzungen* mit viel Gewebeverlust, die nicht verschlossen werden konnten.
- bei *stark verschmutzten Wunden*, die wegen der Infektionsgefahr nicht verschlossen werden dürfen.
- bei *alten Verletzungen*, die meist stark klaffen.

Die drei Phasen der sekundären Wundheilung

a) Reinigungsphase: Zu Beginn muss die Wunde vom Organismus selber gereinigt werden. Dabei werden die zerstörten Zellen abgestoßen und die Bakterien abgetötet, wodurch Eiter entsteht. In dieser Zeit produzieren Wunden recht viel Wundflüssigkeit, so dass sie unansehnlich erscheinen.

b) Verschlussphase: Nachdem sich die Wunde gereinigt hat, verschließt sie sich. Der wichtigste und wertvollste Mechanismus ist hierbei das Zusammenziehen der Wundränder, die Wundkontraktion, die durch muskelähnliche Zellen ausgelöst wird. Die Kontraktion kann eine Wunde auf bis zu 90 % ihrer ursprünglichen Größe verkleinern. Dieser Mechanismus kann im Bereich des Kopfes, des Rumpfes und auch der oberen Abschnitte der Gliedmaßen eintreten. Unterhalb des Carpus und des Sprunggelenkes funktioniert diese Wundkontraktion leider nicht.

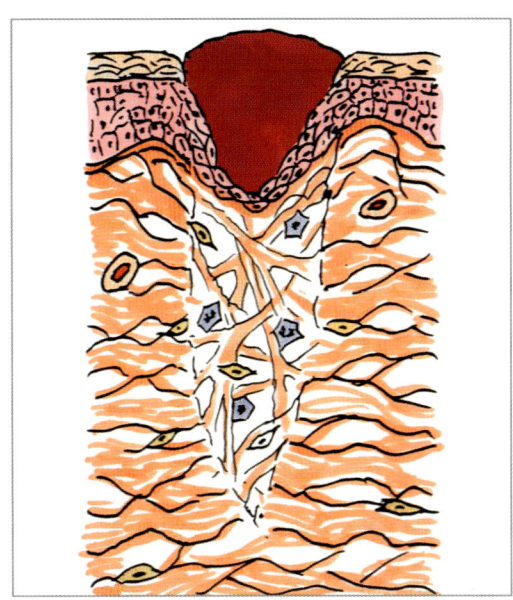

2) Bildung des Wundschorfes; Umbau des Granulationszapfens

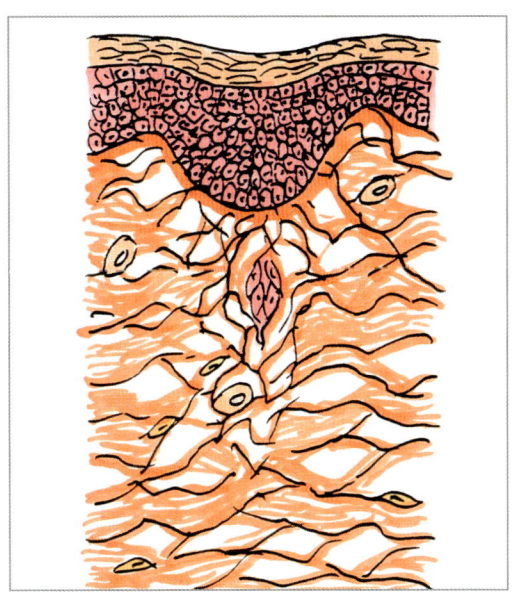

3) Verschluss der Wunde durch Deckzellen der Oberhaut

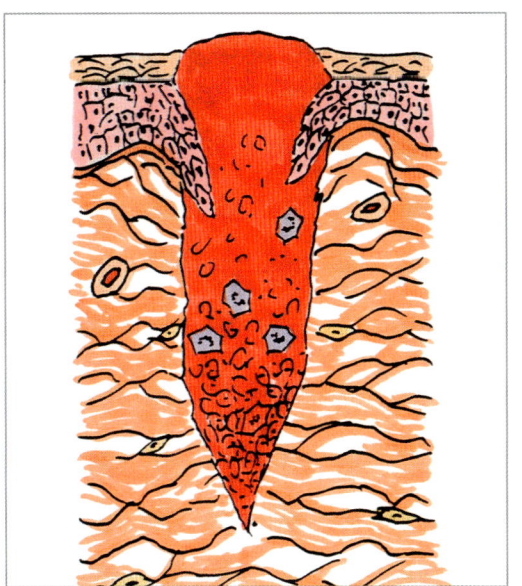

1) Beginn der Wundheilung; Bildung eines Granulationszapfens

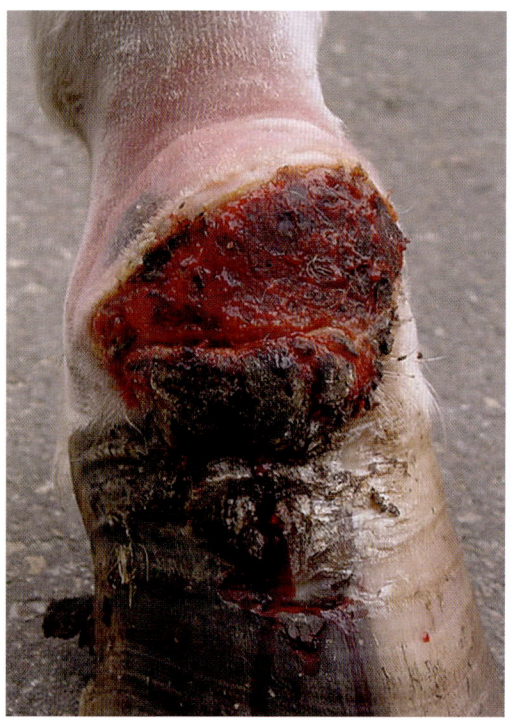

Ein weiterer Mechanismus, der zur Verkleinerung der Wunde führt, ist die Bildung von Granulationsgewebe. Dieses Gewebe besteht aus vielen kleinen Blutgefäßen und Bindegewebszellen und enthält in der Regel keine Nervenfasern oder andere höher entwickelte Gewebestrukturen. Das Granulationsgewebe wächst sehr rasch und kann große Gewebedefekte in kurzer Zeit auffüllen. Bei übermäßigem Wachstum kann es jedoch das Hautniveau überragen, weshalb sich die Haut nicht mehr verschließen kann. Dies geschieht vor allem in den unteren Regionen des Pferdebeines, die immer sehr stark bewegt werden, vor allem im Bereich der Zehengelenke. Die Wunde kann sich dann nicht mehr schließen und man spricht von üppigem Granulationsgewebe oder »wildem Fleisch«. Der Ausdruck kommt wahrscheinlich daher, da das Granulationsgewebe fleischähnlich aussieht und ein ungehemmtes, wildes Wachstum zeigt.

Beispiele von üppiger Granulation oder »wildem Fleisch« zwischen Fessel und Huf (oben) oder über dem inneren Ballenbereich (unten)

Der dritte Mechanismus ist das Wachstum von neuer Oberhaut, was ebenfalls zu einer Verkleinerung der Wunde führt. Solange das Granulationsgewebe das Niveau der Oberhaut nicht überragt, kann der neugebildete Saum von Oberhautzellen dieses langsam in Richtung Zentrum der Wunde überwachsen, sogeannte Epithelisierung. Die Wachstumsrate beträgt allerdings nur wenige Millimeter pro Woche. Wächst der Granulationspilz über das Niveau der Oberhaut, so stoppt er deren Wachstum, und der Tierarzt muss das »wilde Fleisch« immer wieder abschneiden oder abätzen.

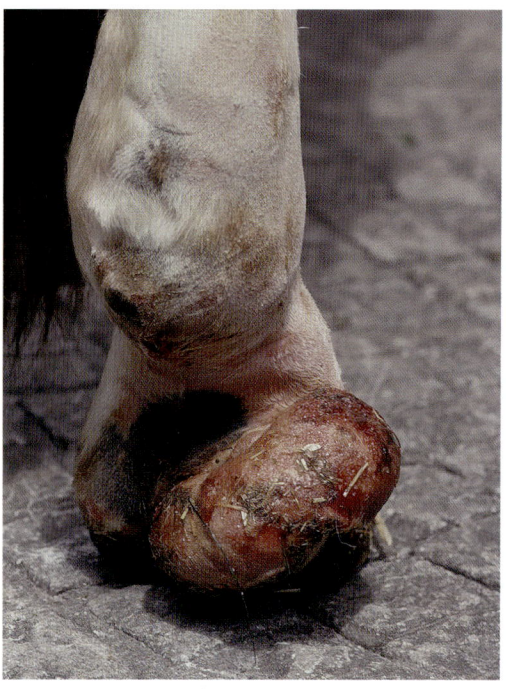

c) Umbauphase: Nachdem die Wunde verschlossen wurde, muss das Gewebe noch für die Funktionen umgebaut werden, die je nach Körperregion zu erfüllen sind. Das Granulationsgewebe, das in der Verschlussphase gebildet wurde, wird abgebaut und teilweise durch andere Strukturen ersetzt. So können in dieser Zeit auch besondere Gewebestrukturen wie Nervenfasern und zum Teil sogar Muskelfasern entstehen.

VI. Typische oder häufig vorkommende Verletzungen in den verschiedenen Körperregionen

Start im Morgengrauen zum Distanzrennen an der WM 1994 in Den Haag

Beim Auflisten der Verletzungen unserer Haustiere können wir leicht feststellen, dass es für jede Tierart und seine Nutzung typische Verletzungen gibt, die immer wieder auftreten. Dies gilt in hohem Maße für das Pferd. Gemäß dem Leitgedanken dieses Buches soll das Schwergewicht auf das Vorbeugen und ganz besonders auf die Erste Hilfe und nicht auf die weiterführende Behandlung gelegt werden, die in der Regel durch einen Fachmann, also den Tierarzt, durchgeführt werden muss.

Im Folgenden wird versucht, die häufig vorkommenden Verletzungen nach Lokalisation, Ursache, Art des Traumas, Ausdehnung und Tiefe der Wunde und der betroffenen Gewebe zu beschreiben und die zu treffenden Maßnahmen darzustellen.

1. Verletzungen am Kopf

1.1 Schürfwunden und Druckverletzungen

Diese entstehen vor allem durch Verwendung von schlecht angepasstem oder schlecht gepflegtem Lederzeug und reibenden oder drückenden Metallteilen.

Verletzungen am Kopf

Darstellung von verschiedenen Kopfverletzungen

Genickbeule

Sie wird durch das Reiben und Drücken eines zu kleinen Stallhalfters oder eines Genickstückes des Zaumes hervorgerufen. Es kommt zu einer Reizung des über den ersten beiden Halswirbeln gelegenen Schleimbeutels, der unter Umständen noch infiziert werden kann, woraus sich eine eitrige, sehr schlecht heilende Schleimbeutelentzündung entwickelt. Sehr gefürchtet ist das Übergreifen der Infektion auf das darunter liegende Nackenband. Hier gilt ganz besonders, dass man die Ursache des Kopfschlagens und des Widerstandes des Pferdes gegen das Aufhalftern und Zäumen erkennen und frühzeitig Abhilfe schaffen muss.

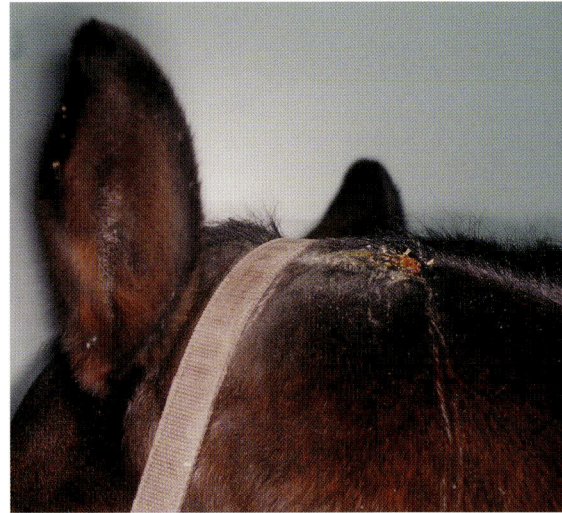

Verletzung und Infektion des Schleimbeutels im Bereich des Genickes (Genickbeule)

Verletzungen der Maulwinkel

Die feine Haut der Maulwinkel ist sehr empfindlich und kann daher durch ein falsches, schlecht sitzendes oder defektes Gebiss leicht verletzt werden. In der Mehrzahl der Fälle ist aber eine harte, unruhige Reiterhand die Ursache für ständiges Kopfschlagen und somit für die Verletzungen der Maulwinkel. Auch Schmerzen am Widerrist oder Rücken können zu ständigem Kopfschlagen führen.

Verletzungen an den Maulwinkeln sollten vorerst mit einer Wund- und Heilsalbe, zum Beispiel mit Lebertran- oder Ringelblumensalbe, behandelt werden. Das Pferd darf in der nächsten Zeit nicht mehr mit einem Gebiss geritten werden. Statt dessen kann man eine gebisslose Zäumung wie beispielsweise eine Hackamore verwenden. Es ist wichtig, die Ursache abzuklären, wobei großes Augenmerk auf den Sattel, den Rücken und auch auf die Ausbildung des Reiters gelegt werden muss.

1.2 Riss-, Schnitt-, Quetsch- und Stichwunden

Im Stall entstehen diese häufig dadurch, dass sich die Pferde an hervorstehenden Nägeln, verklemmten Tränkeeimerkarabinern, an Tränkebecken oder Gitterstäben verletzen. Dies

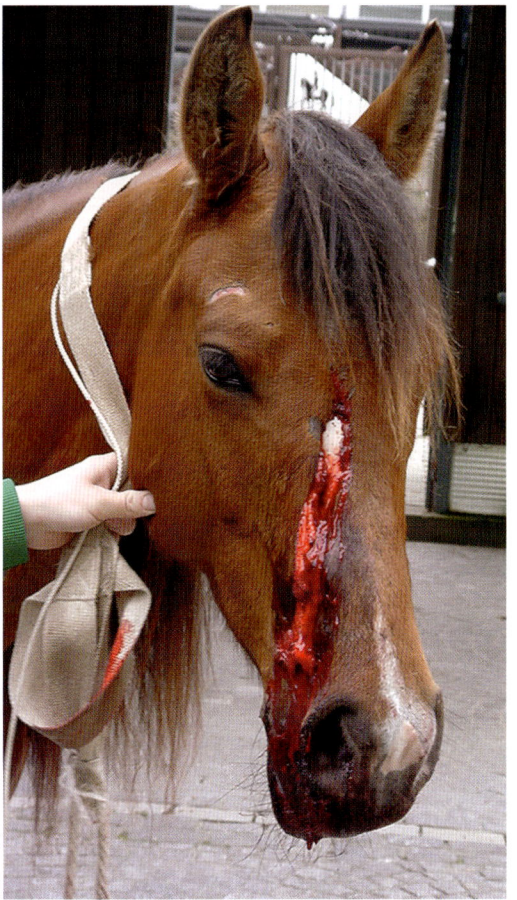

Bei Verletzungen im Bereich der Stirn besteht immer auch das Risiko, dass die Stirnhöhle eröffnet wurde

kann zu Risswunden im Bereich der Augenlider, der Nüstern und Maulwinkel sowie zu Unterkieferfrakturen führen. Pferde skalpieren sich nicht selten wegen zu tiefen Tür- und Fensterrahmen oder verletzen sich am Genick durch zu tiefe Deckenbalken, beim Steigen in zu niedrige Boxen und im Transporter.
Auch wenn die Haut selber nicht verletzt ist, kann im Bereich des Genicks der Schleimbeutel geschädigt werden, wodurch eine Genickbeule entsteht.
Bei Verkehrsunfällen, beim Ausreiten, beim Ausbrechen aus der Koppel oder beim Durchbrennen mit der Kutsche können sich Pferde am Kopf verletzen. Dabei kann die dünne Knochenplatte der Stirn- und Nasenhöhle einge-

drückt werden, wodurch neben der Verletzung der Haut und der Knochen ein zusätzliches großes Risiko einer Kiefer- beziehungsweise Stirnhöhleninfektion besteht.

✚ Besonderheiten der Erste-Hilfe-Maßnahmen

- **Blutstillung:** Verletzungen im Bereich des Kopfes führen nicht selten zu starken Blutungen. Druckverbände oder Staubandagen können hier nur in Ausnahmefällen angelegt werden. Die Blutungen müssen deshalb mittels Wundkompressen gestillt werden.

- **Wundbehandlung:** Herunterhängende Hautteile dürfen nie weggeschnitten werden! Dies gilt ganz besonders für Verletzungen der Augenlider. Außerdem dürfen im Bereich des Auges keine Desinfektionsmittel angewendet werden.

- **Verbände:** Verbände im Bereich des Kopfes sind nicht ungefährlich, weil sie leicht verrutschen und so zu Druckbeschädigungen führen können. Damit beschränkt sich die Erste Hilfe auf eine örtliche Wundbehandlung, wie sie im allgemeinen Teil bereits beschrieben wurde. In allen Fällen muss umgehend der Tierarzt benachrichtigt werden.

- **Heilung der Wunden:** Aufgrund der guten Durchblutung der Kopfregion heilen die verschiedenen Verletzungen am Kopf relativ rasch und ohne Narbenbildung. Komplikationen wie üppiges Granulationsgewebe, große Narben und schlechte Wundheilung, wie sie in den unteren Regionen der Gliedmaßen häufig beobachtet werden, sind im Bereich des Kopfes selten.

1.3 Verletzungen der Zähne und des Kiefers

Verletzungen der Schneidezähne des Unter- und des Oberkiefers kommen bei Pferden relativ häufig vor. Futterneidische oder gestresste Pferde, die in der Box gehalten werden, beißen nicht selten mit schief gehaltenem Kopf in die Gitterstäbe, wobei es dann beim Zurückziehen des Kopfes leicht zum Verklemmen zwischen

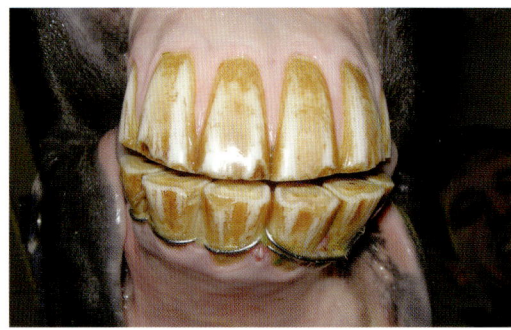

Die Unterkieferfraktur ist nach acht Wochen gut verheilt, und die Drähte können wieder entfernt werden

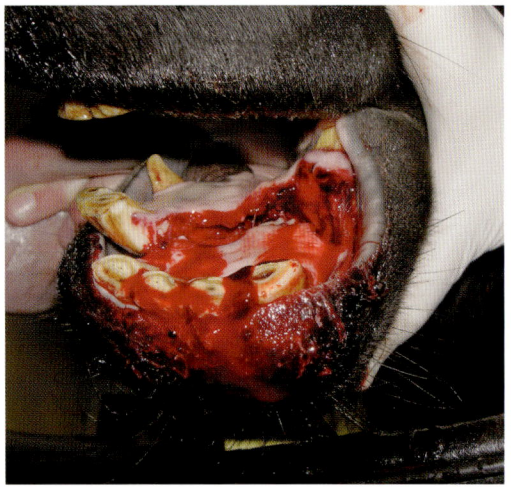

Fraktur im Bereich des Unterkieferknochens mit Ausbruch von drei Schneidezähnen

den Gitterstäben und zu den typischen Frakturen des Ober- oder vor allem des Unterkiefers kommt. Die Unter- wie auch die Oberkieferzähne können dabei mit dem Zahnfach und einem Teil des Knochens ausgerissen werden. Solche Verletzungen sehen gefährlich aus, heilen aber bei adäquater tierärztlicher Behandlung erstaunlicherweise gut ab.

Der Tierarzt muss allerdings sofort verständigt werden, damit er die Zähne mittels Draht fixiert oder bei komplizierten Frakturen das Pferd an eine Spezialklinik überweist, wo die Kieferknochen und die Zähne mit Hilfe von Schrauben und Platten fixiert werden können.

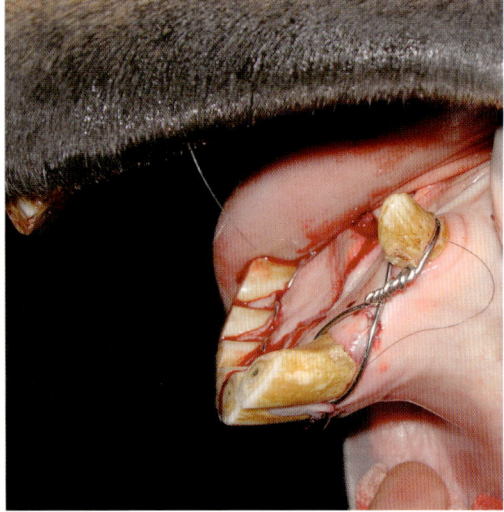

Die Unterkieferfraktur wurde mit Drähten fixiert

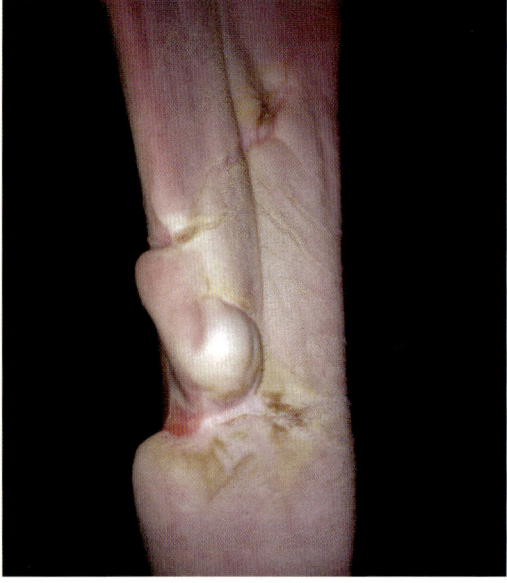

Verletzung der Zunge durch einen Draht

1.4 Verletzungen der Zunge

So ungewöhnlich es auch klingen mag, es ist schon oft vorgekommen, dass ein Pferd die Zunge durch die Gitterstäbe streckte, worauf sein Boxennachbar die Zunge festhielt und diese ganz oder einen Teil davon abgebissen hat. Manchmal wickelt sich auch ein Draht um die Zunge und schneidet diese ein oder teilweise ab. Solche Verletzungen bluten in der Regel stark. Die Pferde sollten möglichst bald einem Tierarzt gezeigt werden, der dann entscheidet, ob die Zunge genäht werden muss oder ob eine Selbstheilung empfohlen werden kann. In besonders schlimmen Fällen kann eine Teilamputation der Zunge notwendig werden. Die Pferde können in der Regel auch mit einer etwas verkürzten Zunge noch fressen, da sie mit dieser lediglich das Futter in den hinteren Teil der Maulhöhle befördern.

1.5 Ohrenverletzungen

Ohrenverletzungen werden ähnlich wie die Zungenverletzungen meistens durch Bisse von anderen Pferden verursacht. Infolge des schlecht heilenden Ohrknorpels, der mitverletzt sein kann, sollten die Pferde rasch einem Tierarzt gezeigt werden, der dann die weiteren notwendigen Maßnahmen ergreift.

2. Verletzungen am Auge

2.1 Stumpfe Schlagverletzungen

Sogenannte stumpfe Traumen, zum Beispiel ein Hufschlag eines anderen Pferdes an den Kopf, führen häufig zu schweren Schäden im Augeninneren, ohne dass im ersten Moment äußerlich eine große Wunde auffällt. Im Inneren des Auges kann es aber zu starken Blutungen und zur Netzhautablösung kommen. Betroffene Pferde leiden unter starken Schmerzen, sie kneifen das Auge zu, und im beschädigten Auge ist die Pupille einseitig deutlich verengt.

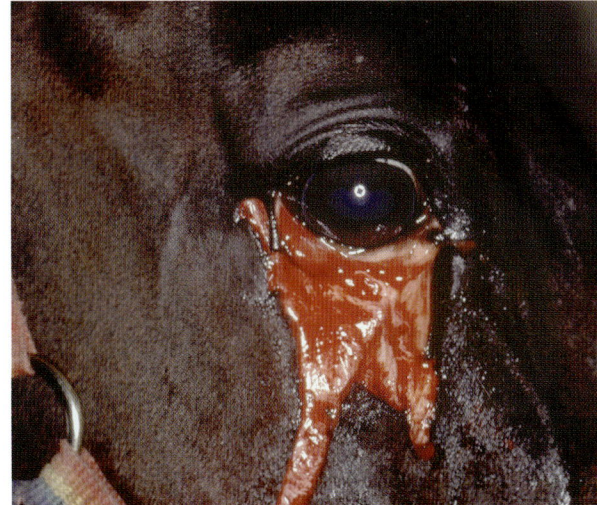

Rissverletzung am unteren Augenlid: nie herabhängende Hautfetzen wegschneiden!

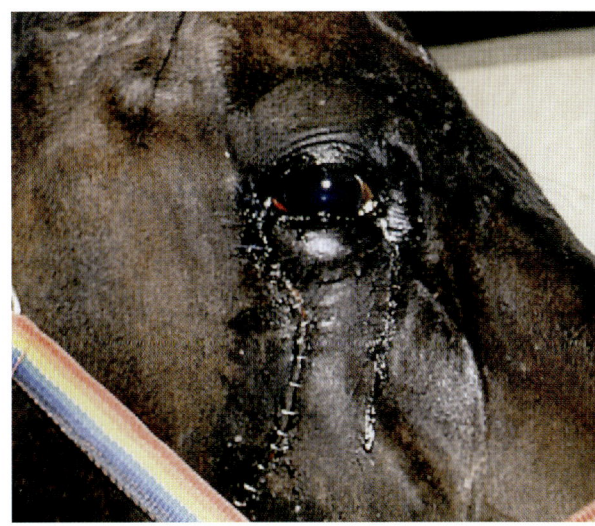

Zustand 10 Tage nach der Operation

Seifen-, Jod- und Betadinelösungen dürfen nicht mit dem Auge in Kontakt kommen! Auf keinen Fall darf man herabhängendes Gewebe abschneiden, auch wenn ein Hautfetzen noch so klein und nutzlos erscheint!
Das Pferd sollte in einem solchen Fall sofort in eine abgedunkelte Box gebracht werden, und man muss unverzüglich den Tierarzt benachrichtigen.

2.2 Lidverletzungen

Lidverletzungen entstehen beim Pferd in der Box durch Hängenbleiben an hervorstehenden Nägeln, auf der Weide durch Kratzen am Zaun oder im Transporter. Das Lid ist gut durchblutet, weshalb Lidverletzungen zu Beginn stets stark bluten. Pferde verlieren aber bei Lidverletzungen nie so viel Blut, dass ein lebensbedrohender Zustand eintreten könnte. Meist kommt die Blutung auch nach einigen Minuten von sich aus zum Stillstand.
Lidverletzungen lassen sich in den meisten Fällen im Stall und am stehenden, aber gut beruhigten Pferd nähen.

Aufgrund der guten Durchblutung der Augenlider heilen solche Verletzungen in der Regel schnell und gut ab. Bis zum Eintreffen des Tierarztes lässt man das Pferd in seiner Box stehen. Wenn der Tierarzt nicht in den nächsten ein bis zwei Stunden kommen kann und ein Transport in eine Klinik nötig ist, muss die Wunde mit lauwarmem Wasser oder mit verdünnter, lauwarmer Kamillelösung vorsichtig gereinigt und feucht gehalten werden.
Das Lid und insbesondere der Lidrand sind für die Gesundheit des Auges von größter Wichtigkeit. Wie ein defekter Scheibenwischer mit der Zeit die Windschutzscheibe zerkratzt, so wird auch ein defektes Lid eine Schädigung der empfindlichen Hornhaut zur Folge haben.

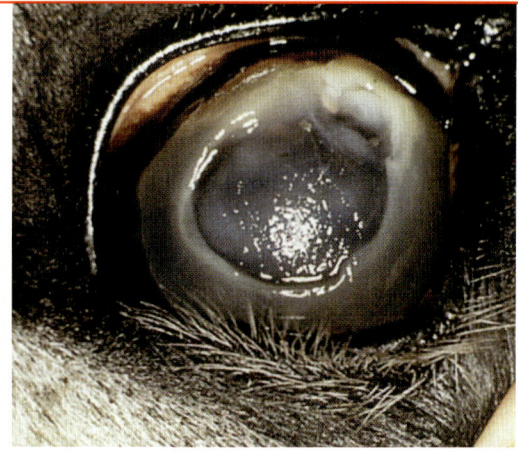

Tiefes, mit Bakterien infiziertes Hornhautgeschwür

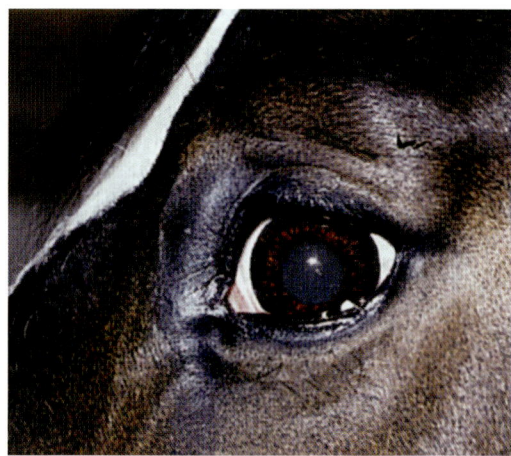

Pferd mit eingesetzter Plastikschalenprothese

2.3 Hornhautverletzungen

Auch Hornhautverletzungen werden häufig durch spitze, vorstehende Gegenstände im Stall oder im Transporter wie zum Beispiel Nägel oder Schrauben verursacht. Leider kommt es nicht selten vor, dass Pferde durch Peitschenschläge auf den Kopf oder durch herunterhängende Äste beim Reiten durch Gebüsche oder im Wald am Auge verletzt werden.
Verletzungen der Hornhaut sind sehr schmerzhaft; das Pferd kneift sofort das betroffene Auge zu, welches auch stark tränt. Die Hornhaut wird trüb und zeigt, je nach Tiefe der Ver-

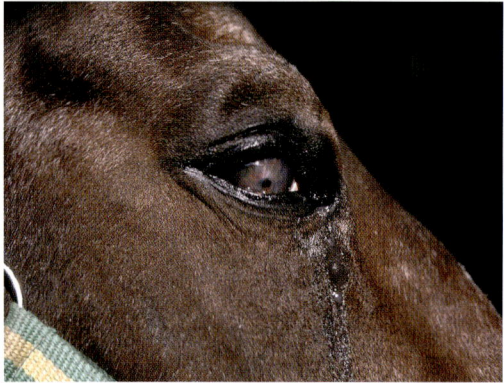

Perforierende Stichverletzung am Auge

letzung, manchmal sogar eine Delle. Ist die Hornhaut durchtrennt, so tritt Flüssigkeit und eventuell auch Blut aus der vorderen Augenkammer, und der Augapfel kollabiert. Das betroffene Pferd sollte unverzüglich in eine abgedunkelte Box gebracht und dort so angebunden werden, damit es sich nicht mit dem verletzten Auge reiben kann. Auf keinen Fall sollte am Auge manipuliert oder gar eine kortisonhaltige Augensalbe verabreicht werden! Der Tierarzt muss so rasch wie möglich benachrichtigt werden.

Bleibt eine Behandlung der Hornhautverletzung durch den Tierarzt aus, so kommt es rasch zu einer Infektion des Auges durch Bakterien oder Pilze. Diese zerfressen die Hornhaut, so dass selbst aus einer kleinen, oberflächlichen Hornhautverletzung leicht ein tiefes Hornhautgeschwür entsteht. Tiefe Hornhautverletzungen und Hornhautgeschwüre müssen immer an eine spezialisierte Klinik überwiesen werden und erfordern häufig einen chirurgischen Eingriff unter Vollnarkose. Hornhautverletzungen, die genäht wurden, und tiefe Hornhautgeschwüre hinterlassen nach der Abheilung eine dichte graue Narbe in der Hornhaut. Hornhautgeschwüre, die von Pilzen belegt sind, können häufig selbst in einer spezialisierten Klinik nicht mehr unter Kontrolle gebracht werden. Dies kann zum Verlust des Auges führen und eventuell das Einsetzen einer Prothese nötig machen. Je früher Hornhautgeschwüre erkannt werden und je rascher eine gezielte antibiotische oder antimykotische Behandlung durch den Tierarzt eingeleitet wird, um so besser ist die Aussicht auf Heilung!

3. Verletzungen am Rumpf

3.1 Schürfwunden und Druckbeschädigungen durch Sattel und Gurte

Sattel- und Gurtendrücke sind für das Pferd sehr schmerzhaft, und sie stellen dem Reiter oder Fahrer in der Regel kein gutes Zeugnis aus. Ein alter, beschädigter oder nicht passender Sattel oder eine ungepflegte Sattelunterlage können zu Satteldrücken führen.

Auch nicht passende, defekte oder schlecht gepflegte Sattelgurte und Geschirrteile können Druckbeschädigungen verursachen. Allzu häufig wird vergessen, dass sich die Sattellagen der verschiedenen Pferde stark unterscheiden, weshalb die Sättel unter den Pferden nicht einfach ausgetauscht werden sollen, sondern den einzelnen Rückenformen durch einen Fachmann angepasst werden müssen.

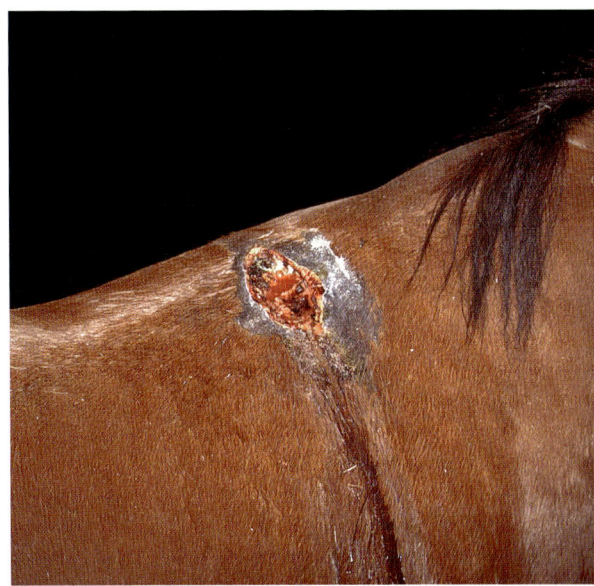

Widerristschürfung in Abheilung

Fixierung eines Kühlelementes mit einer Wolldecke und zwei Deckengurten

Bei einem Sattel- oder Gurtendruck muss die frisch entzündete Region gekühlt und desinfiziert werden. Zum Kühlen eignen sich spezielle Kühlelemente wie die Cold-Packs. Man kann aber auch gewöhnliches Eis aus der Gefriertruhe verwenden. Dabei muss jedoch ein Tuch zwischen das Eis und die Haut gelegt werden, damit es nicht zu Erfrierungen der Haut kommen kann. Diese Kältetherapie sollte etwa 45 Minuten lang durchgeführt werden. Auf diese Weise kann man die Entzündung reduzieren und eventuell auch ernsthafte Folgen verhindern. Auf keinen Fall darf das Pferd in den nächsten Tagen geritten werden! Außerdem sollte man den Tierarzt verständigen, damit dieser die genaue Ursache für die Druckstelle herausfinden und spezielle Maßnahmen einleiten kann. Er kann, eventuell unter Beiziehen eines Sattlers, auch beurteilen, ob der Fehler beim Sattel liegt, ob dieser verbessert werden kann oder ersetzt werden muss.

3.2 Schnitt-, Riss- und Quetschwunden

Bei den Verletzungen am Rumpf müssen zwei verschiedene Arten von Wunden unterschieden werden.

Da sind einmal die oberflächlichen Riss-, Schnitt- und Quetschwunden der Haut und der darunter liegenden Muskulatur. Sie entstehen durch Anstoßen oder Hängenbleiben an stumpfen und spitzen Gegenständen und sehen im ersten Moment sehr dramatisch aus, weil sie in der Regel auch stark bluten. Diese Wunden heilen aber meistens erstaunlich rasch und ohne weitere Komplikationen ab.

Das hängt damit zusammen, dass die Muskulatur im Bereich des Rumpfes kräftig entwickelt ist, wodurch das Wundgebiet auch gut durchblutet wird. Außerdem ist die Spannung im Bereich des Rumpfes nicht so groß, so dass das Zusammenziehen der Wundränder leichter möglich ist.

Verletzungen am Rumpf

Ausgedehnte oberflächliche Risswunde

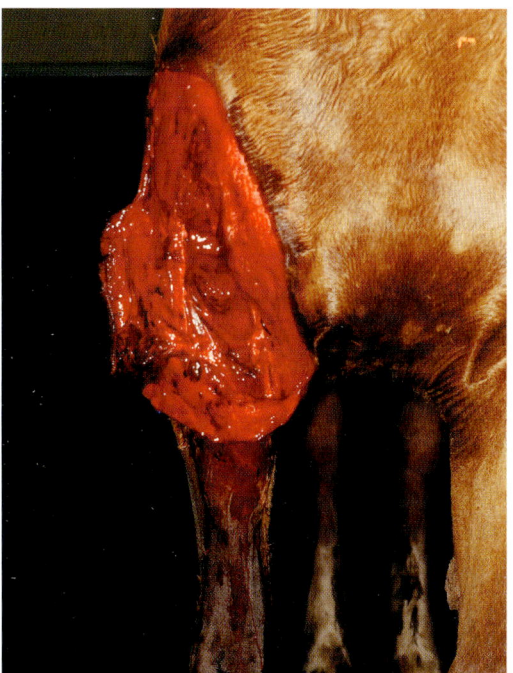

Frische Verletzung im Bereich der Vorderbrust

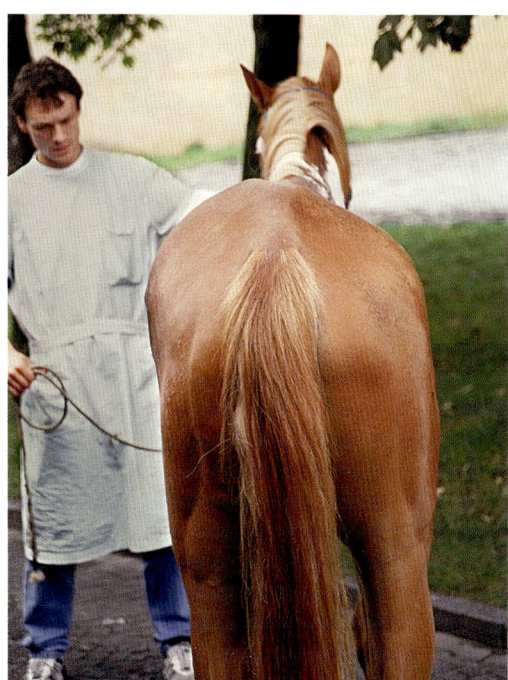

Deutliche Asymmetrie infolge eines abgebrochenen Hüfthöckers

Zum Zweiten können an der Vorder- und Unterbrust zum Teil sehr tiefe Verletzungen entstehen. Dabei werden auch viele Blutgefäße in Mitleidenschaft gezogen, so dass es zu einem erheblichen Blutverlust kommen kann.

Die erste Sofortmaßnahme besteht darin, das Pferd zu beruhigen und es aus der Gefahrenzone zu bringen, damit es sich nicht weiter verletzen kann. Das Wundgebiet kann schon gereinigt und desinfiziert werden, und man kann die Haare in der Wundumgebung entfernen. Natürlich muss der Tierarzt verständigt werden. Nur er kann das wirkliche Ausmaß der Verletzung beurteilen und die weitere Behandlung einleiten. In manchen Fällen kann die Haut verschlossen werden, wodurch eine rasche Wundheilung erfolgt. Oft ist der Haut- und Gewebedefekt aber so groß, dass keine Wundnaht möglich ist. Obwohl die Wundheilung dann länger dauert, heilen auch ausgedehnte Haut- und Muskelverletzungen am Rumpf in der Regel ohne Komplikationen ab.

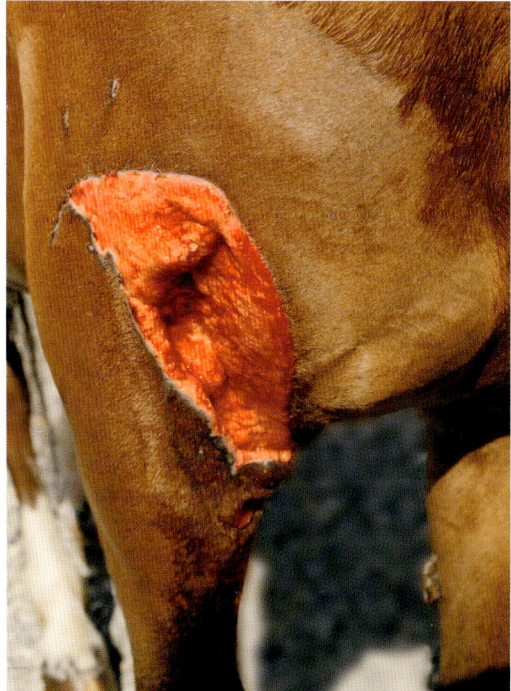

Deutliche Verkleinerung der Wunde nach drei Wochen durch Auffüllen mit Granulationsgewebe und durch Wundkontraktion

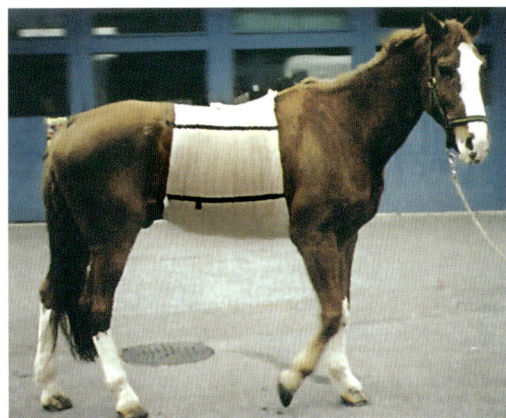

Pferd mit einem Rumpfverband

Eine Besonderheit der Verletzungen im Bereich der Vorder- und Unterbrust ist die Luftansammlung in der Unterhaut, die auch als Emphysem bezeichnet wird. Diese Luftansammlung kann sich bis zu den Hintergliedmaßen erstrecken.

Sie entsteht dadurch, dass sich die Wundöffnung bei jedem Vorwärtsschritt öffnet und Luft ansaugt. Beim Nachziehen der Gliedmaße legt sich die Haut wieder auf die Wundöffnung, so dass die Luft nicht mehr ausströmen kann. Es entsteht also eine Art von Ventilwirkung.

Enge Stalltüren oder Weideeingänge können zu Verletzungen im Bereich der Hüfthöcker führen. Der Hüfthöcker ist ein stark vorspringender Knochenteil, der bei heftiger Krafteinwirkung abbricht. Dies geschieht recht häufig an den Boxen- oder Türkanten, wenn die Pferde aus oder in Box und Stall stürmen. Ähnliche Verletzungen können auch dann entstehen, wenn die Pferde auf glattem Untergrund wie nassen Betonböden oder Glatteis ausrutschen. Man darf sich dann nicht von der kleinen Wunde über dem Hüfthöcker täuschen lassen, sondern sollte immer auch an eine mögliche Fraktur des darunter liegenden Knochens denken – vor allem, wenn das betroffene Pferd eine zusätzliche starke Lahmheit zeigt und die Kruppe asymmetrisch erscheint.

Verletzungen am Hüfthöcker sollten immer dem Tierarzt gezeigt werden. Neben der Gefahr einer Fraktur besteht bei diesen Verletzungen immer eine große Versackungstendenz von Wundwasser, woraus eine eitrige Entzündung entstehen kann.

3.3   Stichverletzungen

Wenn eine der großen Körperhöhlen, also Brust-, Bauch- oder Beckenhöhle, durch einen Stich verletzt wird, spricht man von sogenannten Pfählungswunden. Derartige Wunden entstehen durch das Eindringen von Holz- und Metallstangen wie Gabel- und Besenstielen oder Hindernis- und Deichselstangen in den Rumpf des Pferdes. Solche Gegenstände können bis in die Brust-, Bauch- oder Beckenhöhle eindringen und somit lebenswichtige Organe verletzen und zu lebensbedrohlichen Zuständen führen. Diese Verletzungen sehen sehr dramatisch aus und benötigen eine korrekt ausgeführte Erste Hilfe sowie schnellstmöglich eine tierärztliche Versorgung.

Wichtiger Hinweis

Stichverletzungen im Bereich der Brust können zu einer Eröffnung der Brusthöhle führen.

Wichtiger Hinweis

Die Gegenstände dürfen nie aus dem Rumpf entfernt werden!

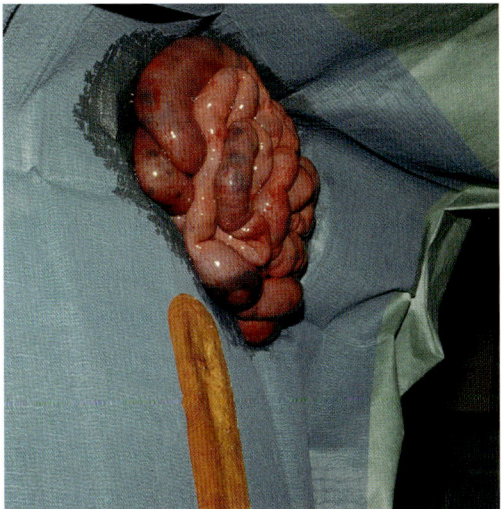

Verletzung der Bauchwand mit einem Holzpfahl, die zum Austreten von Darmteilen geführt hat

Man darf auf keinen Fall den Fremdkörper aus dem Rumpf ziehen!
Dies führt nämlich zu starken Blutungen und zu einer zusätzlichen Vergrößerung der Öffnung in der Brust-, Bauch- oder Beckenhöhle. Wenn ein Pferd in die Box gebracht oder verladen werden muss, kann die im Rumpf steckende Stange circa zehn Zentimeter vor dem Rumpf abgesägt werden.

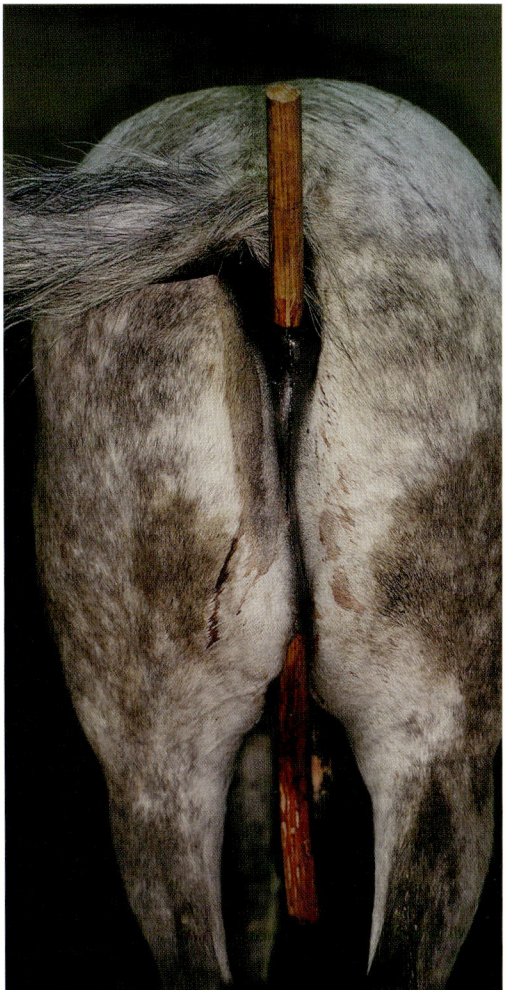

Verletzung der Beckenhöhle durch einen Gabelstiel

3.4 Die Blutstillung

Verletzungen im Bereich des Rumpfes können zu starken Blutungen führen, die man mittels Wundkompressen deutlich reduzieren kann. Bei dramatischen Verletzungen sollte man Rumpfverbände anlegen. Die Fremdkörper dürfen, wie bereits erwähnt, nicht entfernt werden, weil dadurch zusätzliche Blutungen entstehen können.

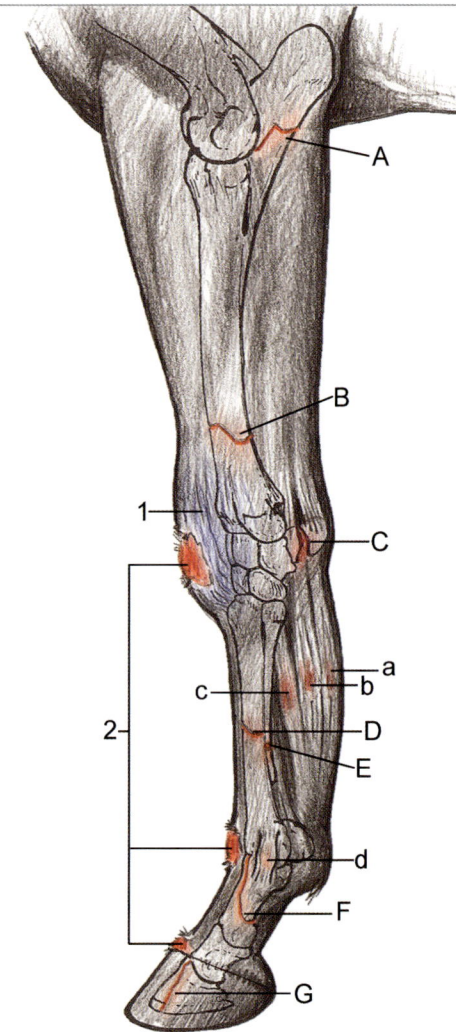

A) Olekranonfraktur, B) Radiusfraktur,
C) Erbsbeinfraktur D) Röhrbeinfraktur
E) Griffelbeinfraktur F) Fesselbeinfraktur
G) Hufbeinfraktur
Sehnen- und Bandverletzungen: a Ober-
flächliche Beugsehne, b Tiefe Beugsehne,
c Fesselträger, d Seitenband
1 Knieschwamm
2 Die verschiedenen Lokalisationen von
Couronnements: Karpus, Fessel und
Kronrand

Verschiedene Gliedmaßenverletzungen

3.5 Besonderes zu den einzelnen Pfählungsverletzungen

a) Verletzungen im Bereich der Brusthöhle:
Wenn die Wunde so tief reicht, dass auch das Rippenfell verletzt ist, kann Luft in den Brustraum eindringen, wodurch die Lunge zusammenfällt. Wenn die linke und die rechte Lunge betroffen sind, kann dies innerhalb weniger Minuten zum Erstickungstod des Pferdes führen.

b) Verletzungen im Bereich der Bauchhöhle:
Stichverletzungen im Bereich der Bauchhöhle können zu einer Verletzung der Bauchwand und damit zur Eröffnung der Bauchhöhle führen. Wie bei den Brusthöhlenverletzungen, so dürfen auch in diesen Fällen die eingedrungenen Fremdkörper nicht herausgezogen werden. Ansonsten besteht die Gefahr, dass Darmteile herausquellen könnten. Bei schweren Verletzungen, beispielsweise nach Kollisionen mit Autos, treten auch nicht selten Darmteile aus der Bauchhöhle. Diese vorquellenden Darmteile sollten mit lauwarmen Wasser gereinigt und in die Bauchhöhle zurückgestoßen werden. Dies ist jedoch in den seltensten Fällen machbar, weil die Pferde in der Regel so starke Schmerzen haben, dass eine Behandlung fast unmöglich ist. Man sollte versuchen, das Herausfallen von weiteren Darmteilen zu verhindern, in dem man saubere Leintücher, Plastikfolien, Schabracken oder Wolldecken um den Rumpf legt.

c) Verletzungen im Bereich der Beckenhöhle:
Verletzungen im Bereich der Beckenhöhle können zu einer Schädigung von Darm-, Harn- und auch Geschlechtsorganen führen. Wie die Bauch- und Brusthöhlenverletzungen können auch Beckenverletzungen zu einem lebensbedrohlichen Zustand führen, so dass der Tierarzt umgehend verständigt werden muss. Als Erste-Hilfe-Maßnahmen empfehlen sich die im Abschnitt über Brusthöhlenverletzungen beschriebenen Verhaltensweisen.

4. Verletzungen an den Gliedmaßen

Gliedmaßenverletzungen stellen beim Pferd in der Regel immer Notfälle dar. Unterschiedliche Traumen führen zu Verletzungen an schlecht heilenden Hautpartien und können darüber hinaus überaus empfindliche Strukturen wie Gelenke, Sehnen und Sehnenscheiden erfassen. Es kann in diesem Zusammenhang nicht genügend oft auf die schlechte Heiltendenz, besonders im unteren Bereich der Beine, hingewiesen werden. Zum Ersten ist die Blutzirkulation infolge der statischen Situation schlecht, zum Zweiten ist die Haut über den Knochen, Sehnen und Bändern unter starker Spannung, und drittens sind diese Gliedmaßenteile in stetiger Bewegung. Dies gilt insbesondere für Wunden im Gelenkbereich, die deshalb sehr schlecht abheilen. Sie müssen daher sehr ernst genommen werden und dürfen auf keinen Fall bagatellisiert werden. Der Ausdruck Bagatellenverletzung ist daher irreführend.

4.1 Schürfwunden

Schürfwunden, bei denen die Haut nicht perforiert wurde, kommen an den Beinen häufig vor. Diese Verletzungen heilen in der Regel rasch und ohne Komplikationen ab. Besonders empfindliche Pferde benötigen dennoch eine sorgfältige Wundbehandlung, weil auch schon bei kleinen Schürfwunden die Gefahr einer eitrigen Infektion der Umgebung besteht.

Die Erste-Hilfe-Maßnahmen bei Schürfwunden bestehen darin, dass man die umgebenden Haare entfernt, die Wunde mit sauberem Wasser und Wundkompressen reinigt und sie mit verdünnter Betadinelösung desinfiziert. Wenn immer möglich muss dann ein feuchter Verband angelegt werden.

4.2 Couronnement

Unter dem Couronnement versteht man eine Verletzung im Bereich des Vorderfußwurzelgelenks, die durch Hinfallen des Pferdes auf die Vorderfußwurzelgelenke entstanden ist. Dabei wird im günstigen Fall nur die Haut geschürft, im ungünstigen Fall aber werden auch die darunter liegenden Strukturen beschädigt. Dies kann zu einer Eröffnung der Sehnenscheiden oder sogar der Karpalgelenke führen, wodurch das Risiko einer Gelenksinfektion besteht.

Die Wunden sollten nach den allgemeinen Prinzipien behandelt werden, wobei das weitere Vorgehen der Tiefe der Verletzung angepasst werden muss. Sobald die Haut durchtrennt ist, muss rasch der Tierarzt verständigt werden, damit die Wunden genau abgeklärt und nötigenfalls genäht werden können. Ein stabilisierender Verband kann die Heilung deutlich begünstigen.

Außerdem muss man sich überlegen, warum das Pferd gestolpert ist. Wurde mit dem Neubeschlag zu lange gewartet und sind dadurch die Zehen des Pferdes zu lang geworden? Sind die eigenen Reitkünste vielleicht mangelhaft, oder zeigt das Pferd eine Lahmheit, die abgeklärt werden muss?

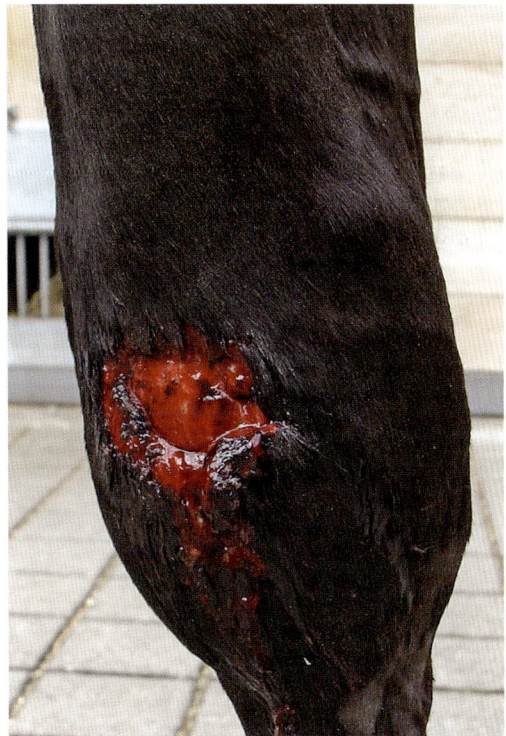

Tiefe Schürfwunde am Vorderfußwurzelgelenk (Couronnement)

4.3 Strickwunden

Die klassische Strickwunde entsteht meistens dadurch, dass die Pferde zu lang angebunden werden und sich so mit dem Vorder- oder auch mit dem Hinterbein im Strick verfangen können. Beim Versuch, sich aus dieser misslichen Lage zu befreien, kann der Strick durch das mehrmalige Hin- und Hergleiten in der Fesselbeuge eine tiefe Schürfwunde verursachen.

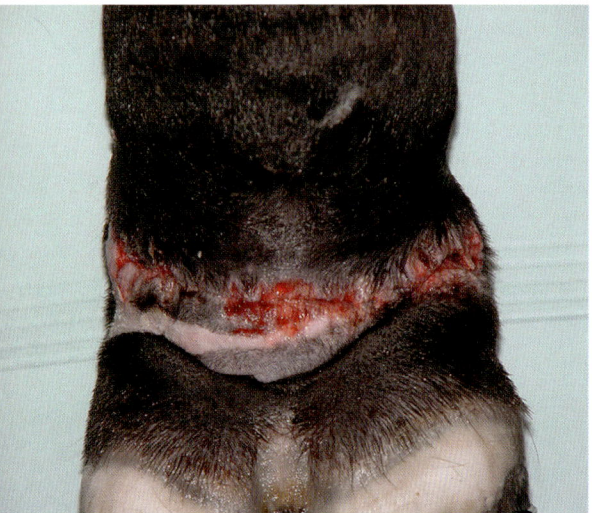

Frische Strickwunde

In der Mehrzahl der Fälle entstehen diese Verletzungen im Bereich der Fesselbeuge. Solche Strickwunden können auch dann auftreten, wenn die Pferde an einem leichten oder schlecht fixierten Gegenstand angebunden werden und sich von diesem oder mit diesem losreißen. Beim Davonrennen wird der Gegenstand hin und her geschwungen und kann sich dabei um ein Bein wickeln und dieses stark verletzen.
Ein Pferd kann sich auch beim Weidegang in einem am Boden liegenden Draht verfangen. Dies ist besonders dramatisch, wenn es sich um einen Stacheldraht handelt.

Die Erste-Hilfe-Maßnahmen bestehen zunächst darin, dass man den Strick entfernt. Die Wunde wird dann nach den allgemeinen Prinzipien behandelt, man legt einen Verband an und verständigt den Tierarzt. Dieser wird einen Schienenverband oder sogar einen Gips anlegen, damit die Wunde ruhiggestellt wird. Dadurch wird die Heilung beschleunigt, und gleichzeitig kann damit auch ein besseres kosmetisches Resultat erzielt werden.

4.4 Bandagendrücke

Bandagendrücke entstehen durch zu eng angelegte Bandagen oder ungenügend gepolsterte Verbände. Dabei werden die kleinen Blutgefäße in der Haut und manchmal auch im darunter liegenden Gewebe geschädigt. Im günstigen Fall entsteht eine Entzündung, im schlechteren Fall aber können die Haut und ebenso die darunter liegenden Strukturen absterben. Es ist auch kein Märchen, sondern leider eine Tatsache, dass schon Pferde getötet werden mussten, weil ihnen zu enge Verbände oder Gamaschen angelegt und die Pferde noch geritten wurden oder sogar Rennen bestritten haben.

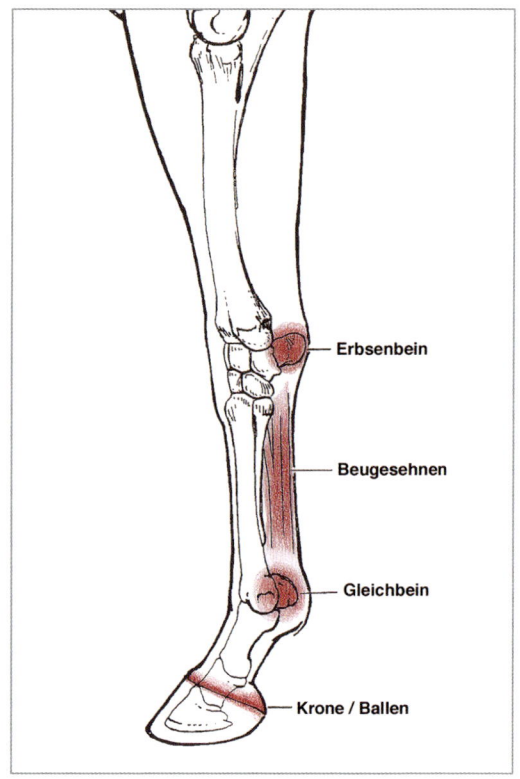

Schematische Darstellung von gefährdeten Druckstellen-Regionen am Vorderbein

Bandagendrücke sind äußerst gefährlich, so dass der Tierarzt rasch informiert werden sollte. Die frisch entzündete Region wird gekühlt und desinfiziert. Zum Kühlen eignen sich auch in diesen Fällen spezielle Kühlelemente wie die Cold-Packs, es kann aber auch gewöhnliches Eis aus der Gefriertruhe verwendet werden.

Dabei muss jedoch ein Tuch zwischen das Eis und die Haut gelegt werden, damit es nicht zu Erfrierungen der Haut kommen kann. Diese Kältetherapie sollte etwa 45 Minuten lang durchgeführt werden. Auf diese Weise kann die Entzündung reduziert werden, und ernsthafte Folgen können eventuell verhindert werden.

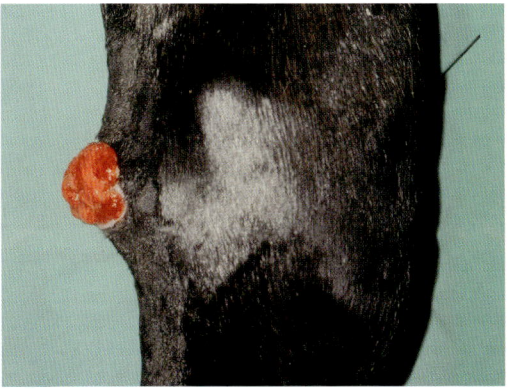

Druckbeschädigung über dem Erbsenbein

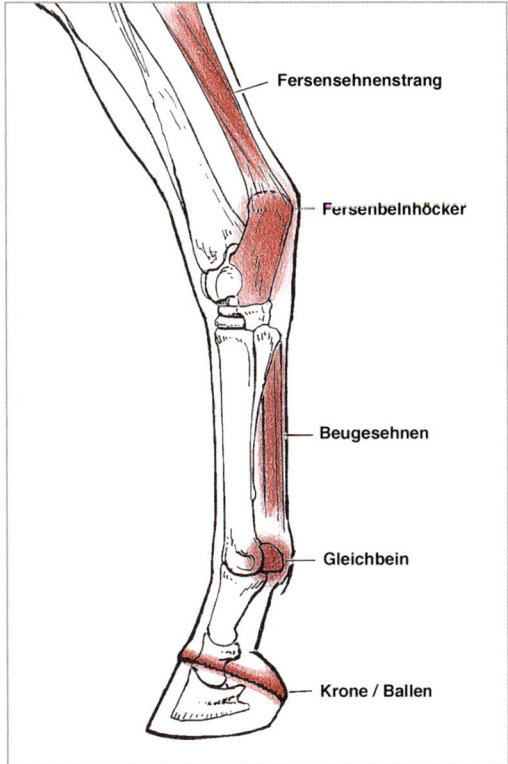

Schematische Darstellung von gefährdeten Druckstellen-Regionen am Hinterbein

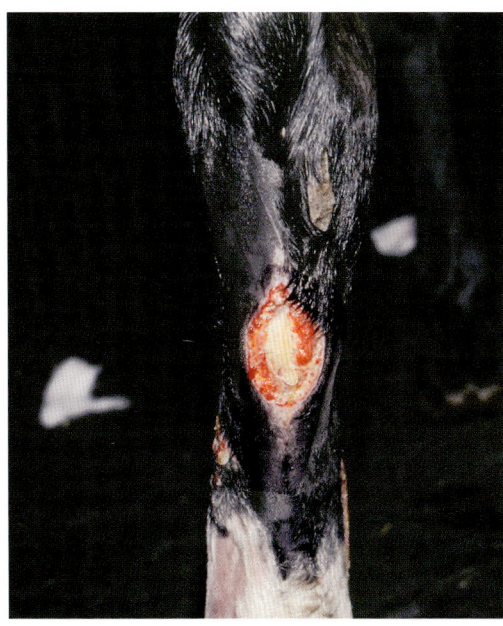

Druckbeschädigung über der oberflächlichen Beugesehne

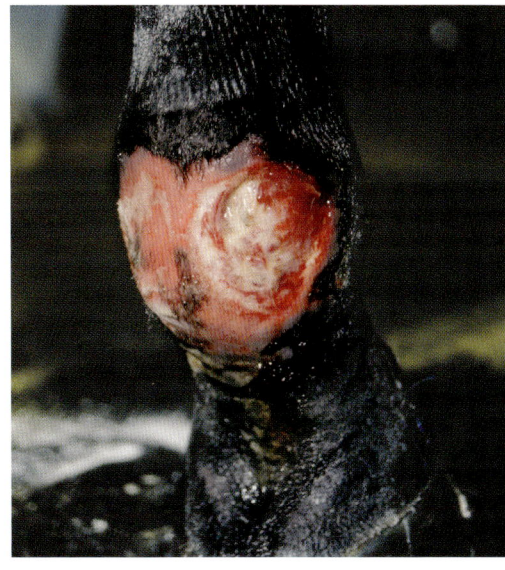

Druckbeschädigungen über den Gleichbeinen

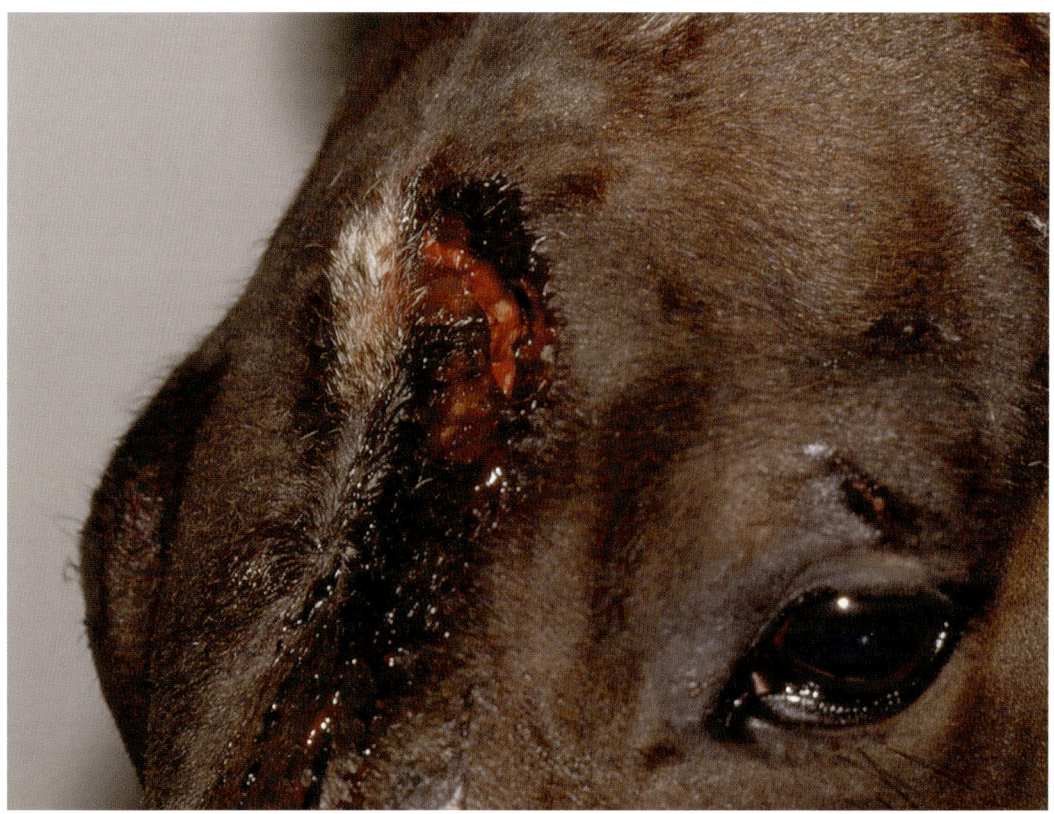

Oberflächliche Schnittverletzung

4.5 Schnitt-, Riss- und Quetsch-wunden

Bei Schnittverletzungen ist die Haut in der Regel vollständig durchtrennt, und die darunter liegenden Strukturen können darüber hinaus beschädigt sein. Die Wundränder klaffen infolge der starken Spannung an den Gliedmaßen auseinander, so dass das darunter liegende Gewebe freiliegt. Nicht selten können dabei auch die Sehnen durchschnitten werden, so dass das Pferd die Gliedmaße nicht mehr normal belasten kann.

Schnittverletzungen müssen möglichst bald, das heißt innerhalb der nächsten acht Stunden, genäht werden. Je länger gewartet wird, desto mehr schwillt das Wundgebiet an, und desto stärker klafft die Wunde. Die Folge davon ist beim nachfolgenden Zunähen eine starke Spannung des Gewebes, wodurch es dann häufig zum Platzen der Naht nach einigen Tagen kommt.

Wenn die Wunden nicht möglichst rasch mit einem feuchten Verband abgedeckt werden, besteht zudem ein erhebliches Infektionsrisiko, wodurch die Wundheilung noch zusätzlich stark verzögert wird. Aus diesem Grund sollte der Tierarzt rasch verständigt werden, damit die Verletzung fachgerecht versorgt werden kann. Wenn das Pferd ruhig ist und keine allzu großen Schmerzen hat, kann man versuchen, die umliegenden Haare zu entfernen. Man muss dabei aber darauf achten, dass die entfernten Haare nicht in die Wunde gelangen. Dies würde die Wundheilung stark stören, und die Haare können nur mit großem Aufwand wieder entfernt werden. Dazu ist einige Geschicklichkeit und Erfahrung notwendig. Nötigenfalls kann die Wunde während des Scherens mit einer wasserlöslichen Salbe abgedeckt werden, die dann wieder entfernt wird.

Wenn die Schnittverletzung nicht allzu tief ist, sollte man die Wunde vorsichtig reinigen und desinfizieren. Im Anschluss daran legt man einen desinfizierenden Verband an und verständigt den Tierarzt. Falls auch Sehnen durchtrennt wurden, legt man wie beim Knochenbruch einen Schienenverband an.

Zu schlimmen Riss- und Quetschwunden kann es kommen, wenn ein Pferd durch eine Boxenwand oder eine Transportertüre schlägt oder sich ein Bein nach dem Ausschlagen zwischen Gitterstäben verkeilt.

Riss- und Quetschwunden sind beim Pferd sehr gefürchtet. Bei diesen Verletzungen wird die Haut zerrissen und darüber hinaus das umgebende Gewebe stark gequetscht. Auch wenn das angrenzende Gewebe auf den ersten Blick fast unversehrt aussieht, sind die kleinen Blutgefäße zerstört, so dass auch diese scheinbar nicht veränderten Strukturen nach kurzer Zeit absterben. Dadurch können solche Wunden nach einigen Tagen viel schlimmer aussehen als unmittelbar nach dem Unfall. Dafür ist nicht eine falsche Wundbehandlung verantwortlich, sondern die ursprüngliche Verletzung wurde nicht ausreichend genau beurteilt.

Falls das Bein noch zwischen den Gitterstäben oder zwischen Brettern verkeilt sein sollte, muss es natürlich rasch befreit werden. Dazu kann es notwendig sein, die Bretter oder die Gitterstäbe durchzusägen. Der Tierarzt muss rasch verständigt werden, damit die Wunde versorgt und das Pferd für einen Transport in

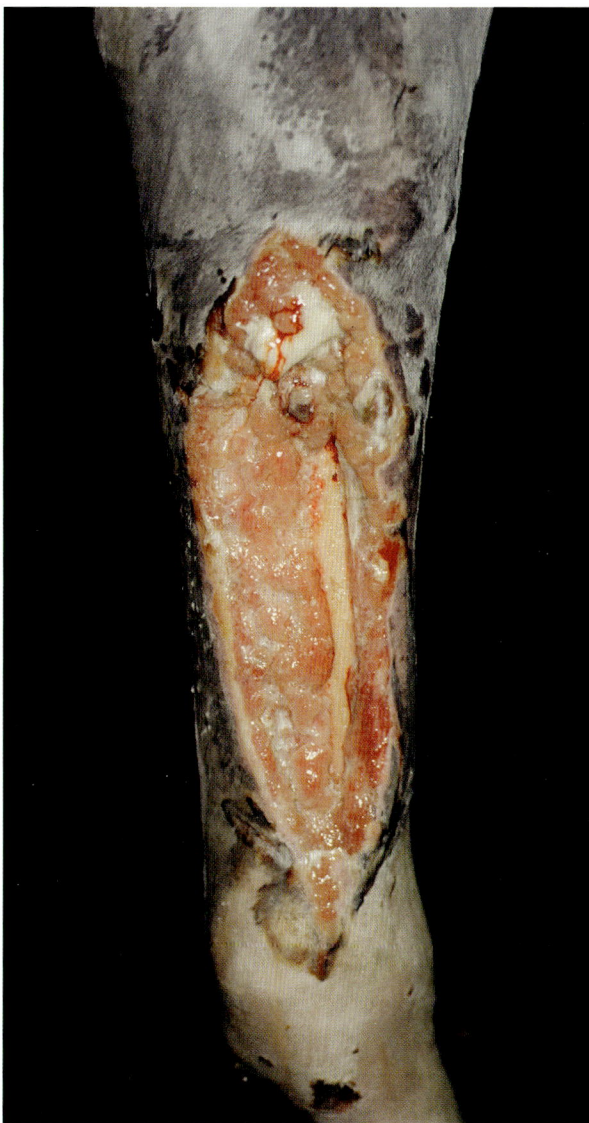

Riss- und Quetschwunde, die beim Durchschlagen einer Boxen- oder Pferdetransporterwand entstanden ist

eine Klinik vorbereitet werden kann. Weil bei diesen Verletzungen häufig auch Knochen freigelegt und Gelenke eröffnet werden, soll in diesen Fällen die Wundbehandlung nur mit verdünntem Betadine erfolgen. Dies könnte sonst zu einer Reizung und Schädigung des Gelenkes führen.

4.6 Stichverletzungen

Stacheldrahtverletzungen

Sie gehören wie die Riss- und Quetschwunden und die anderen Stichverletzungen zu den problematischsten Verletzungen am Pferdebein.

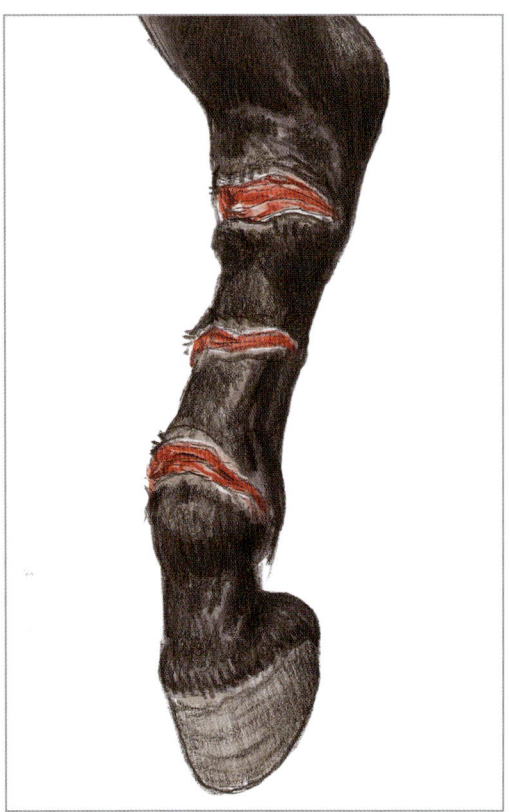

Schema einer Stacheldrahtverletzung

Es ist daher unverständlich, dass es immer noch Pferdeweiden gibt, die mit Stacheldraht eingezäunt sind. Stacheldrahtverletzungen führen zu einer starken Beschädigung des Gewebes: Die Metallstacheln dringen weit in das Gewebe ein und verletzen darüber hinaus meistens die unteren Regionen des Pferdebeines, die ohnehin eine schlechte Wundheilung zeigen, wie zum Beispiel die Vorderseite des Sprunggelenkes oder den Fesselbereich. Diese Wunden heilen aufgrund der dauernden Bewegung der Gelenke schlecht und führen daher meistens zu einer starken Narbenbildung, sogenannte Wulstnarben oder Keloiden.

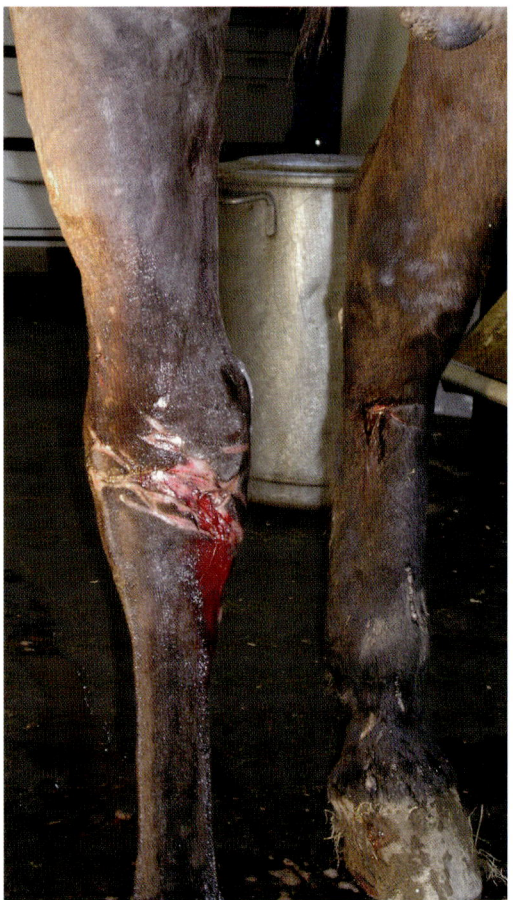

Frische Verletzung infolge eines Drahtes

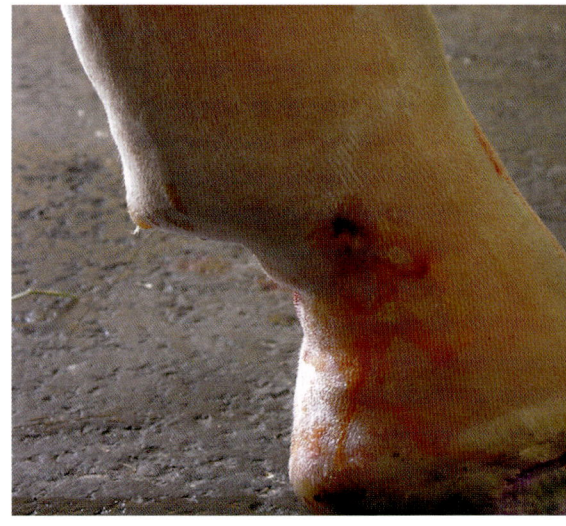

Infizierte Fesselbeugesehnenscheide nach einem Gabelstich

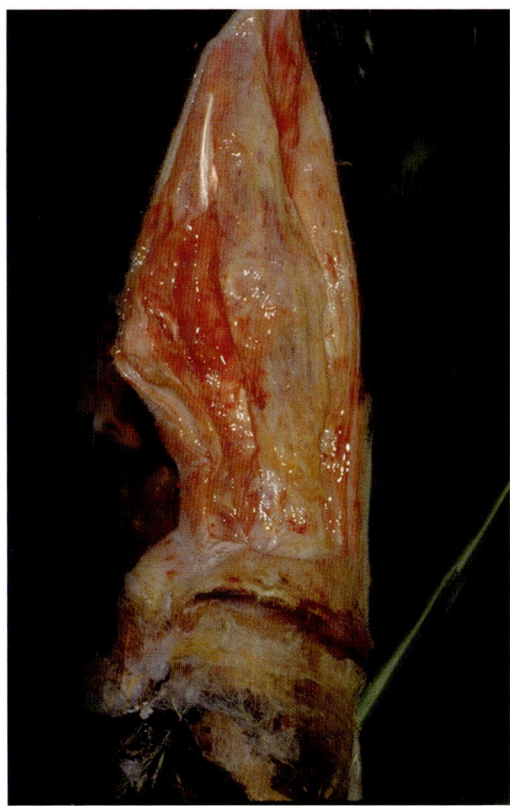

Die daraus resultierende eitrige Infektion der Fesselbeugesehnenscheide machte die Tötung des Pferdes erforderlich

Als erste Sofortmaßnahme muss der Draht sorgfältig entfernt werden. Anschließend wird das gesamte Verletzungsgebiet ausgeschoren, damit auch kleine Verletzungen erkannt und behandelt werden können. Danach wird das ganze Bein sauber gewaschen und desinfiziert, bevor man einen desinfizierenden Verband anlegt.

Auf alle Fälle muss der Tierarzt verständigt werden, weil bei diesen Verletzungen eine besonders große Gefahr für Wundstarrkrampf (Tetanus) besteht, weshalb eine Überprüfung des Impfstatus gegen Starrkrampf nötig ist. Zu den vordringlichsten Maßnahmen gehört es auch, dass man sich überlegt, wie der Stacheldrahtzaun schnellst- und bestmöglich ersetzt werden kann.

> ### Wichtiger Hinweis
> *Gabelstichverletzungen sind rasch passiert und sehr gefährlich.*
>
>

4.7 Gabelstichverletzungen

Sie gehören ebenfalls zu den gefährlichsten Verletzungsarten, weil die scharfen Spitzen tief in das Gewebe eindringen und damit äußerst empfindliche Strukturen wie Sehnenscheiden und Gelenke verletzen. Zudem ist die Gabelspitze mit Kot und Urin verunreinigt und bringt daher viele Bakterien in das verletzte Gewebe, so dass gefährliche Infektionen entstehen können. Darüber hinaus verschließt sich die kleine Hautwunde rasch, so dass das Wundsekret nicht abfließen kann. Innerhalb einiger Stunden lahmen die Pferde stark, das Bein schwillt an, und das Pferd bekommt Fieber.

Leider werden Gabelstiche oft übersehen oder in ihrer Gefährlichkeit unterschätzt, so dass die Erste-Hilfe-Maßnahmen zu spät eingeleitet werden und der Tierarzt viel zu spät benachrichtigt wird.
Sobald man ein Pferd mit der Gabel verletzt hat, müssen die Haare um die Einstichstelle entfernt werden. Erst nach der Entfernung der Haare kann die Ernsthaftigkeit einer Gabelstichverletzung beurteilt werden. Man reinigt die kleine Hautverletzung mit einem Desinfektionsmittel und legt anschließend einen desinfizierenden Verband an. Auch wenn man glaubt, dass die Gabelspitze die Haut nicht durchstochen hat, muss unbedingt ein Tierarzt verständigt werden, da sich die Stichöffnungen sehr rasch wieder verschließen. Der Tierarzt

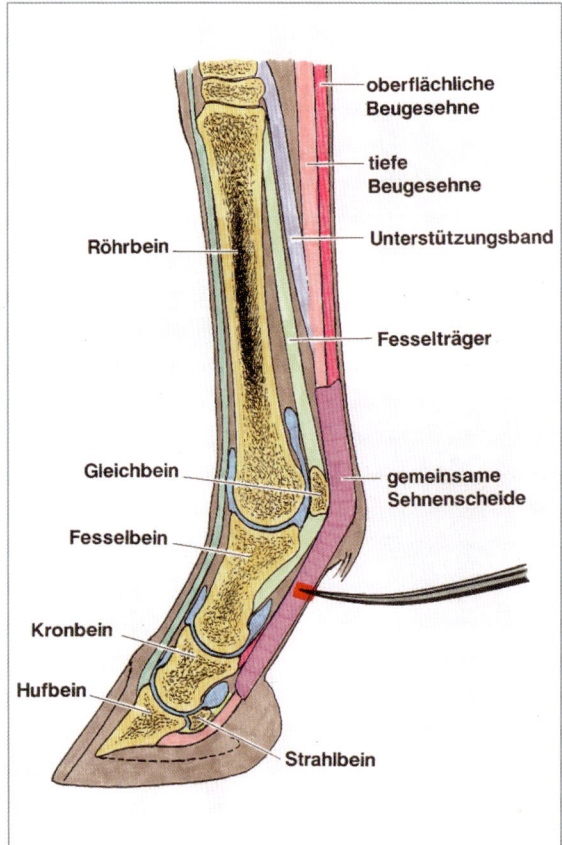

oberflächliche Beugesehne

tiefe Beugesehne

Unterstützungsband

Röhrbein

Fesselträger

Gleichbein

gemeinsame Sehnenscheide

Fesselbein

Kronbein

Hufbein

Strahlbein

Gabelstiche verletzen häufig die gemeinsame Fesselbeugesehnenscheide oder ein Zehengelenk

entscheidet dann, ob das Pferd im Stall behandelt werden kann oder in eine Klinik überwiesen werden muss.

4.8 Nagelstich, Nageltritt und Nageldruck

Während man unter einem Nagelstich die Verletzung der Huflederhaut durch Stechen mit einem Hufnagel beim Beschlagen des Pferdes versteht, ist mit dem Begriff Nageltritt das Eintreten eines Nagels in die Sohlenfläche des Hufes gemeint. Zur Vervollständigung der Begriffe sei noch der Nageldruck erwähnt, worunter man das Drücken eines Hufnagels auf die Huflederhaut versteht, der beim Beschlagen etwas zu weit nach innen geraten ist.

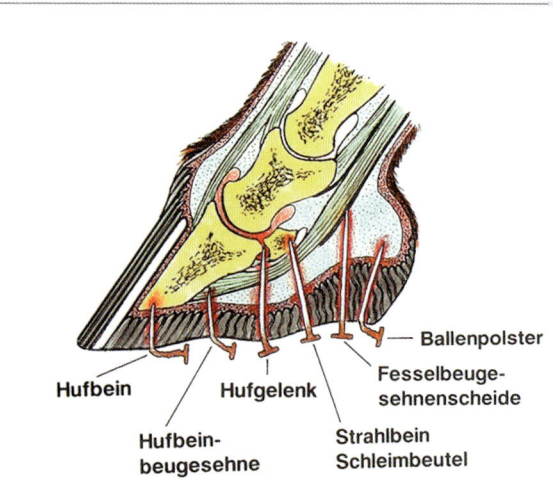

Ballenpolster

Fesselbeugesehnenscheide

Hufbein

Hufgelenk

Hufbeinbeugesehne

Strahlbein Schleimbeutel

Verschiedene Stellen, an denen Nägel eingetreten werden können. Die Infektionsgefahr nimmt von wenig gefährlich bis sehr gefährlich zu. Ballenbereich, Lederhaut, Knochen, Sehne, Sehnenscheide, Schleimbeutel, Strahlbein

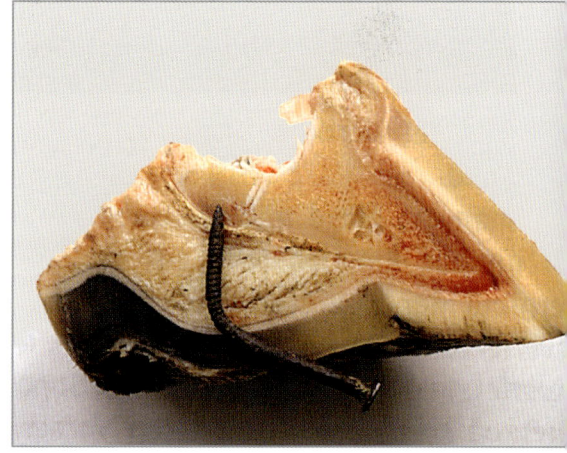

Der eingetretene Nagel hat die Sehne durchstochen, den Schleimbeutel und das Strahlbein verletzt

Alle drei Verletzungen können schmerzhafte Entzündungen und Infektionen nach sich ziehen.
Nageltritte können je nach Lokalisation des Einstiches äußerst gefährlich sein, weil der Nagel weit in den Huf eindringen und somit auch sehr empfindliche Strukturen wie Gelenke, Sehnenscheiden, Sehnen, Schleimbeutel

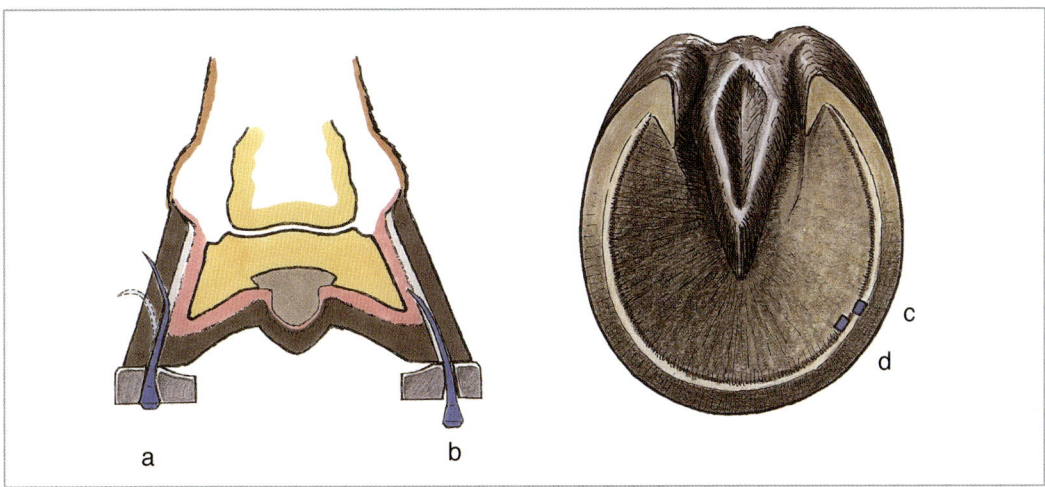

*Auf der Zeichnung links **drückt** der Nagel bei a auf die Huflederhaut und bei b **sticht** der Nagel in die Huflederhaut. Auf der Zeichnung rechts liegt der Nagel bei c korrekt in der weißen Linie und falsch bei d innerhalb der weißen Linie. Dadurch besteht die Gefahr, dass er die Huflederhaut verletzt.*

und Knochen verletzen kann. Darüber hinaus sind die Nägel in der Regel stark verschmutzt, wodurch gefährliche Infektionen entstehen. Zudem verschließt sich die kleine Läsion in der Hufkapsel rasch. Dadurch können die Wundsekrete nicht abfließen, und es besteht infolge des Luftabschlusses auch eine große Gefahr für Wundstarrkrampf (Tetanus). Die Verletzungen sind so gefährlich und auch so schwierig zu behandeln, dass die Pferde oft in eine spezialisierte Klinik überwiesen und dort dann operiert werden müssen.

Die Erste-Hilfe-Maßnahmen bestehen darin, dass der Huf sorgfältig gereinigt und der Nagel herausgezogen wird. Die Einstichstelle ist zu markieren und die Einstichlänge und Einstichrichtung des Nagels möglichst schriftlich festzuhalten. Diese Angaben sind für den Tierarzt wichtig, damit er bei der weiteren Behandlung richtig vorgehen kann. Mit einem geeigneten Instrument, zum Beispiel einem Hufrinnmesser, kann man bereits einen kleinen Trichter bis an die unter der Hornsohle liegenden Huflederhaut einschneiden. Diesen Trichter füllt man

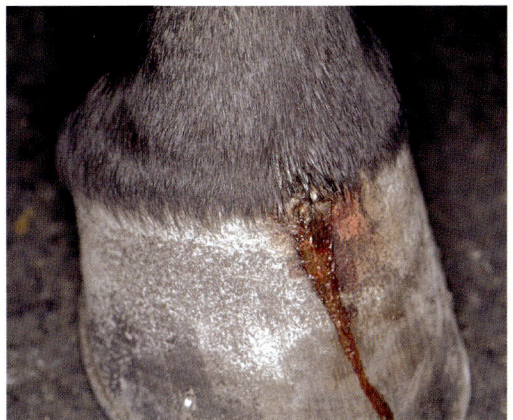

Frischer Krontritt

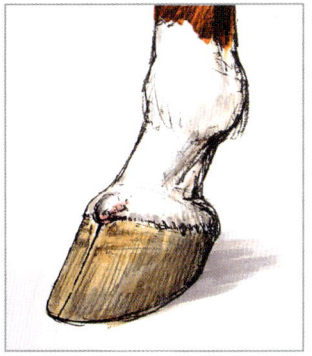

Ein alter Krontritt kann zu einem Hornspalt führen

mit einem Desinfektionsmittel, zum Beispiel Jodlösung, und deckt ihn mit einer sauberen Wundkompresse ab. Darüber legt man einen abdeckenden und schützenden Hufverband an und benachrichtigt umgehend den Tierarzt.

4.9 Verletzungen im Bereich der Hornkapsel

Kron- und Ballentritte

Unter Kron- und Ballentritten verstehen wir Verletzungen im Bereich des Kronsaumes des Hufes. Dabei wird die Hornkapsel beschädigt, und auch die darunter liegende Huflederhaut kann mitverletzt werden. Dadurch bluten diese Verletzungen und sind sehr schmerzhaft. Sie werden meistens durch das Hufeisen eines anderen Beines oder eines anderen Pferdes verursacht und kommen an den Vorderbeinen wesentlich häufiger vor als an den Hinterbeinen; sie sind vor allem dann sehr tief, wenn sie durch spitze und scharfe Stollen verursacht wurden. Aus diesem Grunde sollten die Stollen beim Transport möglichst entfernt werden oder dem Pferd zum Transport mindestens Transportgamaschen mit speziellem Hufschutz angelegt werden.

Als Erste-Hilfe-Maßnahme sollten zunächst kleine abstehende Hornteile an der Basis weggeschnitten werden, wozu eine kräftige Schere oder ein Rinnmesser erforderlich ist. Weil das Horn selber keine Nervenfasern und keine Blutgefäße besitzt, empfindet das Pferd dabei keine Schmerzen, und diese »Operation« verursacht auch keine zusätzlichen Blutungen. Anschließend muss die Wunde gereinigt und desinfiziert werden.

Danach soll ein desinfizierender Hufverband angelegt und wie bei allen Hufverletzungen der Impfstatus auf Starrkrampf überprüft werden. Da bei Krontritten auch hornbildende Strukturen beschädigt werden können, besteht die Gefahr, dass sich nach einiger Zeit Hornspalten oder Hornklüfte bilden.

Verletzungen der Strahlfurchen

Ungenügende Reinhaltung der Einstreu und mangelhafte Hornqualität schaffen die Voraussetzungen für Strahlfäule. Wenn dann noch die Strahlfurchen unvorsichtig mit einem spitzen Gegenstand ausgeräumt werden, kann es zu einer blutenden Verletzung kommen.

Für die Behandlung der Strahlfäule sind spezielle Medikamente auf dem Markt. Weitere wichtige Maßnahmen sind die sorgfältige Säuberung der Einstreu und das vorsichtige Auskratzen der Hufe.

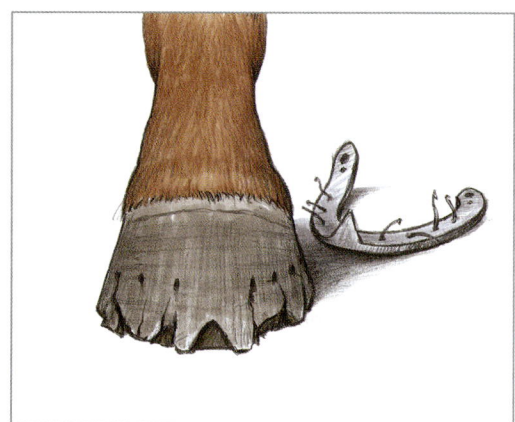

Ein verbogenes, nur unvollständig abgerissenes Eisen muss so rasch wie möglich abgenommen werden

Eingetretene Fremdkörper

Manchmal werden Fremdkörper wie Steine, Holz- und Metallteile in den Strahlfurchen, in der weißen Linie oder zwischen Huf und Hufeisen eingeklemmt. Diese müssen soweit wie möglich entfernt werden. Falls das Pferd anschließend nicht mehr lahmt, kann es wieder normal bewegt werden. Ansonsten muss ein Tierarzt zu Rate gezogen werden, der die Verletzung der Hornkapsel beurteilen und behandeln kann.

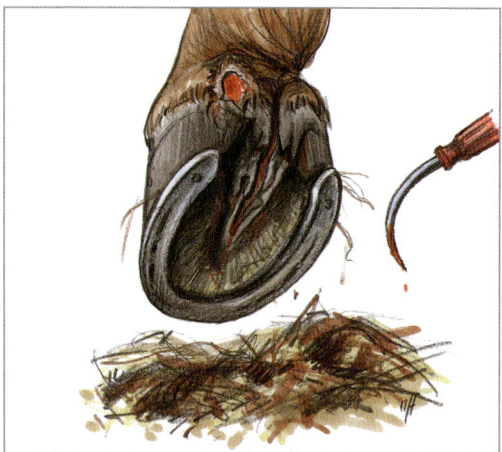

Verletzung des Saums am Übergang zum Ballenhorn sowie des Strahlpolsters unter dem Strahl bei unvorsichtigem Ausräumen des Hufes

Abgerissene Eisen

Bei schlechten Bodenverhältnissen, schlechtem Beschlagszustand und auch bei mangelhafter Hornqualität sowie durch Hängenbleiben kann ein Hufeisen unvollständig oder vollständig abgerissen werden. Dabei werden die an der Nagelspitze umgenieteten Hufnägel durch den Nagelkanal ausgerissen oder umgebogen und können die Hornkapsel und die Huflederhaut verletzen. Nicht selten treten die Pferde in die Zehenkappe des verbogenen oder nunmehr schief sitzenden Hufeisens. Dadurch entsteht eine schmerzhafte Schnittverletzung im vorderen Bereich der Hornsohle.

Typische Verletzung am Huf durch Hängenbleiben am Verschlusshaken der geöffneten Laderampe

Diese Verletzungen verursachen heftige Schmerzen, weshalb die Pferde in der Regel auch eine starke Lahmheit zeigen. Außerdem besteht die Gefahr, dass Bakterien bis in die Lederhaut eindringen, wodurch ein Abszess an der Hufbeinspitze entstehen kann.

Als erste Maßnahme sollte das Eisen vollständig entfernt werden. Die allenfalls noch im Huf steckenden Hufnägel zieht man vorsichtig heraus. In bestimmten Fällen ist es auch vorteilhaft, einen Hufverband oder einen Hufschuh anzulegen, damit nicht Teile der Hornkapsel wegbrechen. Sicherheitshalber soll der Tierarzt konsultiert werden. Anschließend sollte so rasch wie möglich der Hufschmied verständigt werden, damit er das Hufeisen wieder aufnageln kann. Dies ist jedoch nur dann möglich, wenn keine Komplikationen entstanden oder zu befürchten sind.

4.10 Verletzungen an den Gliedmaßen infolge besonders starker Gewalteinwirkung (Zug und Druck)

Beim Pferd werden infolge seines beträchtlichen Gewichtes und seiner hohen Bewegungsgeschwindigkeit, denen hauptsächlich die Strukturen der unteren Teile der Gliedmaßen ausgesetzt sind, riesige kinetische Energien freigesetzt. Demzufolge kommt es zu starken Zugbelastungen auf die Sehnen und zu Druckbelastungen auf die äußerst harten, aber auch spröden Knochen, die unter einer riesigen Vorspannung stehen.

Fehltritte oder Hufschläge, besonders mit beschlagenen Hufen, oder ein Aufprall gegen Stoßstangen von Autos, also Schläge auf ungepolsterte, ungeschützte Gliedmaßenteile wie Zehenknochen, Röhrbeine, und nur mit Haut bedeckter Teil von Unterarm und Unterschenkel, können explosionsartige Berstungen der Knochen bewirken, die man in einem großen Umkreis als Knall wie das Mündungsfeuer eines Gewehrschusses wahrnehmen kann. Diese Verletzungen kommen leider sehr häufig vor und wären zu vermeiden, wenn die Pferdebesitzer bedenken würden, dass das Pferd bekanntlich ein Herdentier ist – und für ein geordnetes Zusammenleben in der Herde ist eine gewisse Hierarchie erforderlich. Diese Hierarchie muss sich durch Rangkämpfe etablieren, die in Form von Drohen, Beißen und auch mit Hufschlägen ausgeführt werden. Solche Verletzungen sind bei den in freier Natur lebenden Pferden selten sehr gravierend, weil die Pferde erstens nicht beschlagen sind und zweitens auch genügend Platz zum Ausweichen haben. Außerdem sind Pferdewechsel in diesen Pferdeherden sehr selten. Die Haltung der domestizierten Pferde in unserer Zeit ist mit den natürlichen Bedingungen nicht zu vergleichen.

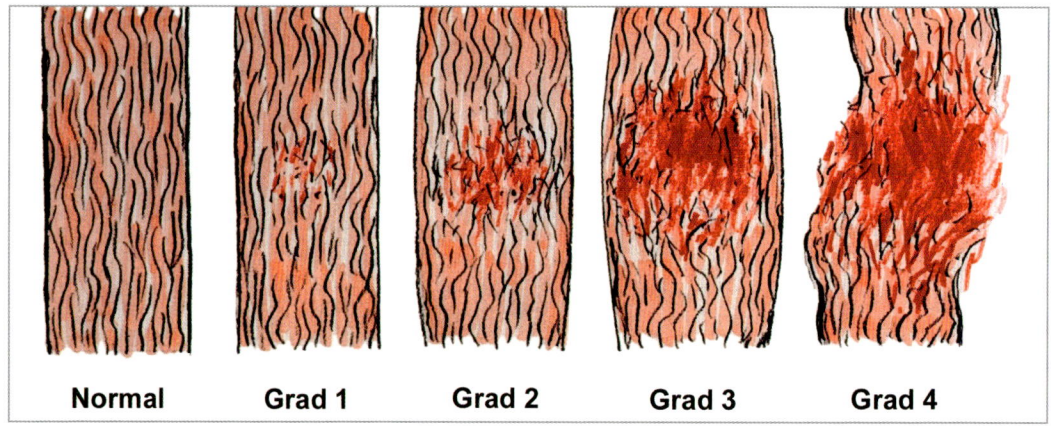

| Normal | Grad 1 | Grad 2 | Grad 3 | Grad 4 |

Schema der verschiedenen Grade von Faserzer-
reißungen in den Sehnen

Zerrungen an Sehnen und Bändern des Stützapparates der Gliedmaße

Bei einer Sehnen- oder Bänderzerrung zerreißt eine unterschiedlich große Anzahl von Sehnenfasern. Je nach Anteil der zerrissenen Fasern variieren die nachfolgenden, reparativen Entzündungen und die damit verbundenen klinischen Symptome von leichtem Druckschmerz mit kaum sichtbarer Bewegungsstörung bis zu hochgradigen Schmerzen mit der Weigerung, die Gliedmaße noch zu belasten.

Diese Zerreißungen können durch eine plötzliche Über- oder Fehlbelastung der betroffenen Gliedmaße entstehen. In den häufigsten Fällen aber führt eine Ermüdung des dazugehörigen Muskels zu einer übermäßigen Belastung der Sehne, wodurch diese Faserrisse hervorgerufen werden.

Die Beugesehnen und die Unterstützungsbänder sind beim Pferd viel häufiger betroffen als die Strecksehnen.

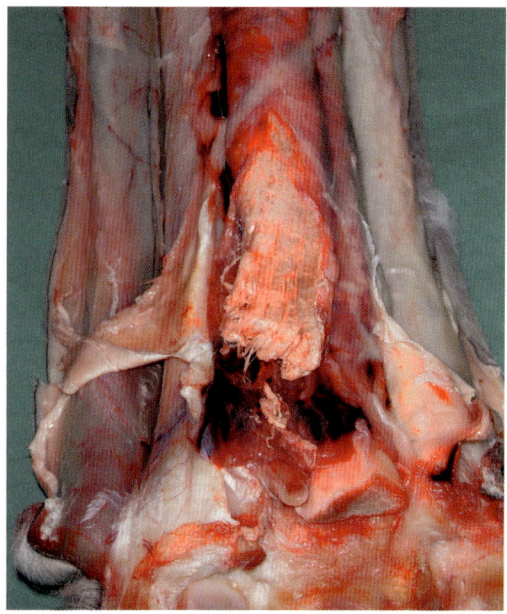

Sektionsbild einer gerissenen Sehne

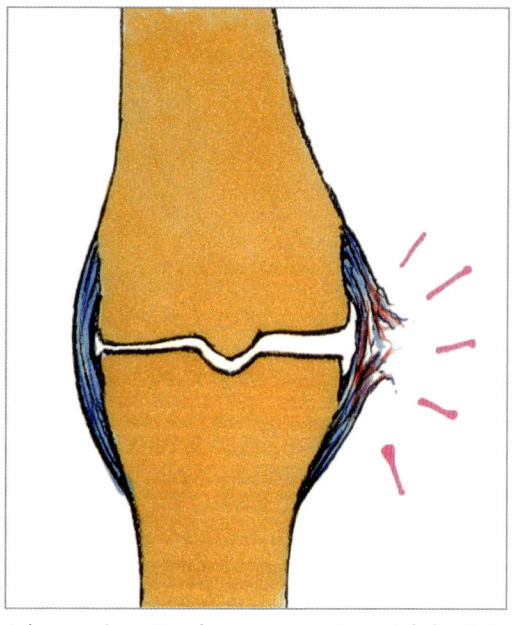

Schema einer Bänderruptur am Beispiel des Seitenbandes des Fesselgelenkes

Als Erste-Hilfe-Maßnahme sollte die entzündete Region stark gekühlt werden. Dazu eignet sich kaltes Wasser aus dem Wasserschlauch recht gut; eine bessere Kühlung kann mit besonderen Kühlelementen, Kühlbandagen oder Kühlgamaschen erreicht werden. Die Kühlung muss bis zum Eintreffen des Tierarztes fortgeführt werden. Das Pferd darf in den ersten Tagen nicht bewegt werden, weil sich dabei die Entzündung verschlimmern könnte. In allen Fällen sollte umgehend der Tierarzt verständigt werden, der durch weitere Untersuchungen wie Ultraschall den Schweregrad beurteilen und über das weitere Vorgehen entscheiden kann.

Verletzungen von Gelenkbändern und Gelenkkapseln

Bei einer massiven Zerrung eines Gelenkbandes und der Gelenkkapsel kommt es ebenfalls zu Zerreißungen der entsprechenden Fasern. Ein Trauma kann so stark sein, dass es zu einem Ausrenken des Gelenkes mit einem vollständigen Einreißen der Gelenkkapsel und Zerreißen der Gelenkbänder kommt. Bei einem totalen Ausrenken spricht man von einer Gelenksluxation. Die betroffene Region des Beines schwillt rasch und stark an und reagiert auf Druck und Drehung sehr schmerzhaft.

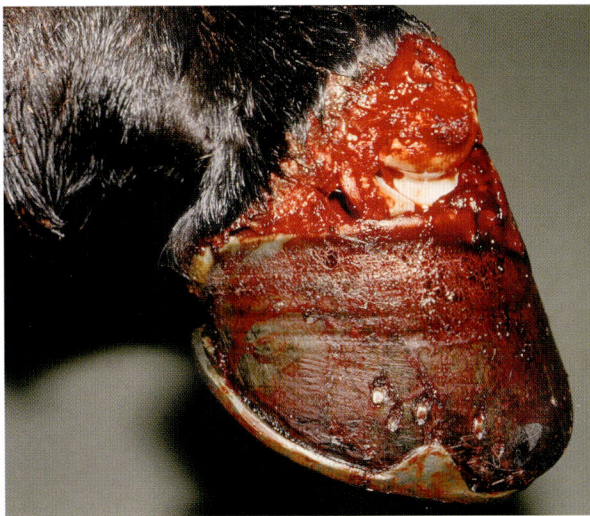

Eröffnung des Hufgelenkes mit Bänderruptur, nachdem das Bein in einer Wasserablaufrinne verkeilt war

Das Pferd sollte nicht mehr bewegt und die betroffene Region des Beines rasch und lange gekühlt werden. Der Tierarzt muss ebenfalls verständigt werden, um das Ausmaß der Verletzung zu beurteilen und die weitere Behandlung einzuleiten. Bei schweren Fällen kann auch eine Operation in einer spezialisierten Pferdeklinik erforderlich sein.

Eine gefürchtete Ursache für das Ausrenken von Zehengelenken ist das Festklemmen in Eisenbahnschienen, Kanalschächten oder Wasserablaufrinnen. Je nach Situation, Charakter des Pferdes, Reitgeschwindigkeit und Pech können unterschiedlich dramatische Verletzungen entstehen – von kleinen Schürfwunden bis hin zum vollständigen Ausrenken mit Bänderrupturen und sogar Frakturen der einzelnen Zehenknochen. Bei solchen sogenannten Schienenverletzungen ist in jedem Fall sofort ein Tierarzt zu rufen.

> ### Wichtiger Hinweis
>
> *Noch nicht sanierte Niveau-Bahnübergänge können für das Pferd sehr gefährlich sein.*
>
>

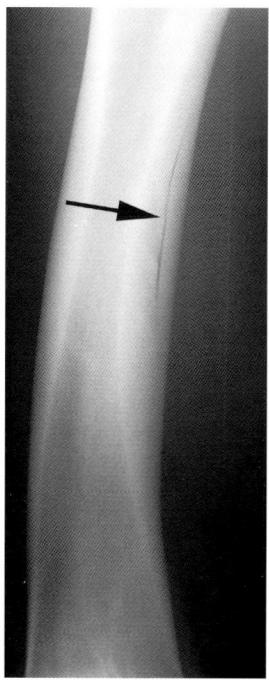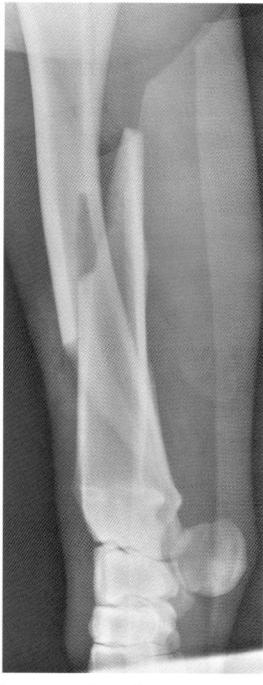

links: Knochenriss im Unterarmknochen
rechts: Knochenbruch des Unterarmknochens

Knochenrisse (Fissuren) und Knochenbrüche (Frakturen)

Die bereits erwähnten starken Traumen können je nach Situation zu unterschiedlichen Verletzungen der Knochen führen.

Beim Knochenriss (Fissur) ist der Knochen »nur« angerissen. Beim Knochenbruch (Fraktur) dagegen ist der Knochen vollständig durchgebrochen, so dass mehrere Knochenteile, mindestens zwei, entstanden sind. In beiden Fällen weisen die Pferde direkt nach dem Ereignis eine mittel- bis hochgradige Lahmheit auf.

Der Knochenriss ist gleich nach dem Ereignis oft schwierig zu diagnostizieren, weil neben der oft nur mittelgradigen Lahmheit wenige weitere Veränderungen am betroffenen Bein zu finden sind.

Beim Vorliegen eines Knochenrisses besteht immer das große Risiko, dass bei der uneinge-schränkten Bewegung des Pferdes ein Knochenbruch entstehen kann, womit sich die Chance, das Pferd erfolgreich behandeln zu können, deutlich verringert. Aus diesem Grund muss mit einem Pferd bei Verdacht auf einen Knochenriss sehr vorsichtig umgegangen werden, bis diese Vermutung ausgeräumt werden kann. Da der schmale Spalt besonders in den ersten Tagen auf den Röntgenbildern nicht erkannt werden kann, sind oft mehrere Röntgenbilder von hoher Qualität mit verschiedenen Aufnahmerichtungen erforderlich.

Bei einem Knochenbruch entstehen häufig sehr spitze Knochenteile, welche die dünne Haut der Pferde leicht durchstechen können. Dadurch entsteht ein sogenannter »offener Bruch«. Die offenen Knochenbrüche der langen Gliedmaßenknochen sind sehr gefürchtet, weil deren Behandlung äußerst schwierig, sehr aufwendig und in manchen Fällen gar nicht mehr möglich ist.

Ein Pferd mit einem gebrochenen Gliedmaßenknochen benötigt eine rasche und korrekte Erste Hilfe, damit nicht die erwähnten zusätzlichen Probleme entstehen, die eine erfolgreiche Behandlung von Anfang an zunichte machen. Für das Pferd ist das gebrochene Bein nicht nur sehr schmerzhaft – die Verletzung versetzt das Tier auch in großen Stress. Daher muss durch gute Betreuung versucht werden, das Pferd zu beruhigen. Außerdem darf das Pferd überhaupt nicht mehr bewegt werden, und man sollte an Ort und Stelle einen stabilisierenden Verband am betroffenen Bein anbringen. Dieser Verband besteht zunächst aus einer guten Wattepolsterung, die dann mit elastischen Binden fixiert wird. Am Ende werden verschiedene Schienungsmaterialien auf den Verband fixiert, wodurch der gebrochene Knochen und die beiden benachbarten Gelenke ruhiggestellt werden. In allen Fällen sollte schnellstmöglich der Tierarzt gerufen werden.

VII. Verbandslehre

Verbände werden schon seit alters her bei Erkrankungen und Verletzungen von Mensch und Tier verwendet. Sie haben unterschiedliche Namen und Bezeichnungen, je nach dem Zweck, zu dem sie angebracht werden, nach dem Ort, an dem sie angelegt werden und nach dem Material, das man verwendet.

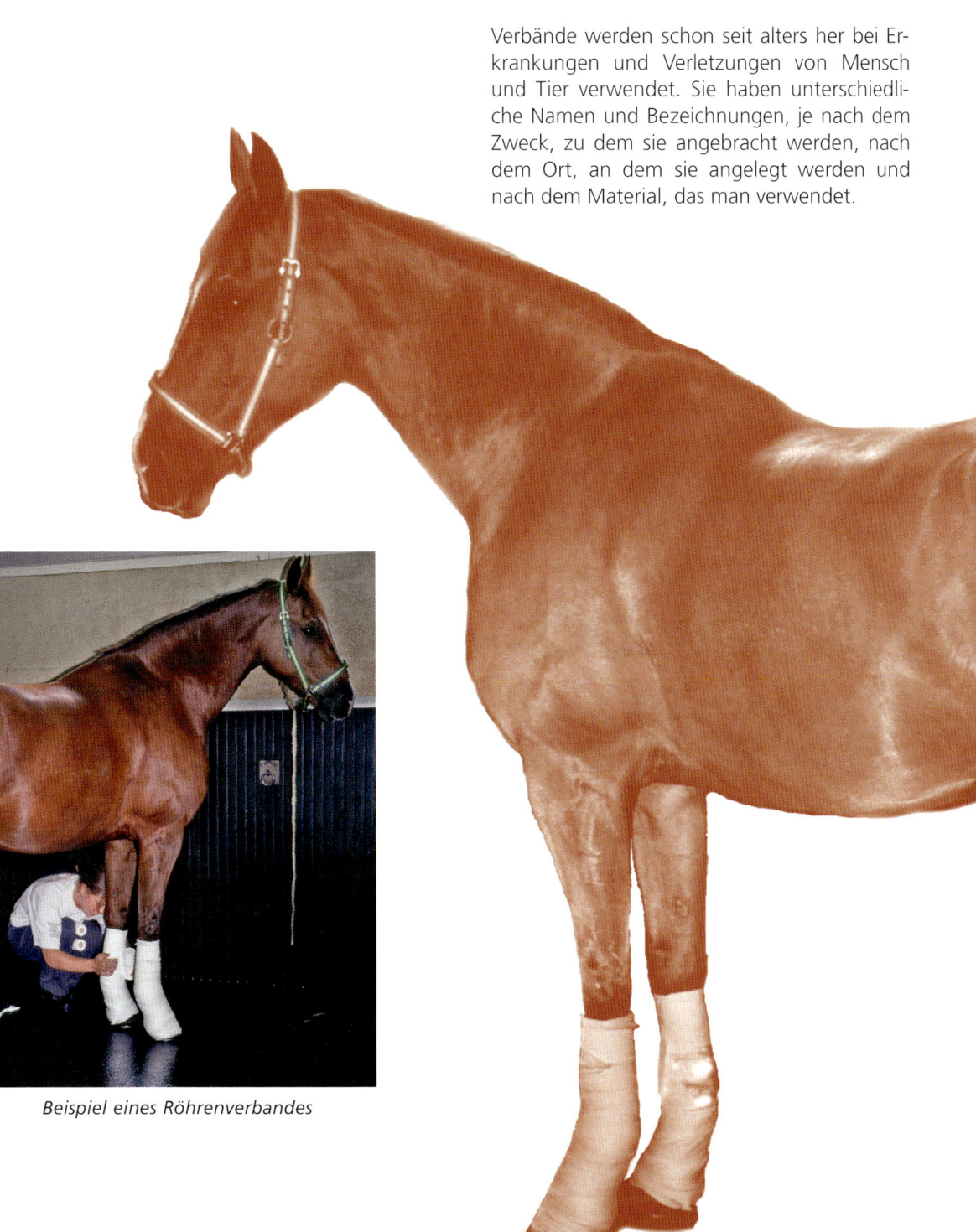

Beispiel eines Röhrenverbandes

Beim Pferd sind sie wegen der Größe und der Kraft des Patienten oft problematisch. Pferde beschädigen Verbände allerdings nur sehr selten durch Benagen und Zerreißen wie Hunde und Katzen. Wenn sie in Ausnahmefällen doch ein solches Verhalten zeigen, so ist dies meist ein Indiz dafür, dass mit der Wundheilung etwas nicht stimmt oder dass der Verband drückt und sofort gelöst und/oder gewechselt werden muss.

Wichtige Tipps für den Wund- oder Deckverband
- Baumwollwatte mit geeignetem Desinfektionsmittel anfeuchten (zum Beispiel jodhaltiges Desinfektionsmittel)
- Keine Seifen und nie Kreolin für den Huf verwenden, da es zu aggressiv für die Haut ist und deshalb in der Fesselbeuge nach Hufverbänden langwierige Mauken entstehen
- Bei akuten Traumen kann der Verband mit eisgekühltem Wasser getränkt werden
- Bei älteren Schwellungen ohne Hautverletzung: Baumwollwatte getränkt mit verdünntem Alkohol, verdünntem Essig oder Burowlösung. Auflegen von Essigsaurer-Tonerde, Lehm oder Kataplasmen.

1. Die verschiedenen Verbände

1.1 Wund- oder Deckverband (feucht oder trocken)

Wund- oder Deckverbände sollten folgende Funktionen erfüllen: Schutz einer Wunde vor äußeren schädigenden Einwirkungen, Vorbeugung und Reduzierung von Schwellungen, Desinfektion des Wundgebietes, Vorbereitung des Operationsfeldes oder Einweichen des harten Hornschuhs vor dem Ausschneiden eines Abszesses. Diese Verbände werden an den Gliedmaßen wie auch am Rumpf angebracht. Wund- und Deckverbände werden folgendermaßen angebracht: Wundabdeckung (sauber), Gazetupfer, Watte (möglichst mit Vlies be-

deckt), nicht elastische (Huf) oder elastische (übrige Körperstellen) Fixierungsbinden in diversen Breiten (10 bis 30 Zentimeter), nicht elastisches Klebeband (Tesaband) und elastische Klebebinden (Tensoplast).

1.2 Schutzverband

Ein Schutzverband kann folgende Funktionen erfüllen: Schutz vor Anschlagen oder vor anderen Verletzungsursachen, etwa beim Reiten im Gelände oder beim Transportieren. Ein Schutzverband dient auch der Polsterung, zum Beispiel als Hufverband bei akuter Hufrehe, oder als Schutz nach Abreißen der Eisen, damit die Hufwände nicht ausbrechen, bis das neue Eisen aufgenagelt wird. Diese werden am Kopf, an den Gliedmaßen und auch selten auch an der Schweifrübe angebracht.
Folgendes Material wird benötigt: Polsterwatte, Bandagekissen, elastische Bandagen, Hufverband, Schnur oder Band, Wollbandagen.

1.3 Druckverband

Druckverbände werden für die Blutstillung angebracht, wenn die Blutung sehr stark ist oder auch nach längerer Zeit nicht stoppt. Blutung aus zuführenden Gefäßen wird durch Druck gestoppt, indem man auf die Wunde selbst ein Bündel Tupfer legt und darüber einen straffen Deckverband anbringt, oder indem man oberhalb der Verletzung eine Gazerolle auf die zuführenden Gefäße drückt.

1.4 Verband zur Ruhigstellung und Stabilisierung

Schienenverbände werden für das Ruhigstellen, Entlasten und Stabilisieren bei schweren Bänder- und Sehnenverletzungen sowie bei Knochenbrüchen an den Gliedmaßen angebracht. Je nach Situation, das heißt je nach Grad der notwendigen Ruhigstellung und Gewicht des Patienten müssen die Verbände unterschiedlich stark gemacht werden. Sehr wichtig ist genügend Polstermaterial. Die Schiene muss immer das Gelenk oberhalb und das Gelenk unterhalb des Bruchs ruhigstellen (immobilisieren) und darf nicht rutschen.

2.   Wichtige Punkte, die bei Verbänden und Schienungen beachtet werden müssen

Jeder Verband und jede Schienung muss mindestens zweimal täglich kontrolliert werden, wobei auf folgendes zu achten ist:

Am angelegten Verband:
- lokal: übler Geruch, nasse Stellen, Verfärbungen
- allgemein: Temperaturerhöhung, Fressunlust, Lahmheit
- Einschnüren: Schwellung oberhalb des Verbandes? Kann man am oberen Ende des gepolsterten Verbandes mit mindestens zwei Fingern hineingreifen (Stauung)?
- Unversehrtheit des Verbandes und der Schiene, Verrutschen, Leck- und Beißspuren
- vermehrtes Entlasten, Unruhe, Scharren, Schlagen

Beim Verbandswechsel:
- Sind außer dem Wundgebiet noch andere Stellen überwärmt, feucht oder schon kalt und hart, was auf eine Druckstelle hinweist?
- Gefährdete Stellen für Druck sind alle Regionen, an denen die Haut direkt, das heißt ohne polsternde Unterhautstrukturen, Schleimbeutel oder Muskulatur auf Knochen oder Sehnen aufliegt. Druckstellen der Häufigkeit nach geordnet: Ballenregion, Kronsaum, Erbsenbein, Fersenbein, Fersensehnenstrang, Gleichbein, Beugesehnen.

> **Wichtiger Hinweis**
>
> Ein Verband oder eine Schiene, die schlecht sitzen, rutschen oder brechen, weil sie schlecht gepolstert, ungenügend befestigt oder zu wenig stabil sind, richten mehr Schaden an als sie helfen!

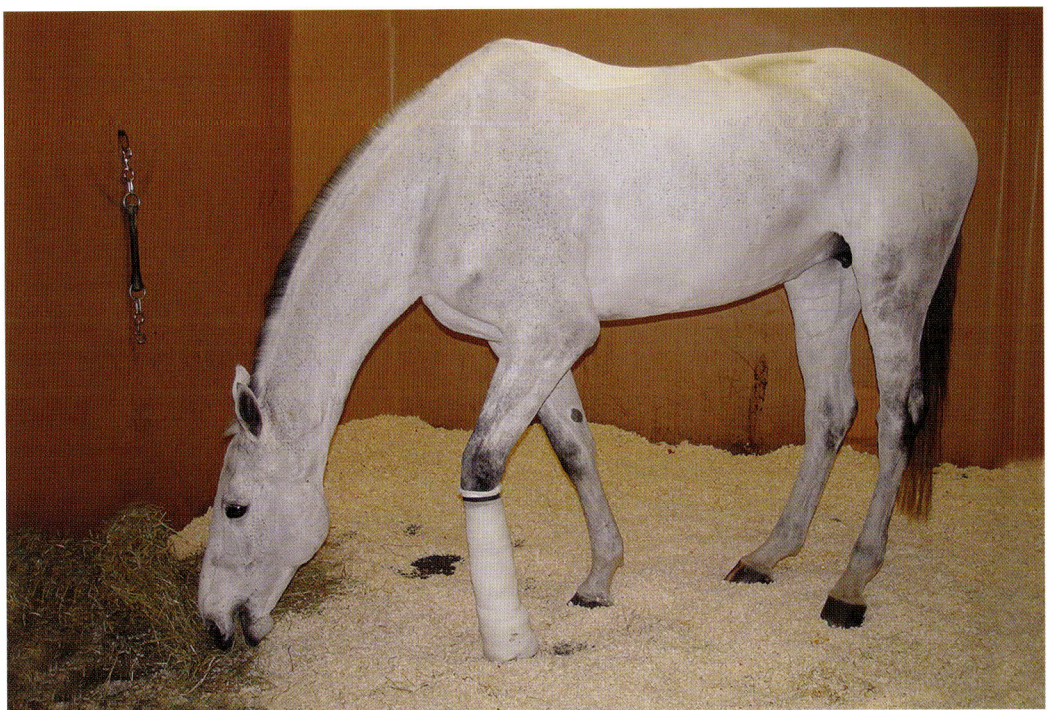

Gute Verbände und Schienen sind wichtig bei schweren Gliedmaßenverletzungen und dürfen das Allgemeinbefinden nicht stören

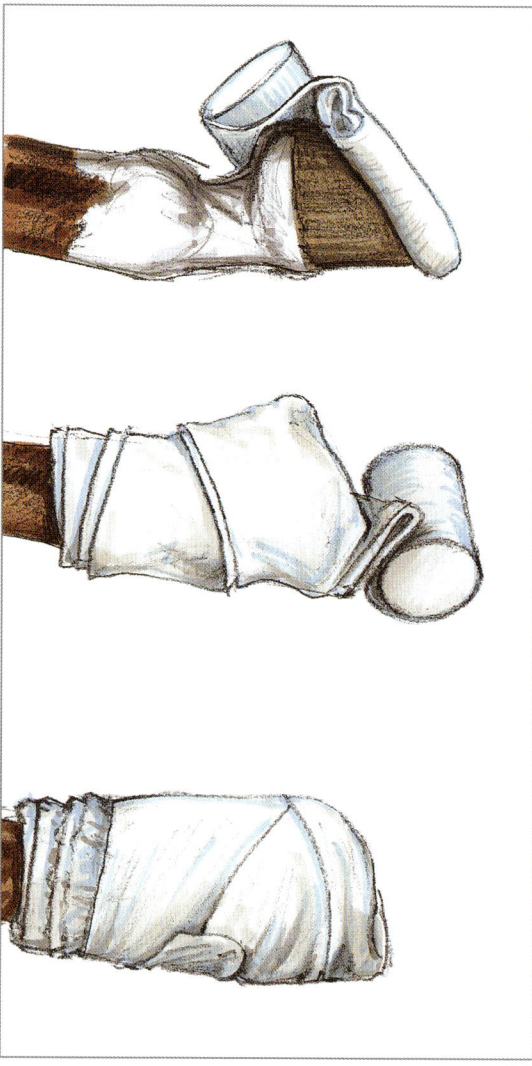

a) Polsterung der Sohle

b) Abrollen der Watte über die Zehen-
spitze und Polsterung des Kronsaumes und
der Ballen bis unterhalb des Fesselgelenkes

c) Entsprechendes Fixieren mit nicht elastischer Gazebinde an der Sohlenfläche

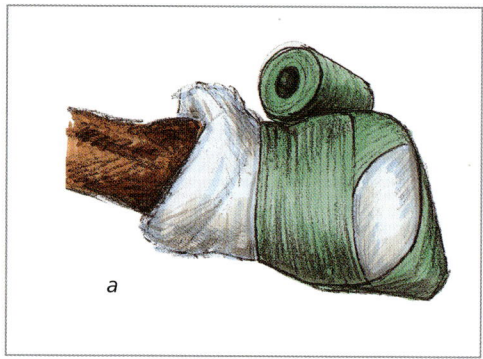

a

Fixieren des Hufverbandes mit elastischer
Klebebinde (a)

Variante des Abschlusses
   Zum Schutz gegen Feuchtigkeit mit
   Tesaband (b)

b

a) Sattes Anlegen des Jutesackes

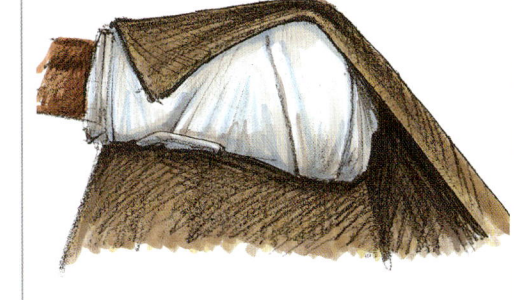

b) Einfalten des überstehenden Jutesackes
wie bei einem Paket

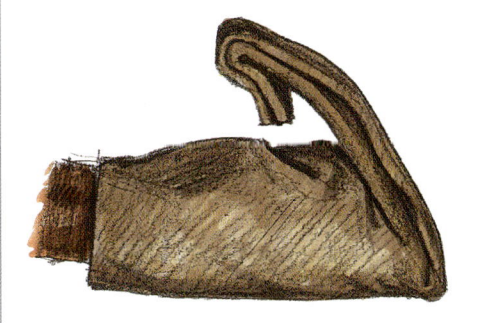

c) Anlegen einer Strohschnur vom Saum bis
zur breitesten Stelle des Hufes und nach Zu-
sammendrehen der Enden Hinaufführen in
die Fesselbeuge, Festbinden über dem Jute-
sackende

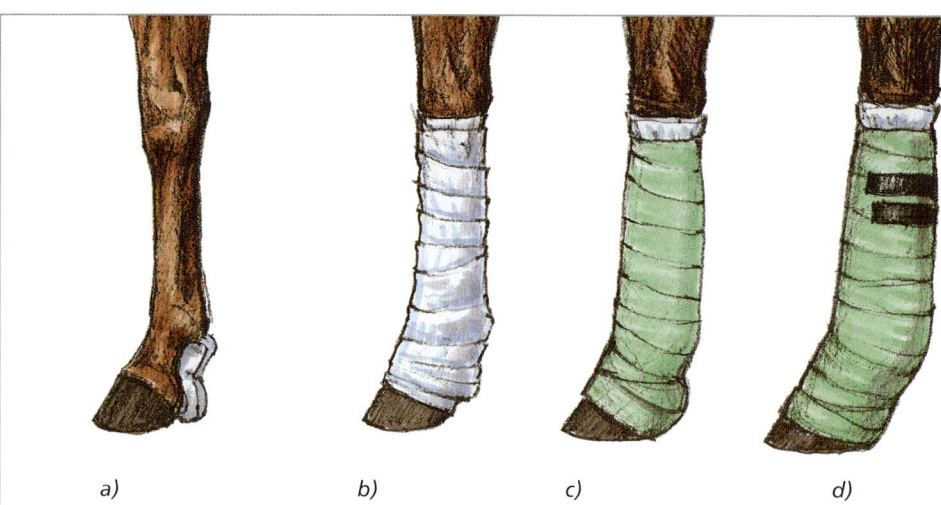

a)   b)   c)   d)

a) Polsterung der Fesselbeuge

b) Wattepolsterung vom Huf bis unter das Vorder-
fußwurzel- beziehungsweise Sprunggelenk,
circa drei bis vier Zentimeter dick, besonderes
Augenmerk auf Kronsaum und Gleichbeinge-
gend sowie Polsterung der Ballen

c) Elastische Binde unter Freilassung eines
Wattebandes von mindestens drei Zentimetern unter dem Vorderfußwurzelbe-
ziehungsweise Sprunggelenk: kein Wat-
terand am Huf

d) Sicherung mit Tesastreifen

Röhrenverband am Vorderbein bis zum Vorderfußwurzelgelenk (am Hinterbein analog bis zum Sprunggelenk)

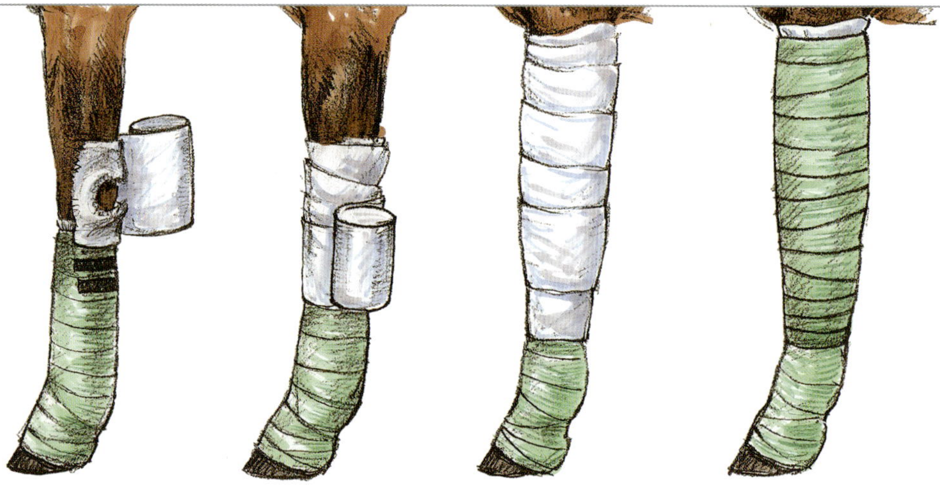

a)   b)   c)   d)

a) Beginn auf dem als Stütze dienenden unteren Verband. Aussparen über dem Erbsenbein beziehungsweise Freilassen eines
Spaltes über dem Fersenhöcker

b) Gut polstern mit Watte oder Schaumgummi über dem Erbsenbein beziehungsweise
dem Fersenhöcker

c) Anbringen der Watte und der Binde
unter Freilassen eines breiten Wattebandes oben

d) Ganzer Verband, fünf bis sechs Zentimeter dick

Hoher Verband bis zum Ellbogen

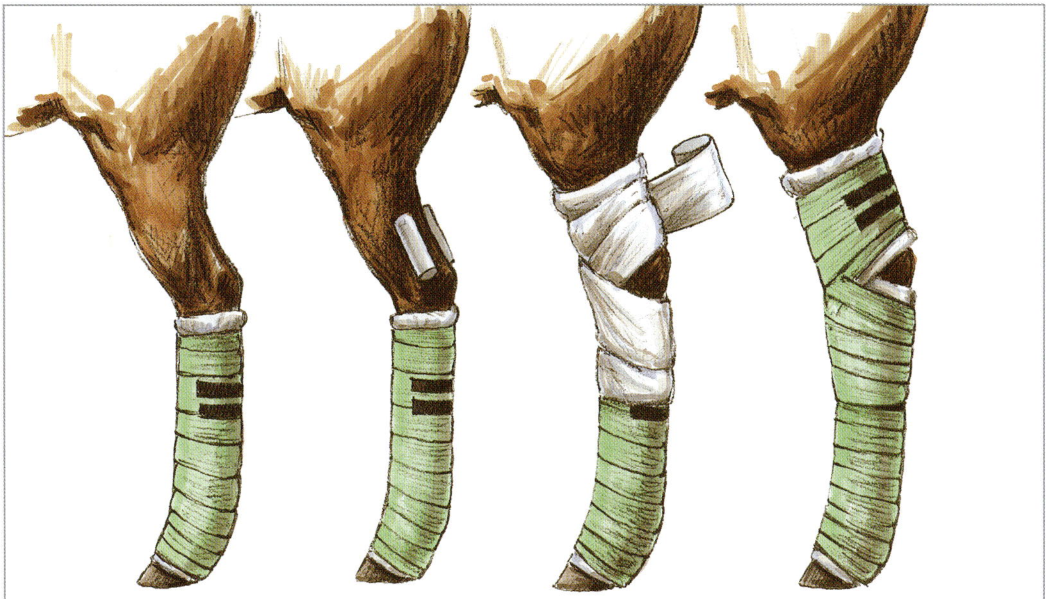

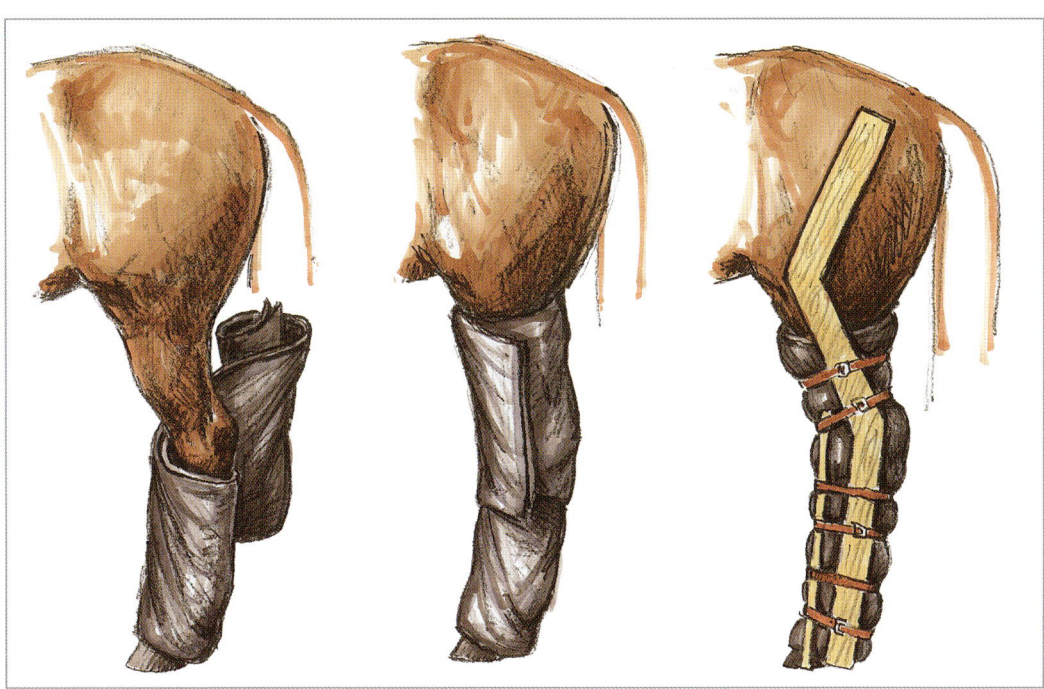

a) b) c)

a) Nach leichter Polsterung mit einem Bandagekissen mit elastischer Bandage auf
Höhe der Röhre beginnen
b) Bis über den Sporn hinunter wickeln

c) Auf Höhe der Röhre beenden, mit Klettverschluss oder angenähtem Bändchen
fixieren.

Hoher Verband am Hinterbein bis zum Sprunggelenk

Immobilisierender hoher Verband am Hinterbein mit improvisiertem Material (Wolldecke, Holzbrett)

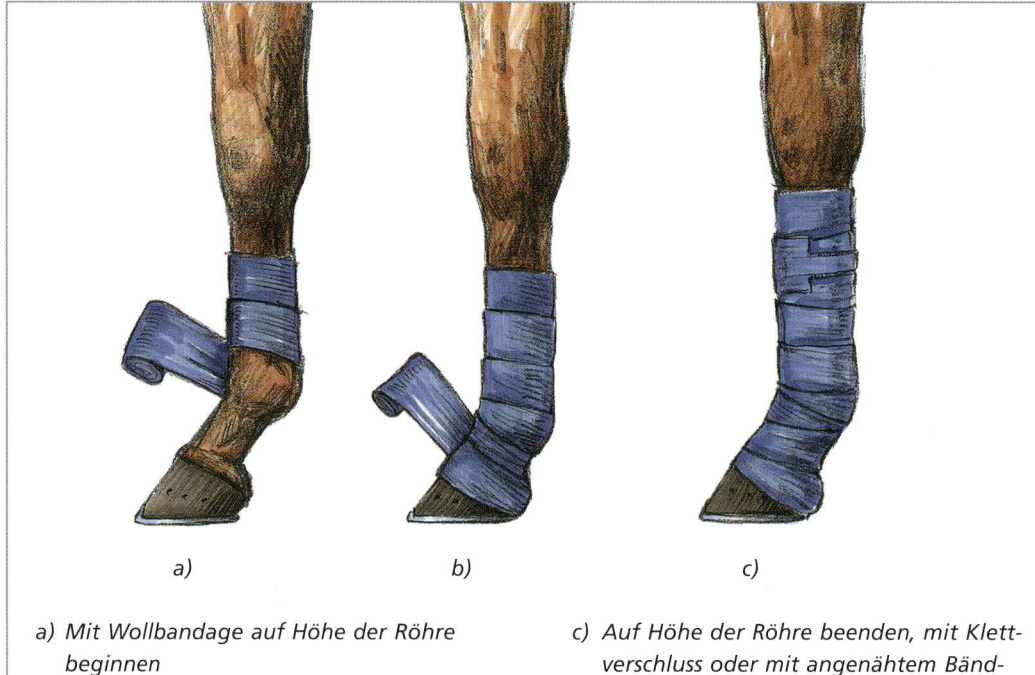

a) Mit Wollbandage auf Höhe der Röhre beginnen

b) Bis auf den Huf hinunter wickeln

c) Auf Höhe der Röhre beenden, mit Klettverschluss oder mit angenähtem Bändchen fixieren und mit Tesaband sichern

Stallbandagen

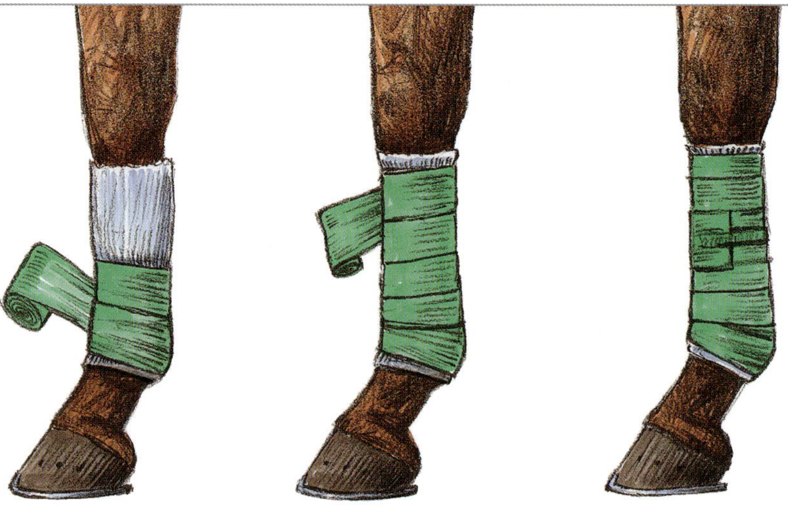

a) Nach leichter Polsterung mit einem Bandagekissen mit elastischer Bandage auf Höhe der Röhre beginnen

b) Bis über den Sporn hinunter wickeln

c) Auf Höhe der Röhre beenden, mit Klettverschluss oder angenähtem Bändchen fixieren und mit Tesaband sichern

Arbeitsbandagen

VIII. Infektionskrankheiten

1. Bakterielle Infektionen

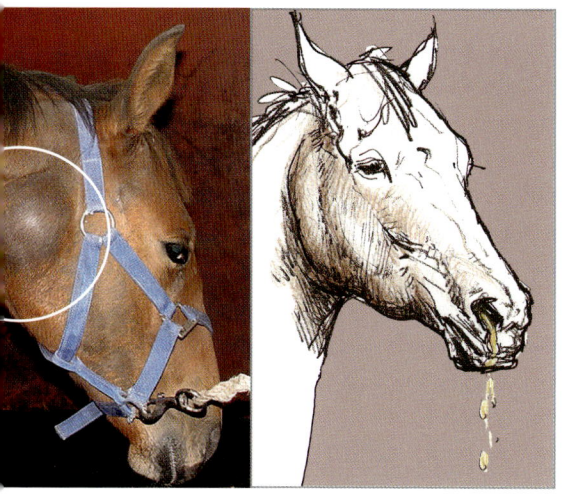

1.1 Druse

Die Druse ist eine typische Infektionskrankheit der Pferde, die durch Streptokokkenbakterien (Streptococcus equi) hervorgerufen wird und immer wieder plötzlich auftritt. Sie ist durch eine eitrige Entzündung der oberen Atemwege und nicht selten durch ein eitriges Einschmelzen (Abszedierung) der Lymphknoten gekennzeichnet.

Die ersten Symptome der Druse sind allgemeine Müdigkeit, reduzierte Futteraufnahme und hohes Fieber bis zu 40° C

Später kommen noch Schluckbeschwerden infolge von geschwollenen und/oder vereiterten Lymphknoten sowie Vereiterungen der daneben liegenden Luftsäcke dazu, häufig mit ein- oder beidseitigem eitrigem Nasenausfluss

Die Krankheit ist höchst ansteckend, so dass es zur Durchseuchung von ganzen Beständen kommen kann. Besonders junge und/oder geschwächte Pferde werden befallen. Die Druse trat früher häufig bei importierten Pferden auf, da diese von der Reise sehr geschwächt waren und in ihren Herkunftsländern keine Immunität gegen die Erreger aufgebaut hatten. Die Druse wurde deshalb oft auch als Akklimatisationskrankheit bezeichnet.

Wenn die Pferde nicht geschont oder noch größeren Belastungen ausgesetzt werden, können die Bakterien den ganzen Körper überschwemmen, wobei sie sich nicht selten in der Bauchhöhle festsetzen. Solche abgekapselten Abszesse können noch nach Jahren zu lebensgefährlichen Koliken führen.

Eine weiterhin besonders gefürchtete Komplikation der Druse ist das Entstehen von Ödemen am ganzen Körper, insbesondere an den Gliedmaßen und am Unterbauch. Diese Folgekrankheit wird als Morbus maculosus (Blutfleckenkrankheit) bezeichnet. Sie ist oft sehr schwierig zu behandeln und führt nicht selten zum Tod des Pferdes.

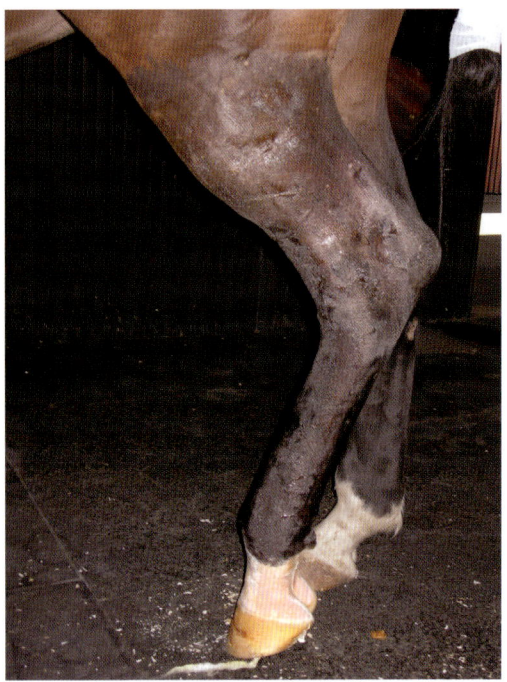

Schmerzhafter und geschwollener Unterschenkel bei Morbus maculosus

✚ Erste-Hilfe-Maßnahmen

Ganz allgemein gilt, dass diese Krankheit eher bei jüngeren Pferden vorkommt, aber bei älteren Pferden gefährlicher ist und häufiger zu Komplikationen führt. Wegen der Ansteckungsgefahr sollte jeder Kontakt zu anderen Pferden vermieden werden. Außerdem muss man daran denken, dass die Infektionserreger auch über die Kleider und das Putzzeug auf andere Pferde übertragen werden können. Aus diesem Grund sollte man sich nach dem Kontakt mit einem Drusepferd komplett umziehen und für jedes Pferd ein eigenes Putzzeug verwenden. Es ist wichtig, dass in Pensions- und Ausbildungsställen die Besitzer der anderen Pferde informiert werden. Jegliches Umstellen der Pferde sowie der Besuch von Wettkämpfen muss wegen der Übertragungsgefahr unterbleiben.

Die Pferde dürfen unter keinen Umständen körperlich belastet werden. Sie sollten in der Box bleiben oder an der frischen Luft etwas geführt und gut gepflegt werden. Wenn sie fieberfrei sind, können sie auch kurz im Schritt geritten werden. Die sportlichen Aktivitäten sollten erst einige Wochen nach der Genesung wieder aufgenommen werden.

Schon beim Verdacht auf Druse in einem Stall muss der Tierarzt umgehend verständigt werden. Er wird versuchen, den Ansteckungsweg zu rekonstruieren, und alles in die Wege leiten, um eine weitere Verbreitung zu unterbinden. Außerdem wird er entsprechende Haltungs- und Fütterungsmaßnahmen verordnen (Mashfütterung, Tränken mit temperiertem Wasser, Eindecken, Einbinden aller vier Gliedmaßen mit feuchten Umschlägen, Zufuhr von frischer Luft zur Staub- und Ammoniakreduktion).

Mit wärmenden Halswickeln kann man die Reifung der Abszesse beschleunigen. In manchen Fällen müssen die Abszesse vom Tierarzt chirurgisch geöffnet werden. Der Einsatz von

✚ *Fortsetzung*

Antibiotika muss gut überlegt werden, weil dadurch die Reifung der Abszesse verzögert und der Heilungsprozess verlängert werden kann.

Wenn die Krankheit auf Fohlenweiden auftritt, entschließt man sich meistens, die Durchseuchung des gesamten Bestandes zuzulassen. Es werden deshalb keine besonderen Absonderungsmaßnahmen ergriffen und/oder keine medikamentösen Behandlungen eingeleitet. Dadurch infizieren sich in der Regel alle Fohlen, was den Vorteil hat, dass sie anschließend eine gewisse Immunität entwickeln. Es kann allerdings nötig sein, stark geschwächte Tiere aus der Herde zu nehmen und mit speziellen Aufbaumedikamenten wie etwa Vitaminen wieder zu stärken.

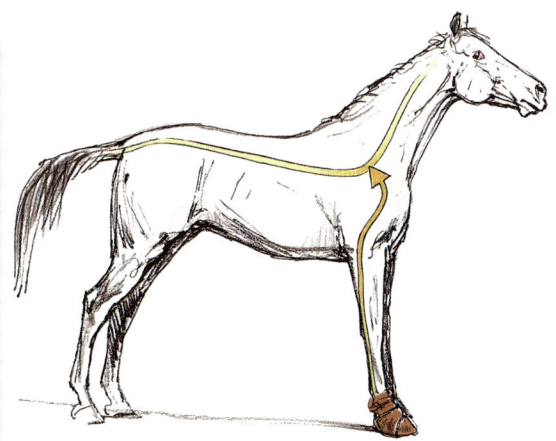

Zeichnung einer Wundinfektion mit Tetanusbakterien und der Ausbreitung der Tetanustoxine entlang von Nervenbahnen der Gliedmaße und im Rückenmark

1.2 Wundstarrkrampf oder Tetanus

Tetanus ist eine äußerst schmerzhafte und dramatische Erkrankung, die durch regelmäßige Impfungen verhindert werden kann und muss. Bei den jährlichen Routine-Stallimpfungen muss man besonders darauf achten, dass zu diesem Zeitpunkt alle Tiere des Bestandes im Stall sind und somit geimpft werden. Auch die Impfung der Zuchtstuten und Fohlen muss gründlich überwacht werden. Bis ungefähr zum sechsten Lebensmonat sind Fohlen von Stuten, die regelmäßig geimpft wurden, durch die Antikörper, die sie mit der Milch aufgenommen haben, gegen Wundstarrkrampf geschützt.

Tetanus ist die Folge einer Wundinfektion mit Tetanusbakterien (Clostridium tetani). Diese Bakterien können Ruhestadien bilden, die sogenannten Sporen, die gegenüber den verschiedensten Umwelteinflüssen sehr widerstandsfähig sind und daher im Boden lange überleben. Deshalb kommen diese Sporen beinahe überall vor. Sie sind nicht nur in der Erde anzutreffen, sondern auch im normalen Pferdedarm.

Aus diesem Grund ist der Pferdekot eine besonders gefährliche Ansteckungsquelle für Tetanusinfektionen. Das erklärt auch die besondere Gefährlichkeit von Verletzungen mit verschmutzten Stallgeräten wie zum Beispiel Mistgabeln.

Schon bei einer sehr kleinen Verletzung wie beispielsweise einem Nageltritt oder einem Gabelstich gelangen solche Sporen in die Wunde und keimen dort unter Luftabschluss (anaerobes Milieu) zu aktiven Bakterien aus. Nun produzieren sie Gifte, die entlang der Nerven ins Rückenmark und ins Gehirn gelangen. Der Hemm-Mechanismus der Nervenübertragung wird blockiert und dadurch kommt es zu Muskelkrämpfen, die in der Regel im Kopfgebiet bei den Augen-, Kiefer-, Zungen und Lippenmuskeln beginnen und auf den ganzen Körper übergreifen.

Infolge einer Überreizung der Sinnesnerven zeigen erkrankte Pferde zu Beginn eine hochgradige Licht- und Lärmempfindlichkeit, die wiederum zu besonderer Schreckhaftigkeit führt. Dann folgt der Verlust der normalen Reflexe, zum Beispiel der Ausfall des Schluckreflexes. Dadurch gelangen Nahrungsmittel und

Flüssigkeiten in die Lunge statt in den Magen, was zu einer schweren Lungenentzündung führen kann.

Zu den ersten Symptomen der Erkrankung zählt das ruckartige Hochreißen des Kopfes auf den kleinsten Reiz hin, wobei beidseitig die dritten Augenlider, die sogenannten Nickhäute, vorfallen und sich krampfartig über den Augen auf und ab bewegen. Die Ohren sind steif und nach oben gerichtet und aus dem Maul fließt zähflüssiger Speichel.

Die Maulspalte kann auch bei größter Kraftaufwendung nicht mehr geöffnet werden, das Pferd hat eine sogenannte Kiefersperre und kann deshalb weder Futter noch Wasser aufnehmen. Es beginnt zu schwitzen und kurz zu atmen. Solange das Pferd noch gehen kann, zeigt es einen steifen und gespannten Gang. Später steht es dann nur noch wie ein Sägebock da, die Vorderbeine nach vorn und die Hinterbeine nach hinten gestreckt. Nicht selten fällt das Pferd im weiteren Verlauf der Erkrankung um, kann sich dann nicht mehr erheben und muss meistens erlöst werden.

✚ Erste-Hilfe-Maßnahmen und Vorbeugung

Das Pferd muss so ruhig wie möglich gehalten und jede Aufregung durch Geräusche oder Berührung vermieden werden. Die Box sollte abgedunkelt und vom Lärm der Umgebung abgeschirmt werden.

Die Behandlung von Tetanus ist sehr schwierig und auch sehr aufwendig. In der Regel kann dem Patienten nur in einer Pferdeklinik geholfen werden. Der Transport sollte allerdings schon beim Auftreten der ersten Symptome durchgeführt werden, da er sonst lebensgefährlich sein kann. Nur bei frühzeitiger Behandlung dieser dramatischen Krankheit besteht überhaupt eine Chance auf eine Heilung.

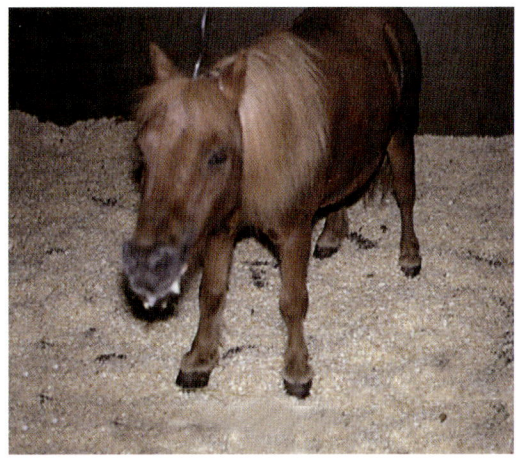

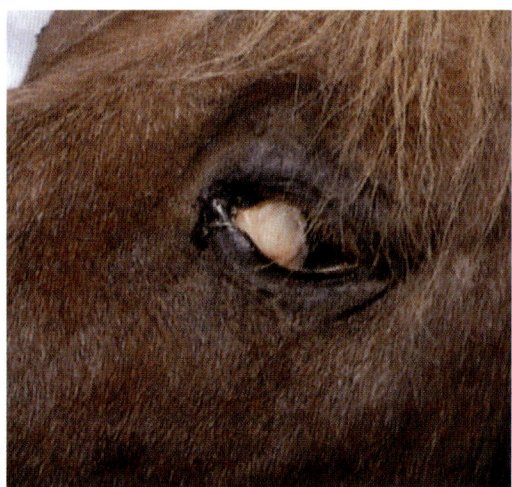

An Tetanus erkranktes Pferd mit einigen typischen Symptomen: Vorfallen der Nickhaut, offene Nüstern, starre Gesichtsmuskulatur, Kiefersperre, nach vorn gestreckter Hals und auffallend ängstlicher Blick

Die wichtigste Vorbeugemaßnahme ist das frühzeitiges und regelmäßiges Impfen der Pferde sowie die richtige Behandlung von Wunden. Bei jeder tetanusgefährdeten Wunde, besonders bei kleinen, tiefen stichförmigen Wunden im Gliedmaßenbereich, sollte ein Tierarzt zu Rate gezogen werden. Je nach Impfzustand des Pferdes wird er eine aktive Nachimpfung (Boosterimpfung, Impfung mit abgeschwächtem Erreger), eine passive Impfung (Injektion von Antikörpern) oder eine sogenannte Simultanimpfung, eine Kombination von beiden Impfarten, durchführen.

Abschließend möchten wir noch einmal darauf hinweisen, dass die regelmäßige Nachimpfung und die richtige Behandlung von Wunden über Leben oder Tod entscheiden können. Ist man sich über die Gefährlichkeit einer Wunde im unklaren, so sollte man unbedingt einen Tierarzt zur Beurteilung und nötigenfalls zur Behandlung hinzuziehen.

1.3 Borreliose

Die Borreliose ist eine Krankheit, die in den letzten Jahrzehnten bei den Menschen sehr bedeutend wurde, weil diese häufig durch Zecken übertragen wird und manchmal auch zu schweren Infektionen mit Gelenkserkrankungen führen kann. Sie wird ausgelöst durch Borrelia burgdorferi, die beim Saugakt der Zecken (Ixodes ricinus) übertragen werden. Beim Pferd hingegen ist die Borreliose eine äußerst seltene Krankheit. In der Regel führt eine Infektion mit B. burgdoferi zu keinen Symptomen, so dass nur die Antikörper auf eine durchgemachte inapparente Infektion hinweisen. Trotzdem wird diese Krankheit häufig fälschlicherweise diagnostiziert, weil viele Besitzer die Laborresultate falsch deuten.

+ Erste-Hilfe-Maßnahmen und Vorbeugung
Die Infektion spricht sehr gut auf eine Behandlung mit verschiedenen Antibiotika an, wobei in den seltensten Fällen eine Behandlung erforderlich ist. Ebenso wenig ist eine Impfung sinnvoll.

1.4 Salmonellose

Die Salmonellose ist eine gefürchtete Krankheit bei allen Tierarten. Eine Infektion mit verschiedenen Salmonellen Keimen (S. typhimurium) können zu schweren Durchfällen mit einem erheblichen Flüssigkeitsverlust sowie hohen Fieber führen.

+ Erste-Hilfe-Maßnahmen und Vorbeugung
Eine Infektion mit Salmonellen muss rasch mit Antibiotika behandelt werden und es sind strenge Hygienemaßnahmen erforderlich, damit die Krankheit sich nicht weiter ausbreiten kann.

1.5 Botulismus

Diese Krankheit hat in den letzten Jahren in mehreren Ställen zu schweren Infektionen geführt. Der Erreger, Clostridium botulinum, kann sich unter bestimmten Umständen vermehren und dann ein äußerst potentes Toxin produzieren. Wird dieses vom Pferd aufgenommen, werden die Muskeln gelähmt, so dass das Pferd nicht mehr fressen und auch nicht mehr stehen oder laufen kann. Es kann auch die Atmungsmuskulatur betroffen sein, so dass die Pferde nicht mehr atmen können.

+ Erste-Hilfe-Maßnahmen und Vorbeugung
Betroffene Pferde müssen rasch intensiv behandelt werden, damit die Pferde gerettet werden. Seit einiger Zeit gibt es auch Impfstoffe, mit denen die Pferde geschützt werden können.

1.6 CEM

Die Contagiöse Equine Metritis stellt eine Infektion der Gebärmutter dar, welche von Taylorella equigenitalis verursacht wird. Diese Infektion ist gefürchtet, weil sie zu einer schlechten Fruchtbarkeit wie auch zu einem Abort führen kann. Weiter ist diese Krankheit sehr ansteckend und kann auch von den Hengsten zwischen den Stuten übertragen werden.

✚ Erste-Hilfe-Maßnahmen und Vorbeugung

Die Infektion spricht sehr gut auf eine Behandlung mit verschiedenen Antibiotika an. Um eine Übertragung auf Stuten oder Hengste zu verhindern, müssen alle Zuchtstuten und -hengste regelmäßig darauf untersucht werden. Dies wird anhand von Tupferproben, die von den Geschlechtsorganen genommen werden, untersucht.

1.7 Rhodococcusinfektion

Fohlen können an schweren Lungenentzündungen erkranken, die häufig durch die Rhodococcus equi Bakterien verursacht werden. Die Behandlung ist äußerst schwierig, weil diese Keime Abszesse bilden, die schlecht auf die Behandlung ansprechen.

✚ Erste-Hilfe-Maßnahmen und Vorbeugung

Eine rasche Behandlung mit Antibiotika ist äußerst wichtig und es müssen Hygienemaßnahmen ergriffen werden, damit sich die Krankheit nicht auf andere Fohlen ausbreitet.

Stark hustendes Pferd

1.8 Ehrlichiose

Die Ehrlichiose führt zu hohem Fieber, Gliedmaßenödemen, Fressunlust und Abgeschlagenheit und wird durch Ehrlichia equi ausgelöst. Diese Keime werden auch durch Zecken übertragen und die Diagnose kann anhand einer Blutuntersuchung sicher gestellt werden.

✚ Erste-Hilfe-Maßnahmen und Vorbeugung

Die Krankheit kann erfolgreich mit bestimmten Antibiotika behandelt werden.

2. Virusinfektionen

2.1 Pferdegrippe oder Influenza (Skalma)

Bei der Pferdegrippe handelt es sich um eine hochansteckende Atemwegserkrankung. Als Erreger konnten verschiedene Influenzaviren (Prag, Miami, Newmarket, Kentucky) isoliert werden.

Die Symptome sind recht typisch und erlauben in der Regel eine rasche Diagnose der Erkrankung. Der Allgemeinzustand der Pferde ist deutlich verschlechtert, die Körpertemperatur bis 40° C erhöht, und die Pferde werden von einem starken, am Anfang trockenen und später dann feuchten Husten befallen.

Die Krankheit ist so ansteckend, weil über den Husten viele Viren in die Luft gelangen und sich dort verbreiten (Tröpfcheninfektion).

Durch eine regelmäßige Impfung kann diese schwere Krankheit gemildert oder auch ganz verhindert werden.

An den offiziellen nationalen und internationalen Pferdesportveranstaltungen dürfen nur Pferde teilnehmen, die gegen Influenza geimpft sind. Die Impfung besteht aus zwei bis drei Grundimmunisierungs-Spritzen, dann muss je nach Reglement im Abstand von sechs bis zwölf Monaten nachgeimpft werden. Es gibt heute viele verschiedene Impfstoffe, deren Wirksamkeit verbessert wurde, während die Nebenwirkungen wie Fieber und Abgeschlagenheit reduziert werden konnten.

2.2 Pferdestaupe (EVA = Equine Virus-Arteritis)

Diese Krankheit ist über die ganze Welt verbreitet, wobei die Pferdestaupe hierzulande häufig mild verläuft. Die Körpertemperatur befallener Pferde kann erhöht, die Fresslust reduziert und das Verhalten sehr ruhig sein. Es können Wasseransammlungen (Ödeme) in verschiedenen Körperregionen sowie Augenveränderungen auftreten. In Einzelfällen stellt sich auch eine leichte Kolik ein, und in Zuchtbeständen kann diese Krankheit zum seuchenhaften Verwerfen (Abort) der Stuten führen.

Die Pferdestaupe kann über die Luft, über das Wasser, das Futter und über Kleidungsstücke übertragen werden. Außerdem ist eine Übertragung mit dem Sperma beim Deckakt möglich. Aus diesem Grund werden besonders Hengste beim Grenzübertritt streng kontrolliert. Das Blut von Hengsten muss an ein spezialisiertes Labor geschickt werden, um herauszufinden, ob die Tiere mit diesem Virus infiziert sind.

Sobald die Diagnose aufgrund der Blutuntersuchung bestätigt wurde, müssen die Pferde von den anderen Pferden getrennt werden, um eine weitere Ausbreitung dieser Krankheit zu verhindern. Die betroffenen Pferde sollen mit Elektrolyten, Vitaminen und anderen unterstützenden Medikamenten behandelt werden.

2.3 Infektiöse Blutarmut (EIA = Equine infektiöse Anämie)

Diese Krankheit war im zweiten Weltkrieg und in der Nachkriegszeit in Europa weit verbreitet. Durch strenge seuchenpolizeiliche Maßnahmen konnte sie in den mitteleuropäischen Ländern zum Verschwinden gebracht werden, wobei in den letzten Jahren wiederholt Ausbrüche in verschiedenen Ländern, z. B. in Italien, Deutschland und Irland beobachtet wurden.

Es gibt verschiedene Verlaufsformen der infektiösen Blutarmut. Die Pferde können innerhalb von wenigen Stunden sterben oder über mehrere Monate krank sein. Hohes Fieber, weiße Schleimhäute, allgemeine Müdigkeit und Leistungsminderungen zählen zu den Symptomen.

Um das erneute Ausbrechen dieser Erkrankung zu verhindern, können die Pferde beim Grenzübertritt kontrolliert werden. Dazu muss das Blut bereits einige Tage vor dem Überqueren der Landesgrenze in einem Labor untersucht werden; der Test wird als Coggins-Test bezeichnet.

2.4 Equine Herpesviren (EHV 1–5)

Beim Pferd kommen fünf verschiedene Herpesviren vor, die unterschiedliche Krankheiten auslösen.

Das Equine Herpesvirus 1 verursacht Erkrankungen des Atmungsapparates und des Nervensystems. Außerdem ist dieses Virus für das seuchenhafte Verwerfen in Zuchtbeständen, den Virusabort, verantwortlich. In der Regel erfolgen diese Aborte erst nach dem fünften Trächtigkeitsmonat. In den meisten Zuchtbeständen werden die Pferde heute regelmäßig gegen dieses Virus geimpft. Allerdings erreicht man dadurch eine im Vergleich zum Tetanusimpfstoff viel geringere Immunität, so dass die Pferde mindestens zweimal im Jahr geimpft werden müssen.

Die Herpesviren 2 und 3 verursachen seltener Probleme, während das Equine Herpesvirus 4 besonders junge Pferde häufig befällt. Betroffen sind vor allem die Atmungsorgane, was zu Entzündungen der Atemwege mit Husten, Nasenausfluss und anderen Symptomen führt.

Vor einigen Jahren konnte ein fünftes Herpesvirus, das sogenannte Equine Herpesvirus 5, isoliert werden.

2.5 Afrikanische Pferdepest

Die Afrikanische Pferdepest kommt, wie der Name schon sagt, vor allem in den afrikanischen Ländern vor. Durch Pferdetransporte kam es zu wiederholten Ausbrüchen auf der Iberischen Halbinsel, und nur durch strenge seuchenpolizeiliche Maßnahmen konnte eine weitere Ausbreitung verhindert werden. Das Virus wird durch stechende Insekten übertragen. Die Erkrankung hat einen sehr schnellen

Verlauf und führt in den meisten Fällen zum Tod des Pferdes. In den verseuchten Ländern müssen die Pferde vorbeugend geimpft werden.

2.6 West Nile Virus

Diese Viruserkrankung wird durch Mücken übertragen und kommt beim Menschen und verschiedenen Tieren wie Vögeln und Pferden vor. Erkrankte Pferde zeigen eine Fressunlust, Abgeschlagenheit und eine Ataxie (Bewegungsstörung). Diese Krankheit wurde zuerst nur in den afrikanischen Ländern diagnostiziert, doch hat sie sich heute auf den amerikanischen wie auch europäischen Kontinent ausgedehnt.

2.7 Allgemeines zu den Virusinfektionen

Die infektiöse Blutarmut legte in der Vergangenheit ganze Armeen lahm, Ausbrüche von Pferdegrippe und Pferdestaupe führten zur Absage großer Pferdesportereignisse, und infolge des Virusaborts wurden große Zuchtbetriebe unter Quarantäne gestellt. Durch diese Maßnahmen versuchte man die speziellen Übertragungsmechanismen in den Griff zu bekommen: Pferdegrippe und Pferdestaupe werden durch Tröpfcheninfektion, Herpes vor allem durch Kontakt mit Eihüllen und Teilen von ausgestoßenen Föten übertragen. Bei der infektiösen Blutarmut sorgen dagegen vor allem Stechmücken für die Verbreitung, so dass die Krankheit hauptsächlich dort vorkommt, wo diese Insekten heimisch sind.
Besonders aggressiv hält sich die Pferdegrippe – insbesondere deshalb, weil sich die Erreger immer wieder abwandeln und damit die durchgeführten Impfungen keinen dauerhaften Schutz bieten. Während es nach den Seuchenzügen in den 70er Jahren um die Pferdestaupe eher ruhig geworden ist, ist die Pferdegrippe immer noch ein höchst aktuelles Thema, und sie kann nur durch weltweite, rigorose Impfbestimmungen einigermaßen eingedämmt werden.

Mit der Pferdestaupe und der infektiösen Anämie hat heutzutage nur noch derjenige zu tun, der Pferde transportiert. Beim Transport eines Hengstes über die Grenze muss man nämlich bei den meisten Ländern nachweisen, dass das Tier frei von Pferdestaupe ist. Dafür benötigt man das entsprechende negative Resultat einer Blutserumuntersuchung. Dies deshalb, weil das Virus beim Hengst über längere Zeit, sogar über Jahre, in den Geschlechtswegen verbleiben kann und damit ganze Zuchtbestände infiziert werden könnten. Dieser Test kann nur in Speziallabors durchgeführt werden, und es dauert einige Tage, bis man das Resultat erhält.

Um nachzuweisen, dass ein Pferd frei von infektiöser Anämie ist, muss man einen sogenannten Cogginstest machen lassen. Das Resultat kann man innerhalb von zwei Tagen erhalten. Für die Pferdegrippe können auch Bestimmungen von Antikörpertitern verlangt werden. Es sind die pferdesportlichen Vereine und Verbände wie die FEI, welche die Impfung der Pferde überwachen und die nötigen Bestimmungen vorschreiben.

Die drei Viruserkrankungen infektiöse Anämie, Pferdegrippe und Pferdestaupe gehen zu Beginn häufig mit ähnlichen Symptomen einher: Im Anfangsstadium ist hohes Fieber oft weit über 40° C typisch. Pferdegrippe und Pferdestaupe befallen den Atmungsapparat, wogegen die infektiöse Anämie, wie der Name sagt, primär die roten Blutkörperchen und die kleinen Blutgefäße schädigt. Wegen der starken Affinität zum Atmungsapparat und vor allem wegen des anfänglich starken Hustens werden wir im Abschnitt über akuten Husten noch näher auf die Pferdegrippe eingehen.

✚ **Erste-Hilfe-Maßnahmen**
Da alle diese Viruserkrankungen mit hohem Fieber beginnen und ein Unterscheiden der Erreger für den Laien nicht möglich ist, gelten für alle die gleichen Erste-Hilfe-Maßnahmen. Jede Belastung der Pferde muss sofort eingestellt werden, die Patienten müssen eingedeckt und die Gliedmaßen mit Wollbandagen bandagiert werden. Man gibt den erkrankten Pferden leicht verdauliches, vitaminreiches und proteinarmes Futter und temperiertes Wasser. Man sollte im Stall keine Pferde umstellen und vor allem keine neuen Pferde mehr einstellen. Außerdem ist es wichtig, auf ein gutes, das heißt staub- und ammoniakfreies Stallklima zu achten. Selbstverständlich muss beim Verdacht auf eine dieser Viruserkrankungen schnellstens der Tierarzt gerufen werden.

2.8 Tollwut oder Lyssa

Die Tollwut ist eine Erkrankung des Nervensystems, die durch das Lyssa-Virus verursacht wird. Alle warmblütigen Tiere und auch der Mensch können von dieser meist tödlich verlaufenden Infektion befallen werden.

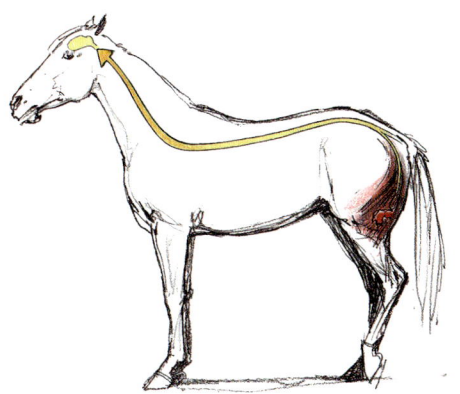

Zeichnung des Weges des Tollwutvirus von der Bissstelle entlang des Rückenmarks zum Hirn

Seit die Tollwut bei Füchsen intensiv mit Impfködern bekämpft wurde, ist diese schwere Erkrankung bei Tier und Mensch in den meisten westeuropäischen Ländern stark eingedämmt worden.

Die Übertragung erfolgt in der Regel durch den Biss eines an Tollwut erkrankten Tieres. In Europa sind es meistens Füchse, in den USA und Australien oft auch Fledermäuse. Dabei wird das Virus über den Speichel in die Wunde des gebissenen Tieres oder Menschen gebracht. Von der Wunde aus gelangt das Virus ins Gehirn, wo die verschiedenen Veränderungen ausgelöst werden, die schließlich zum Tod des Patienten führen.

Die Symptome sind beim Menschen und den verschiedenen Haustierarten sehr vielfältig und unterschiedlich. Typisch ist zu Beginn ein verändertes Verhalten mit einer auffallenden Schreckhaftigkeit, die später zunehmend einer Abgestumpftheit bis hin zur Schläfrigkeit weicht. Auffallend ist in der ersten Phase auch ein starker Juckreiz an der Bissstelle. Da die Reflexe nicht mehr funktionieren, können die befallenen Tiere auch stark speicheln (Verwechslungsgefahr mit Tetanus!). Weitere Symptome sind ein schwankender Gang sowie das Umfallen und Festliegen. Daneben wurden bei Tollwuterkrankungen noch viele andere typische und atypische Symptome beobachtet, zum Beispiel ein durch die Lähmung des Kehlkopfes bedingtes, heiseres Wiehern und starke Schluckbeschwerden. Sehr auffällig ist die Verweigerung des Futters und vor allem die Ablehnung und Angst vor Wasser. In Tollwutgebieten sollte man bei Weidepferden, die Bisswunden an Beinen, Lippen oder Nüstern haben, unbedingt den Verdacht auf Verletzungen durch einen tollwütigen Fuchs haben.

✚ **Erste-Hilfe-Maßnahmen**
Schon beim geringsten Verdacht muss man jeden weiteren Kontakt mit dem Pferd vermeiden und so rasch wie möglich den Tierarzt verständigen.
Auch diese schwere Erkrankung kann durch regelmäßige Impfungen verhindert werden. In gefährdeten Gebieten, in denen die Tollwut noch nicht vollständig ausgerottet werden konnte, sollte die Impfung bei Weidetieren unbedingt durchgeführt werden.

2.9 Borna

Diese Erkrankung kommt nur in einzelnen Regionen in Deutschland, Österreich und in der Schweiz vor. Betroffene Gebiete in der Schweiz sind Regionen in Graubünden. Es handelt sich dabei um eine Infektion mit einem RNA Virus, das bestimmte Hirnregionen befällt und zu nervösen Störungen führt. Aufgrund von neueren Untersuchungen scheinen bestimmte Mäuse bei der Übertragung eine wichtige Rolle zu spielen. Diese Krankheit kann nicht behandelt werden, so dass die betroffenen Pferde in der Regel daran sterben.

3. Protozoen-infektionen

(Protozoen sind Einzeller)

Babesiose oder Piroplasmose
Die Piroplasmose oder Babesiose wurde im Zusammenhang mit den Olympischen Spielen in Atlanta (1996) berühmt. Durch strenge seuchenpolizeiliche Bestimmungen wollte man eine Einschleppung und Übertragung dieser Krankheit verhindern. Sie wird durch zwei verschiedene Erreger (Theileria equi und Babesia caballi) ausgelöst und kommt regional unterschiedlich gehäuft vor. Weil die Erreger durch Zecken übertragen werden, tritt die Krankheit nur in Gebieten auf, in denen auch eine entsprechende Zeckenpopulation vorhanden ist, zum Beispiel in Frankreich.

Die Erreger befallen und zerstören die roten Blutkörperchen, was zu Fieber, Blutarmut, »Gelbsucht« und weiteren Symptomen wie Abgeschlagenheit und reduzierter Fresslust führt. Die Diagnose kann anhand einer Blutuntersuchung sicher gestellt werden. Zur Behandlung muss man in jedem Fall einen Tierarzt zu Rate ziehen.

Babesioseerreger in den roten Blutkörperchen eines erkrankten Pferdes

4. Impfschema

Bitte beachten Sie, dass die Häufigkeit und auch die Abstände zwischen den verschiedenen Impfungen unter anderem vom Impfstoff abhängig sind.

- **Wundstarrkrampf: sehr wichtig**
  Mit den regelmäßigen Impfungen wird ein wirkungsvoller Schutz erreicht.
  Grundimmunisierung:
  1. Impfung im Alter von drei bis sechs Monaten
  2. Impfung: 21 bis 92 Tage nach der ersten Impfung
  Wiederholungsimpfung: die erste nach einem Jahr anschließend alle zwei Jahre (oder noch längere Zeitintervalle möglich)

- **Pferdegrippe: wichtig, erforderlich bei Pferden, die an offiziellen Wettkämpfen teilnehmen**
  Grundimmunisierung:
  1. Impfung im Alter von drei bis sechs Monaten empfehlenswert
  2. Impfung: 21 bis 92 Tage nach der ersten Impfung
  3. Impfung: 150 bis 215 Tage nach der zweiten Impfung
  Wiederholungsimpfung: alle sechs bis zwölf Monate
  Diese Impfung gewährleistet keinen vollständigen Schutz, so dass auch geimpfte Pferde erkranken können. Je kürzer nach der Grundimmunisierung die Abstände zwischen den einzelnen Wiederholungsimpfungen sind, desto besser ist der Impfschutz. Das FEI-Reglement verlangt für die startenden Pferde eine korrekt durchgeführte Influenzaimpfung: Die Impfungen der Grundimmunisierung sowie die Wiederholungsimpfungen müssen in den vorgeschriebenen Abständen durchgeführt werden.
  Der Galopp- und Trabrennsportverband in der Schweiz verlangt zusätzlich die dritte Impfung der Grundimmunisierung sowie die Wiederholungsimpfungen in Abständen von weniger als neun Monaten. Die Pferde dürfen nach der Impfung sieben Tage lang an keiner offiziellen Prüfung teilnehmen.

- **Tollwut: in bestimmten Gegenden erforderlich Grundimmunisierung:**
  1. Impfung: ab dem zweiten bis dritten Lebensmonat (Alter des Fohlens und Häufigkeit der Injektionen von verschiedenen Faktoren abhängig)
  Wiederholungsimpfung: jährlich

- **Virusabort der Stuten = Herpesvirus 1 (und evtl. 4): in Gestüten absolut erforderlich**
  Grundimmunisierung:
  1. Impfung: im dritten bis vierten Lebensmonat
  2. Impfung: im sechsten bis siebten Monat
  3. Impfung: im dreizehnten bis vierzehnten Monat
  Wiederholungsimpfung: halbjährlich
  Trächtige Stuten:
  1. Impfung: im dritten bis vierten Trächtigkeitsmonat
  2. Impfung: im siebten bis achten Trächtigkeitsmonat

Korrekte Impfung beginnt im Fohlenalter

IX. Vergiftungen

1. Allgemeines

Verschiedene akute Vergiftungen können beim Pferd schwere Krankheitssymptome verursachen. Die Diagnose ist oft sehr schwierig, weil es wenige typische Veränderungen gibt und ein Giftnachweis sehr aufwendig und deshalb auch teuer ist.

Giftige Pflanzen für Pferde:

Eisenhut

Riesenbärenklau

Schöllkraut

Engelstrompete

Stechapfel

Essigbaum

Folgende Krankheitsanzeichen können bei Vergiftungen beobachtet werden: Teilnahmslosigkeit bis hin zu Schläfrigkeit, fehlender Appetit, Schwanken, Zittern, Krämpfe, Kollaps, Kolik, Schweißausbruch, Speicheln, Nesselfieber, Hufrehe, Abort, Nasenbluten, blutiger Kot und Harn. Vergiftungen können auch zum plötzlichen Tod des Pferdes führen.

Man unterscheidet als Verursacher von Vergiftungen Exotoxine, worunter man Substanzen versteht, die aus der Umgebung des Pferdes stammen und Endotoxine, die aus dem Inneren des Körpers kommen. Zu den Exotoxinen zählen neben Pflanzengiften auch verschiedene chemische Substanzen und Futtermittel, die nicht für Pferde bestimmt sind. Auch Präparate, mit denen die Ställe gereinigt und die Stallwände gestrichen werden, sowie eine große Anzahl von Medikamenten können zu Vergiftungen führen. Bei den Endotoxinvergiftungen spielt beim Pferd vor allem die Toxinproduktion beim Absterben von vielen Milliarden Darmbakterien eine Rolle. So nützlich diese Bakterien lebendig sind, so schädlich können sie werden, wenn sie plötzlich in großer Zahl absterben. Dabei werden riesige Mengen von Giftstoffen freigesetzt, die bei einer gleichzeitigen Schädigung der Darmwand leicht in die Blutbahn gelangen und zu schweren Vergiftungssymptomen führen können.

2. Giftpflanzen

Viele Pflanzen enthalten Substanzen, die für Pferde giftig sind. Man sollte Pferde daher unterwegs nie an unbekannten Sträuchern oder Bäumen naschen lassen. Da eine Aufzählung aller giftigen Pflanzen den Rahmen dieses Buches sprengen würde, werden im Folgenden nur einige besonders häufige und gefährliche Giftpflanzen aufgeführt.

Fingerhut

Knallerbse

Ginster

Aronstab

Maiglöckchen

> ### Wichtiger Hinweis
>
> *Binden Sie Pferde nie in der Nähe von giftigen Pflanzen an! Alle gefährlichen Pflanzen in der Nähe von Pferdeweiden sollten entfernt werden. Denken Sie daran, dass die Pferde auch einmal aus der Weide ausbrechen und dann von Giftpflanzen in der Nähe fressen könnten!*

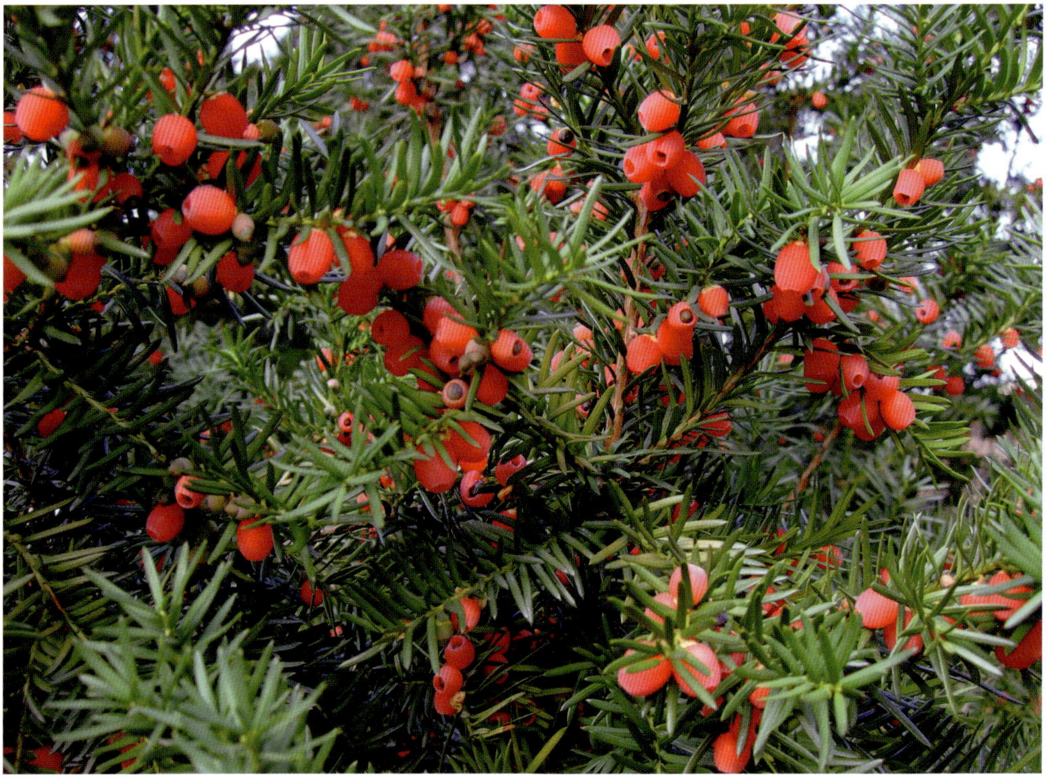

Die Eibe ist für Pferde eine der gefährlichsten Pflanzen

Manche Pflanzen werden von den Pferden auf den Weiden gefunden und gefressen, während die Tiere andere Gewächse erst dann aufnehmen, wenn sie zusammen mit anderen Pflanzen im Heu verfüttert werden. Beim Trocknungsprozess gehen gewisse »Warnstoffe« in den Giftpflanzen verloren, so dass die Pferde die gefährlichen Bestandteile des Futters nicht mehr wahrnehmen und sie fressen.

Die Eibe zählt zu den Pflanzen, die für das Pferd am giftigsten sind. Dieser weitverbreitete Baum enthält ein sehr starkes Gift, das Taxin, das beim Pferd schon in kleinen Mengen in kurzer Zeit zu schweren Vergiftungserscheinungen führt. Bereits 200 bis 300 Gramm Eibennadeln können zum Tod des Pferdes führen.

Die Falsche Akazie (Robinie) führt bei den Pferden häufig zu schweren Vergiftungen, weil die Pferde gerne an den Ästen oder der Baumrinde nagen und so innerhalb von kurzer Zeit große Mengen an Giftstoffen (Robin und Phasin) aufnehmen können.

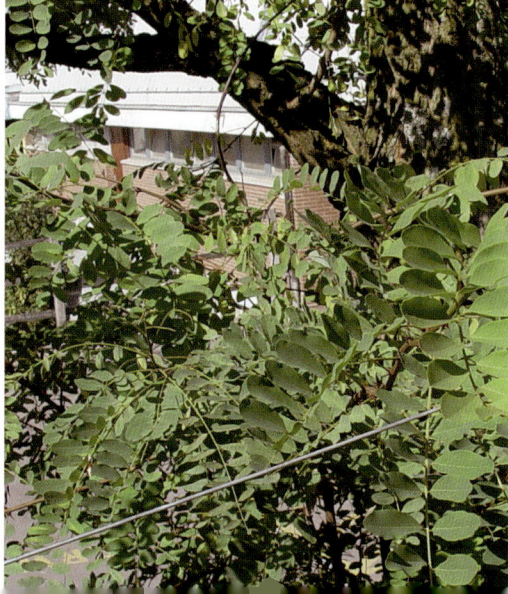

Die Falsche Akazie (Robinie) kann beim Pferd zu schweren Vergiftungen führen

Thuja

Oleander

Herbstzeitlose

Auch die Thuja kann zu Vergiftungen führen, wobei der Verlauf viel weniger dramatisch ist als bei der Eibe.

Der Rhododendron, der Oleander, der Sumpf-schachtelhalm, die Herbstzeitlose, das Jakobs-Kreuzkraut, der Weiße Germer, der Buchs-baum, der Goldregen, verschiedene Kreuz-kräuter, die Tollkirsche und die Johanniskräuter verursachen beim Pferd ebenfalls Vergiftungen.

Narzisse

Buchsbaum

Blauregen

Berberitze

Bärlauch

Bilsenkraut

Buschwindröschen

Eberesche

Pfaffenhütchen

Rainfarn

3. Verschiedene chemische Stoffe

Es gibt eine große Anzahl von chemischen Stoffen, die beim Pferd die verschiedensten Vergiftungssymptome auslösen können. Als Pferdehalter oder -besitzer sollten Sie vor allem auf die Produkte achten, die für die Imprägnierung oder anderweitige Behandlung von Holzmaterialien, Boxenwänden, Koppelzäunen und anderen Gegenständen in der Nähe der Pferde verwendet werden. Leider denken manche Pferdehalter zu wenig daran, dass einige Pferde an allem möglichen herumnagen und -lecken.

Wichtiger Hinweis

Denken Sie daran, dass Pferde in frisch umgebauten Boxen oder Koppeln gerne an Holzteilen nagen (Imprägnierungsrückstände!) und/oder an Stalleinrichtungsgegenständen lecken (giftige Farbbestandteile!).

Immer wieder muss man nach Stallumbauten und Renovationen unangenehme Überraschungen erleben, wenn die Pferde aufgestallt werden.

Kein Rindermischfutter an Pferde verfüttern

4. Futtermittel für andere Tiere

Jede Tierart benötigt Futtermittel in einer spezifischen Zusammensetzung. So unterscheidet sich zum Beispiel das Mischfutter für Rinder deutlich von dem für Pferde. Noch viel schlechter vertragen Pferde aber Bestandteile von Hühnerfuttermitteln; durch übermäßiges Fressen solcher Futtermittel können starke Vergiftungssymptome ausgelöst werden.

Die Ursache liegt darin, dass der Eiweißgehalt der Futtermittel für andere Tiere, insbesondere der Hühnerfuttermittel, für Pferde viel zu hoch ist. Darüber hinaus enthalten sie eventuell noch antimikrobielle Leistungsförderer, die Pferde nicht vertragen.

Wichtiger Hinweis

Hühnerfuttermittel sind für die Pferde besonders gefährlich.

5. Pestizide

Pestizide sind chemische Mittel zur Bekämpfung von unerwünschten Tieren und Pflanzen. So werden spezifische Gifte gegen Unkräuter (Herbizide), gegen Insekten (Insektizide), gegen Nagetiere (Rodentizide), gegen Milben (Akarizide), gegen Pilze (Fungizide) und gegen Schnecken (Molluskizide) eingesetzt.

Beim unkontrollierten Einsatz von Pestiziden können vom Pferd gefährliche Mengen dieser Giftstoffe aufgenommen werden. Das kann beispielsweise passieren, wenn ein Pferd unterwegs am Rand von chemisch behandelten Feldern grast oder wenn es Getreidekörner frisst, die mit einem gegen Nagetiere wirksamen Gift versetzt wurden. Diese Mittel enthalten häufig Cumarin, das die Blutgerinnung des Pferdes hemmt und daher zu Blutungen führen kann. Gefährlich sind in diesem Zusammenhang auch früher häufig eingesetzte Insektizide wie die Verbindungen mit Phosphorsäureestern, die beim Pferd starke Vergiftungssymptome auslösen können.

6. Bestimmte Medikamente

Pferde reagieren auf bestimmte Medikamente sehr empfindlich. Einige Arzneimittel, die vom Menschen und auch von verschiedenen anderen Haustieren gut vertragen werden, führen beim Pferd schon in kleiner Dosierung zu schweren Vergiftungssymptomen. Als Beispiel sollen nur bestimmte Antibiotika erwähnt werden. Aus diesem Grund dürfen Sie bei Ihrem Pferd nur jene Medikamente einsetzen, die Sie vom Tierarzt speziell für das zu behandelnde Pferd erhalten haben. Gewisse Arzneimittel können bei einer Überdosierung zu dramatischen Vergiftungen führen. Daher sollte man niemals nach dem Motto »Viel hilft viel« die vom Tierarzt angegebene Medikamentenmenge überschreiten. Als Beispiele können die in richtiger Dosierung ungefährlichen Wurmpasten und auch bestimmte Schmerzmittel dienen, die bei einer Überdosierung schwere Nebenwirkungen haben können. So kann beispielsweise Phenylbutazonpulver schwere Magen-Darm-Schädigungen hervorrufen.

Qualitativ hoch stehendes Heu ist immer noch die Grundlage einer guten Pferdefütterung

7. Gase

Auch verschiedene Gase wie etwa Rauchgase und Jauchegase können zu schweren Vergiftungen führen. Bei Stallbränden werden die Rauchgase über die Atemwege in hoher Konzentration aufgenommen und können so in kürzester Zeit schwerste Vergiftungserscheinungen auslösen.

Falls Pferde durch morsche, über Jauchegruben gelegte Holzplanken in die Gruben stürzen, wo sie das sehr giftige Methangas einatmen, ist eine rasche Erste Hilfe erforderlich.

Wichtiger Hinweis

Morsche Holzbalken über Jauchegruben müssen rechtzeitig ersetzt werden.

8. Erste-Hilfe-Maßnahmen bei Vergiftungen

Beim Verdacht auf eine Vergiftung muss man sofort jede weitere Futteraufnahme verhindern. Auch Heu, das für den Laien scheinbar normal aussieht und gut riecht, kann verschiedene Giftpflanzen enthalten. Beim geringsten Verdacht darf dieses Heu nicht verfüttert, sondern muss zuerst genauestens untersucht werden. Auch die Pferdebox, der Auslauf und die Weide müssen sehr intensiv nach möglichen Vergiftungsquellen abgesucht werden.

Wenn die Vermutung besteht, dass das Pferd über die Haut Giftstoffe aufgenommen hat, muss es unverzüglich mit sehr viel lauwarmem Wasser gewaschen werden.

Die Weideränder sind bei Verdacht auf Vergiftungen genauestens zu kontrollieren

Bei Rauchgasvergiftungen müssen die Pferde schnellstens aus dem Gefahrenbereich gebracht werden. In allen Fällen muss der Tierarzt sofort benachrichtigt werden, damit er mit Medikamenten versuchen kann, den weiteren Übertritt von Giftstoffen ins Blut einzuschränken und mittels Infusionen die Ausscheidung der Giftstoffe zu beschleunigen.

Wie bereits erwähnt, darf man dem Pferd auf keinen Fall Futter oder Wasser geben, da dadurch erstens die Verdauung angeregt wird und unter Umständen vermehrt Giftstoffe aufgenommen werden und zweitens der Schluckreflex oft ausgefallen ist. In diesem Fall gelangt sowohl feste als auch flüssige Nahrung in die Luftröhre und dann in die Lunge. Auch wenn der Schluckreflex noch funktioniert, ist das Einschütten von Flüssigkeiten extrem gefährlich, da diese leicht in die Lunge gelangen und dort zu lebensbedrohlichen Lungenentzündungen, sogenannte Verschluckpneumonien, führen können.

Durch die Zusammenarbeit von Feuerwehr, Tierärzten und Pferdesanitätern können auch schwierige Rettungen und Bergungen durchgeführt werden

Wichtiger Hinweis

Es ist absolut verboten, einem Pferd Medikamente einzuschütten!

X. Erkrankungen der Haut

Die Haut und das Haarkleid des Pferdes sind der Spiegel seines Allgemeinzustandes

1. Anatomische Vorbemerkungen

Bevor wir uns mit den Erkrankungen der Haut befassen, möchten wir an dieser Stelle nochmals die wichtigsten anatomischen Merkmale zusammenfassen (siehe auch Kapitel I).

Die Haut setzt sich aus Oberhaut und Lederhaut zusammen. Die Lederhaut besteht aus Bindegewebe und enthält viele Nerven und Blutgefäße. Die Blutgefäße ernähren die Oberhaut, in der es keine Gefäße gibt. Die Oberhautzellen decken die Körperoberfläche ab. Sie schützen den Körper vor dem Eindringen von Schmutz, Bakterien, Viren, Pilzen und Parasiten und sie verhindern Flüssigkeitsverluste des Körpers. Die an den meisten Stellen unter der Lederhaut gelegene Unterhaut enthält lockeres Binde- und Fettgewebe sowie Blutgefäße und Nerven. Sie dient vor allem als Verschiebeschicht zur Polsterung und ist ähnlich wie die Lederhaut sehr schmerzempfindlich.

Die bis in die Lederhaut oder noch tiefer reichenden Haare bilden über der Hautoberfläche einen isolierenden Luftmantel. Sie bewahren den Körper bei Kälte vor zu großem Wärmeverlust und schützen die Haut vor zu starker Hitzeeinwirkung.

Die Schweißdrüsen wirken durch die Abgabe von Flüssigkeit ebenfalls einer Überhitzung entgegen. Auch die Blutgefäße der Haut tragen zur Temperaturregulierung bei, indem sie sich bei Wärme erweitern und bei Kälte verengen.

Sehr wichtig ist die ausreichende Durchblutung der Haut. Bei ungenügender Durchblutung, zum Beispiel durch Druck oder nach Verletzungen, heilt die Haut schlecht oder stirbt sogar ab.

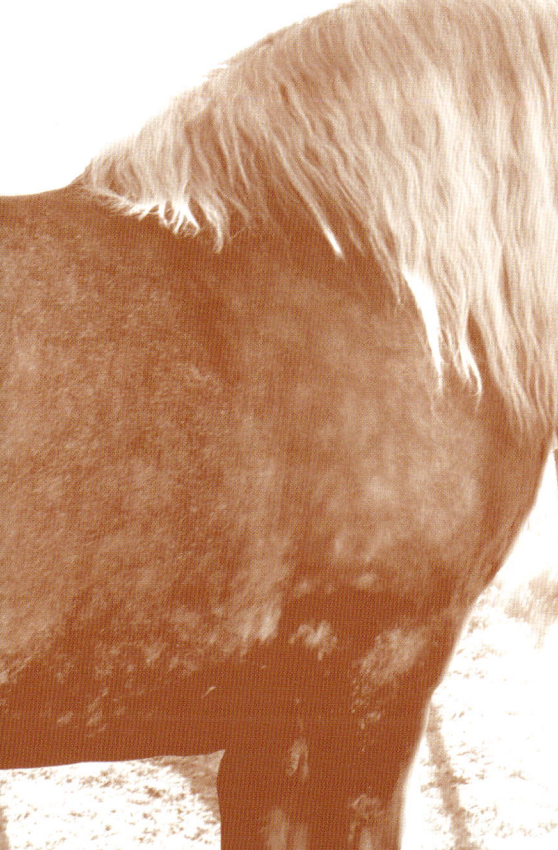

2. Hautentzündungen (Dermatitis)

2.1 Allgemeines

Bei einer Hautentzündung kann die Haut nur gerötet oder mit Krusten, Eiter und abgestorbenen Hautteilen bedeckt sein. Es können sich auch oberflächliche Hautteile ablösen, wodurch mehr oder weniger große offene Hautstellen entstehen. Eine Hautentzündung ist oft mit Juckreiz verbunden, so dass sich die Pferde an diesen Stellen scheuern.

Ursachen von Hautentzündungen können übermäßige Feuchtigkeit, bestimmte Pflegemittel, verschiedene Medikamente und viele andere Erreger wie Viren, Pilze, Bakterien oder Milben sein. Nicht selten entzündet sich die Haut auch, weil ungepolsterte Teile wie Sattel oder Zaumzeug, Geschirrteile oder Decken direkt aufliegen und scheuern.
Vor allem die Haut in der Fesselbeuge ist sehr empfindlich. Deshalb kommt es dort besonders häufig zu einer Entzündung, der sogenannten Mauke.

✚ Erste-Hilfe-Maßnahmen

Zunächst muss man die Ursache für die Hautentzündung herausfinden, damit eine wirkungsvolle Therapie möglich ist. Vor allem die Futtermittel und die direkte Umgebung des Pferdes müssen genau untersucht und kritisch geprüft werden.
Man reinigt die Haut mit einem schonenden Desinfektionsmittel und trocknet sie sorgfältig. Anschließend trägt man eine milde Heilsalbe auf, die für Pferde geeignet ist.
Pferde, die auf Insekten übermäßig empfindlich reagieren, zum Beispiel anfällige Pferde auf Sommerekzem, sollte man nur noch nachts auf die Weide lassen und gleichzeitig einen wirkungsvollen Insektenschutz einsetzen.

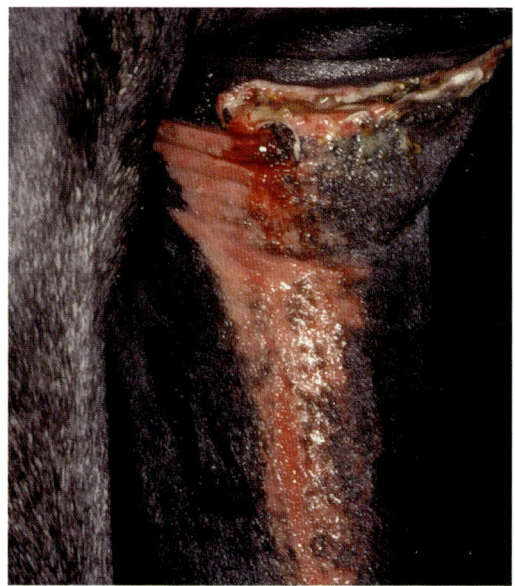

Starke Hautentzündung, die infolge von schlechter Wundpflege entstanden ist

Wenn die Hautentzündung nicht in einigen Tagen besser wird, sollte man den Tierarzt verständigen, damit er die Hautveränderung genauer untersucht und entsprechend behandelt.

2.2 Mauke

Als Mauke bezeichnet man eine Hautveränderung im Bereich der Fesselbeuge. Die Symptome können sehr leicht oder auch sehr massiv sein.
Viele verschiedene Ursachen können zu einer Mauke führen – beispielsweise schlechte Stallhygiene, ungenügendes Ausmisten, übermäßige Feuchtigkeit durch ständiges Abspritzen nach dem Bewegen des Pferdes, mechanische Reizung durch reibende Springglocken in den Fesselbeugen oder auch Räudemilben und Bakterien. Ein langer Kötenbehang begünstigt Entzündungen in der Fesselbeuge, da wenig Luft an die Haut gelangt. Daher sind solche Veränderungen häufig bei Kaltblutpferden anzutreffen. Die Ursache ist bei ihnen auch oft ein Befall mit den sogenannten Fußräudemilben.

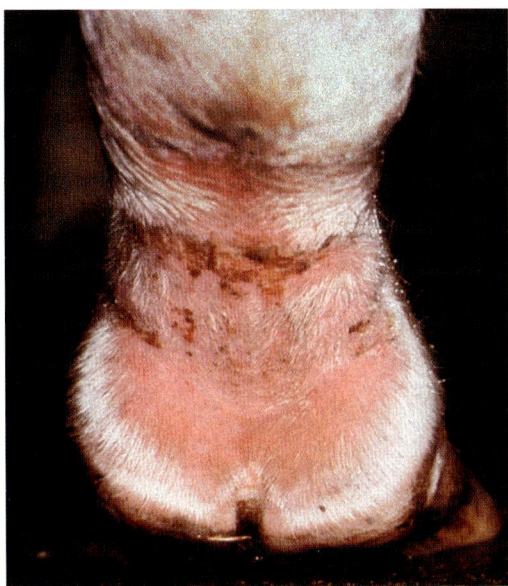

Typische Veränderungen in der Fesselbeuge, die als Mauke bezeichnet werden

Ein typisches Symptom dafür besteht darin, dass sich die Pferde unruhig verhalten, hin und her trippeln und sich mit dem einen Hinterfuß am anderen kratzen oder heftig ausschlagen.

✚ Erste-Hilfe-Maßnahmen

Man reinigt die Haut mit einer hautschonenden Seifenlösung und trocknet die Gegend anschließend. Danach trägt man eine milde Heilsalbe auf, die für Pferde geeignet ist. Bei starken Veränderungen und dichtem Kötenbehang kann es notwendig sein, die ganze Fesselbeuge oder auch noch Teile der Fesselgelenksgegend zu scheren.

Oft ist es in solchen Fällen auch sinnvoll, einen Verband anzubringen, der allerdings unbedingt zweimal am Tag erneuert werden muss. In hartnäckigen Fällen, insbesondere wenn die Pferde lahmen, sollte man den Tierarzt zu Rate ziehen. Er kann nötigenfalls ein Milbenmittel für Waschlösungen oder eine geeignete, antibiotische oder kortisonhaltige Salbe verordnen.

2.3 Druckbeschädigungen, Scheuerstellen

Da dieses Problem bereits früher besprochen wurde, möchten wir hier nur das Wichtigste kurz wiederholen.

Eine Druckstelle ist eine Schädigung der Haut und eventuell auch der darunter liegenden Strukturen, die durch eine übermäßige Belastung entstanden ist. Im schlimmsten Fall können die Haut und auch die tieferen Gewebe wie Sehnen, Bänder und Knochen absterben, weil die Blutzufuhr unterbrochen wurde. Viel zu häufig kommen immer noch sogenannte Satteldrücke infolge von schlecht sitzenden oder defekten Sätteln oder Bandagendrücke infolge von unsachgemäß angelegten Bandagen vor.

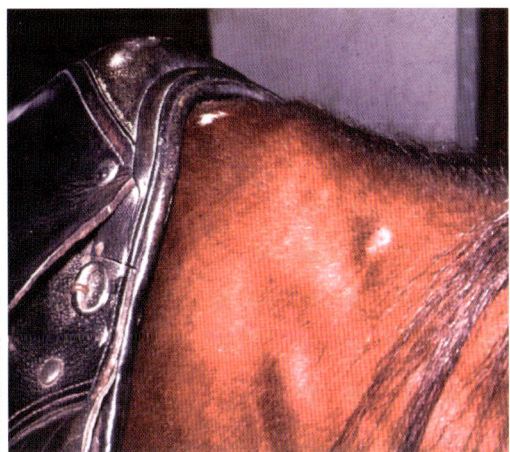

Druckbeschädigungen am Widerrist werden durch ungeeignete Sättel verursacht

✚ Erste-Hilfe-Maßnahmen

Die erste Maßnahme bei frischen Druckschäden oder Scheuerverletzungen besteht darin, dass man die entzündete Hautregion intensiv und lange genug kühlt. Selbstverständlich darf die verletzte Stelle bis zum vollständigen Abheilen nicht mit Ausrüstungsgegenständen in Berührung kommen.

Bei gravierenden Druckschäden muss unbedingt der Tierarzt verständigt werden.

3. Hautinfektionen

3.1 Hautpilze

Pilzinfektionen kommen vor allem bei Jungtieren vor, sie können aber auch ältere und besonders geschwächte oder überanstrengte Pferde befallen. Vor allem in der Hals- und Schultergegend treten typische Veränderungen auf: mehr oder weniger runde haarlose Stellen, die mit feinen Krusten bedeckt sein können.

Die Ansteckung erfolgt durch den Kontakt mit kranken Pferden, aber auch indirekt über das Putz- und Sattelzeug sowie Pferdedecken.

+ Erste-Hilfe-Maßnahmen

Es gibt wirksame Medikamente, mit denen man Pilze erfolgreich bekämpfen kann. Oft muss auch der Allgemeinzustand des Pferdes verbessert werden, damit das Immunsystem selbst mit den Pilzen fertig wird und genügend Abwehrkörper bilden kann.

Es ist besonders wichtig, eine Übertragung auf andere Pferde zu verhindern. Deshalb sollte man jeden direkten Kontakt zu anderen Pferden vermeiden und niemals dasselbe Putzzeug, Geschirr, Zaum- oder Sattelzeug oder Pferdedecken für verschiedene Pferde verwenden.

3.2 Bakterielle Hautinfektionen

Die wohl bekannteste bakterielle Hautinfektion ist der sogenannte Rotlauf, der auch als Einschuss, Einschussphlegmone oder chronisches Dickbein bezeichnet wird. Die Erkrankung beginnt mit einer oder mehreren, oft sehr kleinen Verletzungen, im unteren Teil vor allem der Hintergliedmaßen. Da die Blutzirkulation in diesem Bereich relativ schlecht ist, kann sich der Körper nur mangelhaft gegen die Bakterien wehren, die durch die Verletzungen eingedrungen sind. In der Folge kommt es zu einer eitrigen Entzündung der Haut und vor allem der Unterhaut.

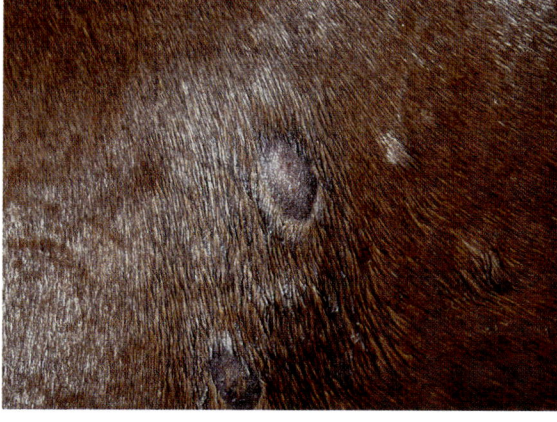

Hautveränderungen bei einer Pilzinfektion

Die Haut wird sehr stark gerötet, weshalb die Erkrankung auch als Rotlauf bezeichnet wird. Der Name Einschuss kommt wahrscheinlich daher, dass die Veränderung plötzlich auftreten kann. Unter einer Phlegmone versteht man im Allgemeinen eine eitrige Entzündung der Unterhaut.

Wichtiger Hinweis

Wiederholte Infektionen können zu den sogenannten »Elefantenbeinen« führen.

Oft werden die Pferde mehrmals von dieser Krankheit befallen und behalten dann nach einigen Anfällen ein dickes Bein, das höchstens durch Bewegung wieder etwas schlanker wird, im Stall aber meist erneut stark anschwillt. Daher rührt die Bezeichnung chronisches Dickbein. Die Ursache liegt darin, dass die Gewebespalten durch die wiederholten Entzündungsschübe stark erweitert und mit Gewebeflüssigkeit (Lymphe) angefüllt sind, die infolge der schlechten Zirkulationsverhältnisse nur ungenügend abtransportiert wird.

Kleine Hautverletzungen bilden also die Eintrittspforte für Bakterien, die dann schlimme Infektionen auslösen. Die Folgen sind hohes Fieber, reduzierte Fresslust, ein deutliches Entlasten der Gliedmaße im Stehen und eine starke Lahmheit.

✚ Erste-Hilfe-Maßnahmen

Beim Rotlauf handelt es sich um eine schwere Erkrankung, die unbedingt vom Tierarzt behandelt werden muss. Bis zum Eintreffen des Veterinärs sollte man die betroffene Gliedmaße genauestens auf kleine Verletzungen absuchen und anschließend mit einem feuchten Desinfektionsverband einbinden. Es ist ratsam, auch die anderen Beine trocken zu bandagieren. Oft verlieren die Pferde auch die Fresslust. Man sollte ihnen deshalb leicht verdauliches Futter wie zum Beispiel Mash anbieten. Die beste Therapie ist aber die Prophylaxe, die darin besteht, dass man auch die kleinste Verletzung sorgfältig behandelt und bei empfindlichen Pferden die Hinterbeine über Nacht trocken bandagiert.

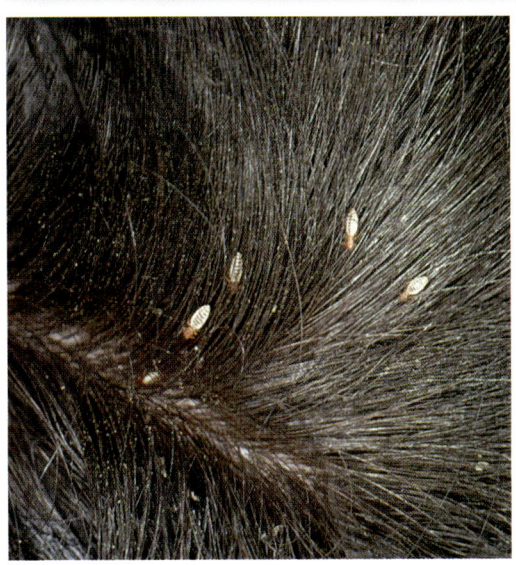

Haarlinge in der Mähne auf der Futtersuche

4. Hautschädigungen durch Parasiten

Parasiten, die auf der Haut vorkommen, bezeichnet man als Ektoparasiten. Dazu zählen verschiedene Milben und Zeckenarten sowie eine Unzahl von Insekten.

Die Ektoparasiten können dem Pferd in mancher Hinsicht gefährlich werden. Ihre Gifte können das Kreislaufsystem schädigen, und sie können die Erreger von schweren Krankheiten wie Babesiose übertragen (siehe Seite 124). Deshalb sollte man je nach Gebiet wirkungsvolle Vorbeugemaßnahmen gegen diese Ektoparasiten ergreifen.

Wichtiger Hinweis

Insektenstiche können für das Pferd gefährlich werden.

Verschiedene, häufig auftretende Ektoparasiten

Milben: Sie können starke Hautveränderungen verursachen, die man als Räude bezeichnet.

Zecken: Sie ernähren sich auch von Blut. Beim Saugakt können sie gefährliche Krankheiten wie Babesiose (Piroplasmose) übertragen.

Haarlinge: Sie ernähren sich von Hautschuppen und können bei den Pferden starken Juckreiz verursachen.

Pferdeläuse: Sie ernähren sich von Pferdeblut, so dass ein massenhafter Befall zu Blutarmut führen kann.

Mücken: Mücken und andere stechende Insekten stellen für die Pferde im Frühjahr und im Sommer eine große Plage dar. Auch die vielen Wundermittel, die jedes Jahr neu auf den Markt kommen, konnten das Problem bisher nicht lösen. Während einzelne Mückenstiche in der Regel ungefährlich sind, kann eine größere Anzahl von Wespen-, Bienen- oder Hornissenstichen zu einem lebensbedrohlichen Kreislaufversagen führen. Auch ein Massenanflug von Kriebelmücken kann für Pferde lebensgefährlich werden. Die Kriebelmücken vermehren sich vor allem in Flussläufen und befallen die Pferde in erster Linie im Frühsommer. Besonders bei ungeschützt weidenden Pferden kann es dabei zu lebensbedrohlichen Situationen kommen. Besondere Vorsicht ist geboten bei für Sommerekzem anfälligen Pferden.

Pferdelausfliege: Die Pferdelausfliege ist wenig bekannt, obwohl sie beim Pferd sehr schwere Veränderungen hervorrufen kann.

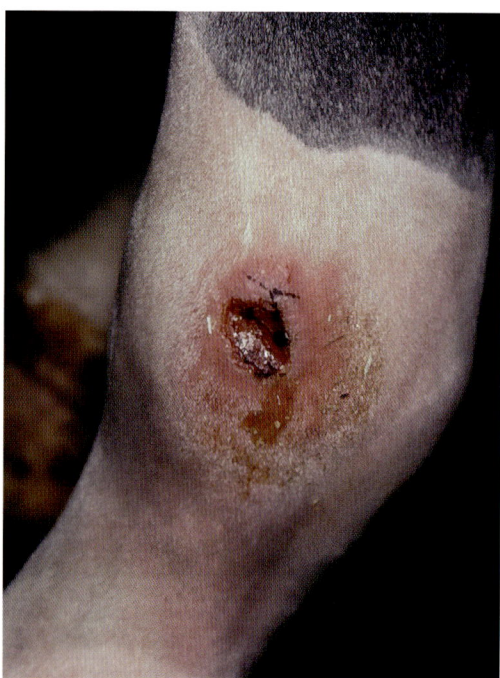

Typische Sommerwunde im Bereich des Fesselkopfes

Die bis zu einen Zentimeter großen, fliegenartigen Tiere halten sich meistens an den haarlosen Stellen auf, also um den After, an der Schweifrübe oder im Schenkelspalt und laufen dort ständig hin und her. Dadurch werden die Pferde so stark irritiert, dass es sogar zu kolikartigen Symptomen kommen kann. Oft verlieren die Pferdelausfliegen die Flügel, so dass man sie nicht ohne weiteres als Fliegen erkennt, sondern leicht mit Ameisen verwechselt.

✚ Erste-Hilfe-Maßnahmen

Die Stichstellen sollten mit Essigwasser oder mit kühlenden und abschwellenden Lösungen behandelt werden. Wenn die Pferde durch einen Bienen-, Wespen-, Hornissen- oder Kriebelmückenschwarm gestochen wurden, ist die rasche Verständigung des Tierarztes notwendig. Oft muss der Veterinär den Schock mit Infusionen und Kortisonpräparaten bekämpfen.

In besonders gefährdeten Gebieten muss man die Pferde in der warmen Jahreszeit unbedingt durch wirksame Insektenabwehrmittel schützen. Außerdem sollte man die Pferde zu den Hauptflugzeiten der Insekten nicht auf die Weide lassen.

Für eine wirksame Bekämpfung der Ektoparasiten selber müssen die Pferde nach Absprache mit dem Tierarzt mit einer besonderen Medikamentenlösung gewaschen werden. Besonders bei den Pferdelausfliegen ist eine rasche und wirksame Behandlung angezeigt.

4.1 Fliegen, Sommerwunden

Wunden, die vor allem in den Sommermonaten auftreten und in der kalten Jahreszeit wieder kleiner werden oder gar verschwinden, bezeichnet man als Sommerwunden. Dabei handelt es sich um Hautreizungen, die durch die Larven von bestimmten Parasiten hervorgerufen werden. Diese Larven werden von Fliegen in die Hautwunden gebracht. Dort bewirken die Larven eine starke Reizung, so dass die Wunden nicht heilen und sich die Wundränder nicht schließen können.

Sommerwunden fallen durch ihre schlechte Heilung, ihre starke Tendenz zur Bildung von wildem Fleisch und durch die dunkelrote Farbe auf.

+ Erste-Hilfe-Maßnahmen

Sommerwunden kommen meistens im unteren Gliedmaßenbereich vor.
Man sollte sie immer dem Tierarzt zeigen, damit er die Larven im Wundgebiet mit wirksamen Salben behandeln kann.

4.2 Dasselfliege

In unseren Breitengraden werden die Pferde selten von der Dasselfliege befallen. Pferde aus dem Balkan leiden dagegen recht häufig unter diesen Insekten, die typische Dasselbeulen verursachen.

Diese kirschengroßen Beulen werden durch Larven hervorgerufen, die auf dem Blutweg in die Rückengegend gelangt sind und dort die Unterhaut und die Haut reizen. Nicht selten brechen die Beulen auf und es kommt eine kleine Larve zum Vorschein. Heute gibt es verschiedene gut wirksame Medikamente, die zur Behandlung der Dasselfliege und ihrer Larven eingesetzt werden.

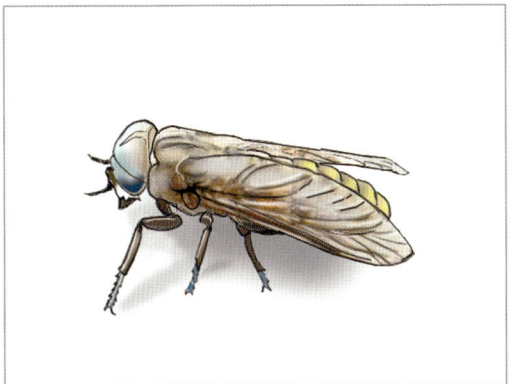

Die Dasselfliege

4.3 Eier der Magendassel

Die Magenbremse legt ihre Eier bei weidenden Pferden hauptsächlich an den Vorderbeinen ab. Die Pferde lecken sie ab, und so gelangen sie in den Magen, wo sie sich zu Larven entwickeln, sich in der Magenschleimhaut festbeißen und zu Schädigungen der Magenschleimhaut führen

Man muss die Eier mit Desinfektionsmitteln aus dem Pferdefell entfernen, damit der Entwicklungszyklus unterbrochen wird. In den meisten Fällen können die Eier jedoch nur entfernt werden, indem man auch die Haare entfernt.

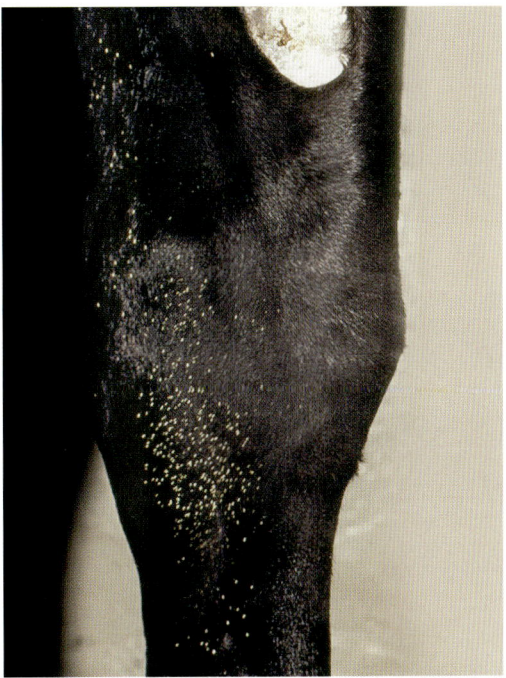

Eier der Magendasselfliege an den Vordergliedmaßen eines Pferdes

5. Hautverbrennungen

5.1 Stallbrände

Brandverletzungen zählen zu den am meisten gefürchteten Notfällen. Besonders Stallbrände können bei Pferden zu schweren und manchmal auch unheilbaren Schäden führen. Neben den sichtbaren Brandwunden erleiden die Pferde durch die eingeatmeten Rauchgase oft starke Schädigungen der Atemwege.

✚ Erste-Hilfe-Maßnahmen

Die Pferde müssen so rasch wie möglich aus dem Gefahrenbereich geführt und an einem anderen Ort gesichert werden (anbinden!), da sie sonst oft wieder in den brennenden Stall zurückzukehren versuchen. Anschließend muss umgehend der Tierarzt verständigt werden, damit eine rasche medikamentöse Therapie eingeleitet werden kann, vorwiegend mit Infusionen und Antibiotika. Als Sofortmaßnahme kann man die Pferde mit triefend nassen Leintüchern abdecken, um so den ganzen Körper etwas zu kühlen (oft wechseln!).

Pferde mit hellem Fell oder pigmentlosen Hautstellen sind besonders anfällig für Sonnenbrand

5.2 Sonnenbrand

Trotz ihres dichten Haarkleids sind viele Pferde nicht ausreichend vor starker Sonneneinstrahlung geschützt, vor allem, wenn sie nicht an intensive Sonnenstrahlen gewöhnt sind oder eine besonders empfindliche Haut haben.

Vor allem die Haflinger sind anfällig für Sonnenbrand. Doch auch Vertreter anderer Pferderassen können bei starker Sonnenbestrahlung geschädigt werden, in erster Linie Schimmel mit unpigmentierten Hautstellen, zum Beispiel im unteren Bereich der Beine.

✚ Erste-Hilfe-Maßnahmen

Die Pferde sollten an einem kühlen und schattigen Ort aufgestallt werden. Bei leichtem Sonnenbrand kühlt man die betroffene Hautregion zuerst mit nassen Verbänden oder Auflagen und behandelt sie anschließend mit einer entzündungshemmenden und abschwellenden Salbe. Bei sehr starken Symptomen und besonders bei gestörtem Allgemeinbefinden muss unbedingt der Tierarzt verständigt werden.

Noch wichtiger als die Erste Hilfe ist bei Sonnenbränden das Vorbeugen: Wenn die Sonne stark scheint, sollte man die Pferde entweder tagsüber im Stall halten oder sie sehr langsam an die Sonnenbestrahlung gewöhnen. Auf den Weiden müssen die Pferde ausreichenden Schutz unter Bäumen oder Unterständen finden. Außerdem kann man empfindliche Hautregionen mit verschiedenen Schutzcremen wie beispielsweise einer Zinksalbe schützen.

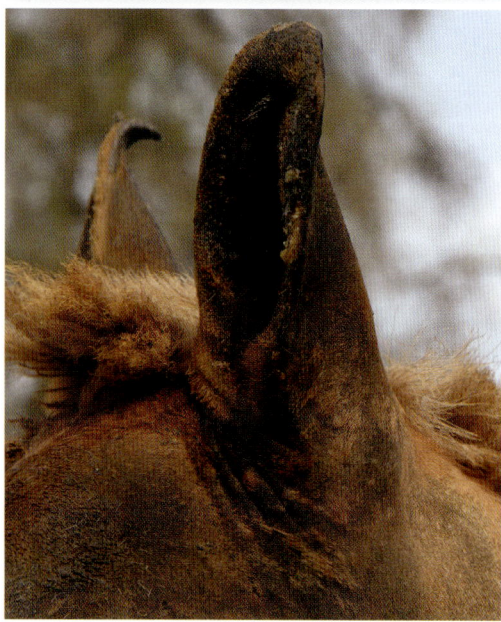

Dieses Pferd erlitt starke Verbrennungen am Kopf und eine schwere Rauchschädigung der gesamten Atemwege

Je nach Grad der Verbrennung ist die Haut nur gerötet, oder es bilden sich mit Wundwasser gefüllte Blasen. Diese Blasen können aufplatzen und sich leicht infizieren, woraus dann Hautinfektionen entstehen.

Nach dem Fressen von bestimmten Pflanzen, zum Beispiel Johanniskraut, kann die Haut für einen Sonnenbrand empfänglicher werden.

6. Ekzeme, Allergien

Ein Ekzem ist eine Hauterkrankung, die infolge einer Allergie, also einer überschießenden Immunantwort des Körpers, entsteht. Es kommt zu einer Reizung und Entzündung der Haut.

6.1 Nesselfieber, Nesselausschlag

Das Nesselfieber ist eine akut verlaufende, auffallende Veränderung der Haut, die nicht selten mit Fieber einhergeht. Dabei entstehen am gesamten Pferdekörper, vor allem am Hals und am Rumpf, flache Hautschwellungen, deren Größe zwischen einem und mehr als drei Zentimetern liegen kann. Das Allgemeinbefinden der Pferde ist meist nicht gestört, und auch die Fresslust bleibt in der Regel erhalten.

Das Nesselfieber kann durch verschiedene Futtermittel, Futterzusatzstoffe, Mineralstoffe und Vitamine, aber auch durch Insekten, bestimmte Medikamente oder Stress ausgelöst werden.

Manche Wasch-, Putz- und Pflegemittel, die für das Lederzeug oder die Pferdedecke verwendet werden, können ebenfalls zu einer solchen allergischen Hautreaktion führen. In jedem Fall steckt hinter dem Nesselfieber eine überschießende Reaktion des Immunsystems auf irgendeine Substanz (Allergie). Manchmal treten diese Hautveränderungen vor oder zusammen mit schweren Infektionskrankheiten wie zum Beispiel der Druse auf. In diesen Fällen ist das Allgemeinbefinden stark gestört und die Fresslust des Pferdes reduziert.

Die allergischen Reaktionen können auch den gesamten Organismus betreffen und zu einer starken Beeinträchtigung des Kreislauf- und Atmungsapparates führen.

✚ Erste-Hilfe-Maßnahmen

Bei starken Hautveränderungen und besonders bei Störungen des Allgemeinbefindens muss der Tierarzt benachrichtigt werden.

Man sollte die verabreichten Futtermittel sorgfältig auf mögliche Fremdstoffe kontrollieren. Besonders verdächtig sind erst seit kurzem verabreichte Futtermittel (beachten Sie neue Stroh- und Heulieferungen!). Sie sollten vorerst vom Futterplan gestrichen werden. Bis zum Eintreffen des Tierarztes sollte man das Pferd mit Essigwasser (fünf Esslöffel auf einen Liter Wasser) abwaschen. Selbstverständlich darf das Pferd erst nach dem Abklingen der Symptome wieder belastet werden.

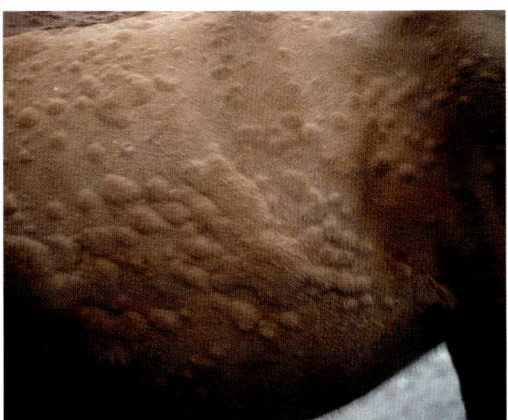

Typische Hautveränderungen am Rumpf bei einem Pferd, das an Nesselfieber leidet

Neue Futterlieferungen können für Hautstörungen verantwortlich sein

6.2   Sommerekzem

Das Sommerekzem ist eine auch in unseren Breitengraden relativ häufig vorkommende allergische Veränderung der Haut. Einige Rassen wie zum Beispiel die Islandpferde sind besonders häufig betroffen. Man kann daraus schließen, dass es eine genetische Veranlagung für diese Krankheit gibt.

Ausgelöst werden die oft sehr starken Hautveränderungen dann durch klimatische Umstände zusammen mit Insekten und nicht selten auch durch bestimmte Futtermittel. Die wichtigste Rolle spielen sicher die Insekten, vor allem verschiedene Mückenarten. Durch ihre Stiche gelangen die im Speichel enthaltenen Allergiensubstanzen in den Pferdekörper. Den Futtermitteln kommt dagegen eine untergeordnete Bedeutung zu: Ein Eiweißüberschuss kann die Symptome zwar verstärken, aber nur in den seltensten Fällen allein ein Sommerekzem auslösen.

Am stärksten sind die Mähne und der Schweifansatz, aber auch der Unterbauch und die Unterbrust betroffen. Wegen des starken Juckreizes scheuern sich die Pferde ständig, was zu Haarausfall, Blutungen, Krustenbildung und Hautverdickungen führt. Die befallenen Pferde leiden sehr unter dieser Krankheit und können oft überhaupt nicht mehr gearbeitet werden.

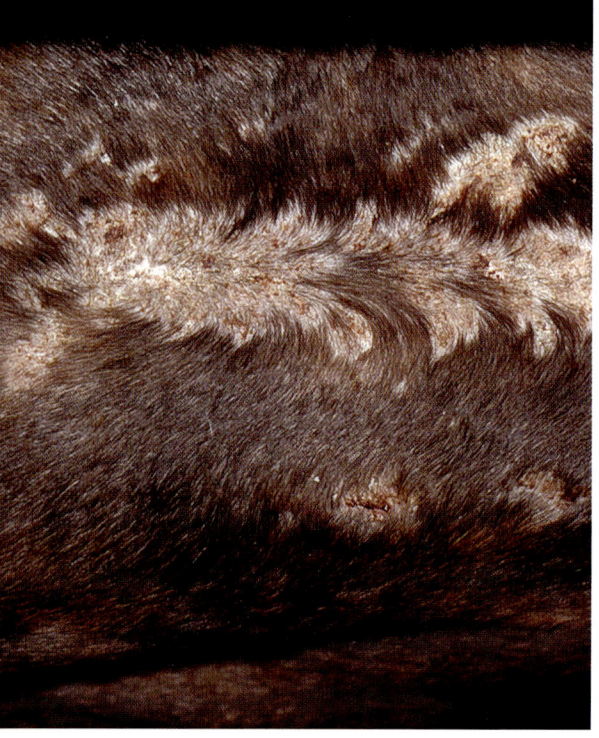

Typische Hautveränderungen am Bauch bei einem Pferd, das an Sommerekzem leidet

✚ Erste-Hilfe-Maßnahmen

Beim ersten Auftreten eines Sommerekzems sollte unbedingt der Tierarzt zu Rate gezogen werden. Nur er kann sicher die Diagnose stellen und mit dem Pferdehalter die zu ergreifenden Maßnahmen besprechen. Dazu gehören in erster Linie Haltungsumstellungen: Die Pferde sollen am Tag während der Flugzeit der Insekten nicht auf die Weide, sondern müssen im Stall gehalten werden. Der freie Auslauf der Pferde beschränkt sich daher auf die Nacht. Außerdem ist die Insektenbekämpfung auch im Stall sehr wichtig.
Je nach Ausbreitung und Grad der Hautveränderung müssen die betroffenen Stellen lokal mit Salben und flüssigen Lösungen behandelt werden. In schweren Fällen muss eine Allgemeinbehandlung mit Injektionen (Kortison) vorgenommen werden.

XI. Erkrankungen der Augen

1. Untersuchung der Augen

Auch zu einer Augenuntersuchung gehört neben der sorgfältigen und vollständigen Erhebung der Vorgeschichte (Anamnese) die Kenntnis der Anatomie des Auges.

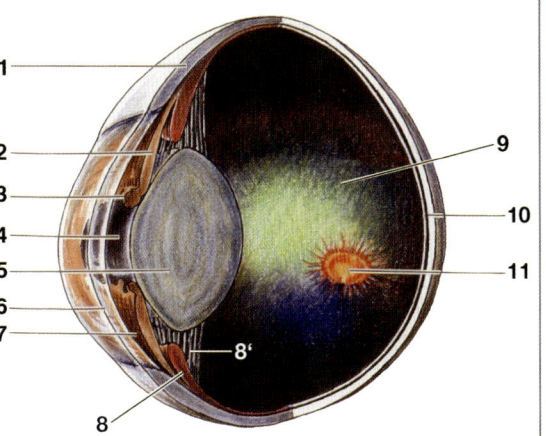

1 Sehnenhaut = Sklera; 2 Regenbogenhaut = Iris; 3 Traubenkörner; 4 Sehloch = Pupille; 5 Linse; 6 Hornhaut = Cornea; 7 vordere Augenkammer; 8 Ziliarkörper mit Aufhängefasern (8') für die Linse; 9 Netzhaut mit durchscheinender Leuchtschicht der Aderhaut; 10 Aderhaut; 11 Sehnerv mit umgebenden Blutgefäßen.

Schematische Darstellung der Anatomie des Auges

Augenerkrankungen können akut (schlagartig), intervallartig (beispielsweise saisonal) oder chronisch (schleichend) auftreten. Sie können infolge von körperlichen, systemischen Problemen (zum Beispiel Parasitenbefall), aber auch lokalisiert im Auge eines sonst völlig gesunden Pferdes auftreten.
In der Regel kann der Pferdebesitzer eines oder mehrere der folgenden Symptome am erkrankten Auge seines Pferdes beobachten: Vermindertes Sehvermögen bis zur Blindheit, Augenausfluss, Farbveränderungen am oder im Auge, Anzeichen von Schmerzen, Trübungen und Größen- oder Lageveränderungen des Augapfels.

Eine eingehende Augenuntersuchung, wie sie im Folgenden beschrieben wird, bleibt in der Regel dem Tierarzt vorbehalten. Doch einige Teile davon kann auch der Pferdebesitzer schon selbst durchführen. Dadurch ist er in der Lage, den Tierarzt bereits am Telefon besser zu informieren.

Zunächst beobachtet man das Pferd in einem hellen Raum aus einer gewissen Distanz. Diese Betrachtung wird Adspektion genannt. Dabei achtet man speziell auf die Symmetrie der beiden Augen und der Lider, auf die korrekte Lidstellung, den Lidschluss und auf Anzeichen von Ausfluss (Tränenspur, verklebte Lidränder) oder Schmerzen (Zukneifen des Auges, Kopfscheue). Anschließend beurteilt man grob die Sehkraft, indem man Reflexe überprüft: Weicht das Pferd zum Beispiel auf eine Drohbewegung mit der Hand zurück? Auch der Pupillarreflex, bei dem sich das Sehloch (Pupille) beim Einfall von Licht verengt, kann mit einer Taschenlampe kontrolliert werden. Unter Umständen kann man zudem einen Hindernisparcours mit am Boden liegenden Stangen zur Hilfe nehmen, den das Pferd mit abwechselnd rechts oder links verbundenem Auge bewältigen muss.

Lidveränderungen führen dazu, dass das Auge nicht mehr vollständig geschlossen und daher auch nicht gut geschützt und befeuchtet werden kann. Folglich trocknet die Hornhaut an der exponierten Stelle aus. Außerdem kann ein defektes Lid unter Umständen bei jedem Lidschlag auf der Hornhaut reiben und diese dadurch beschädigen. Angeborene Lidfehlstellungen sind beim Pferd im Vergleich zum Hund relativ selten. Liderkrankungen und -veränderungen werden bei Pferden am häufigsten durch Verletzungen hervorgerufen, aber auch durch die Bildung von Tumoren (vor allem Sarkoiden), durch allergische Schwellungen, Fremdkörper, in falsche Richtung wachsende Haare und selten durch Parasiten.

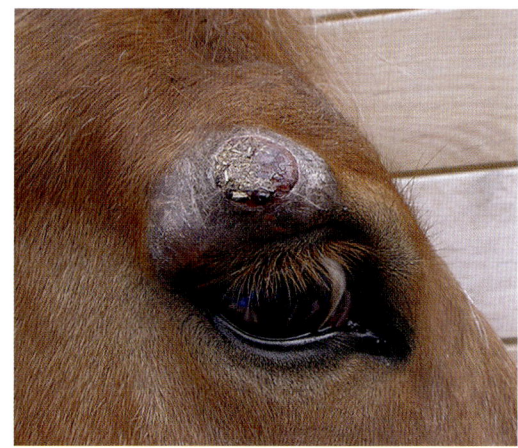

Lidveränderung durch Sarkoidbildung

Die Adspektion kann dem Tierarzt bereits zu einer ersten Verdachtsdiagnose verhelfen, die dann durch eine weiterführende Untersuchung oder Inspektion mit geeigneten Instrumenten und durch spezielle diagnostische Methoden wie zum Beispiel bakteriologische Tupferproben oder Gewebeproben bestätigt werden kann.

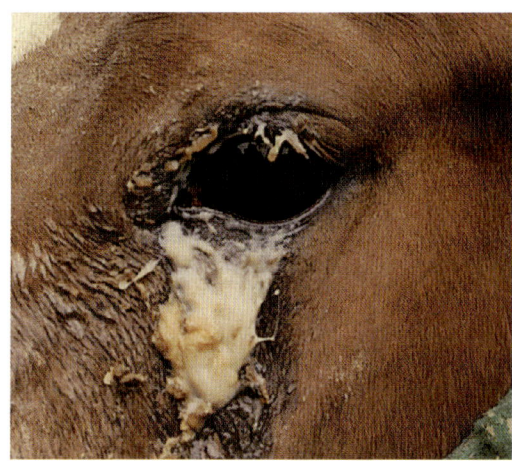

Eitriger, gelber Augenausfluss

Bei einseitigem, wässrigem Augenausfluss ohne Anzeichen von Schmerzen oder Farbveränderungen liegt der Verdacht nahe, dass ein chronischer Reiz wie zum Beispiel Zugluft der Auslöser ist oder dass eine Verstopfung des Tränennasenganges vorliegt. Zeigt das Pferd beidseitig wässrigen Ausfluss, so kann auch eine Allergie, beispielsweise gegen Blütenstaub oder verschmutzte Luft (staubige Reitbahn), die Ursache sein. In solchen Fällen kann der Pferdebesitzer das Auge sorgfältig mit sauberem, lauwarmem Wasser auswaschen und die vermutete Ursache ausschalten. Wenn am Auge aber zusätzlich Farbveränderungen festzustellen sind (zum Beispiel eine Trübung der Hornhaut), wenn das Pferd Schmerzen hat oder der Ausfluss eitrig, gelblich und klebrig ist, so muss schnellstmöglich ein Tierarzt gerufen werden. In solchen Fällen liegt meistens eine Infektion durch Bakterien oder Viren und/oder eine Hornhautverletzung vor, die gezielt medikamentös behandelt werden muss. Der Tränennasengang kann nur vom Tierarzt – und zwar am besten von der Nase her – durchgespült werden.

Farbveränderungen können äußerlich entstehen, wenn zum Beispiel die Bindehaut durch eine Entzündung stark gerötet wird oder die Hornhaut sich infolge einer Verletzung eintrübt. Im Inneren des Auges können Farbveränderungen durch Blutungen und Verklumpungen von Eiweißanteilen des Blutes hervorgerufen werden. Weitere Ursachen für Farbveränderungen im Augeninneren sind Trübungen der Linse (grauer Star), Tumorbildungen oder Entartungen (sogenannte Degeneration). Solche Abweichungen können aber meist erst bei genauerer Untersuchung, der sogenannten Inspektion durch den Tierarzt, erkannt und diagnostiziert werden.

Für die Inspektion wird das Pferd in einen dunklen Raum gebracht. Im Allgemeinen muss der Tierarzt den Patienten dazu etwas sedieren und oft zusätzlich oberhalb des Auges mit einem Lidblock den Nerv und damit die Muskeln der Augenlider ausschalten. Dadurch kann das Auge zur Untersuchung gut offen gehalten werden. Für die Untersuchung benötigt der Veterinär besondere Augeninstrumente, um auch die weiter hinten im Auge gelegenen Strukturen genau überprüfen zu können. Zunächst untersucht er die vorderste Struktur, also die Hornhaut. Beim gesunden Auge ist sie klar, glänzendfeucht, glatt und durchsichtig.

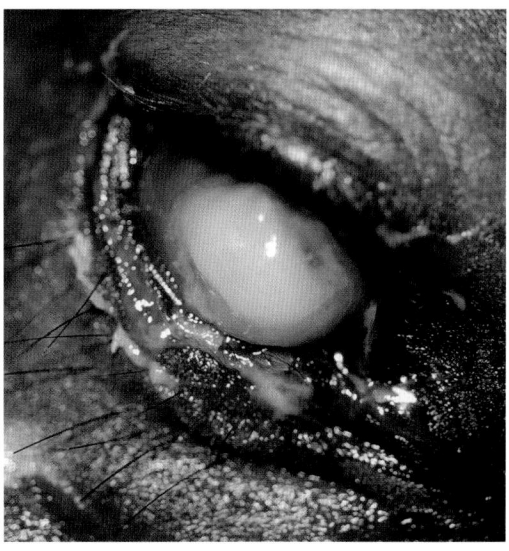

Grau eingetrübte Hornhaut bei einem Pferd mit Pilzinfektion

Der Tierarzt achtet auf Anzeichen von Entzündung, Verletzung oder Infektion. Liegt ein bestimmter Verdacht vor, so nimmt der Veterinär spezielle diagnostische Zusatzuntersuchungen vor. Nötigenfalls testet er die Tränenproduktion, wenn das Auge zu trocken erscheint. Es kann auch erforderlich sein, das Auge mit Fluorescein zu färben, um herauszufinden, ob eine Hornhautverletzung vorliegt. Fluorescein ist ein grüner Farbstoff, der an einer verletzten Stelle der Hornhaut hängen bleibt und so den Defekt besser sichtbar macht.

Die vordere Augenkammer ist beim gesunden Auge mit klarer Flüssigkeit gefüllt, die Pupille steht in beiden Augen mittelweit offen und schließt sich bei starkem Lichteinfall langsam. Die beim Pferd meist braune Regenbogenhaut liegt gleichmäßig flach auf der dahinterliegenden, fein gelblich erscheinenden Linse, die mit bloßem Auge kaum erkennbar ist. Bei Pferden mit heller Fellfarbe und/oder breiter Blesse ist die Regenbogenhaut manchmal auch blau gefärbt. Am oberen und unteren Rand der Pupille befinden sich einige kleine braune Kügelchen, die sogenannten Traubenkörner.
Trübungen in der vorderen Augenkammer sowie Unregelmäßigkeiten, Verdickungen oder Verklebungen der Regenbogenhaut sind ernst-

zunehmende Veränderungen im Auge. Sie deuten ebenso wie eine enge beziehungsweise unbewegliche weite Pupille oder eine grauweiße Trübung der Linse auf eine Erkrankung des Auges hin, die schnellstmöglich von einem Tierarzt diagnostiziert und intensiv behandelt werden muss.

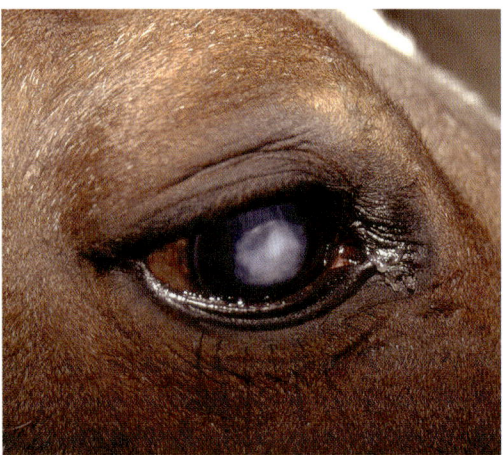

Dichte, weiße Linse (grauer Star) und enge, unbewegliche Pupille infolge von Verklebungen bei einem Pferd mit fortgeschrittener Mondblindheit

Nachdem der Tierarzt die Pupille mit einem Atropin enthaltenden Medikament weitgestellt hat, kann er nun die ganze Linse und die tiefer im Auge liegenden Strukturen untersuchen. Hinter der Linse liegt der Glaskörper und ganz hinten im Auge die Netzhaut. Der Glaskörper hat im gesunden Auge eine klare, gallertartige Struktur, die den Raum zwischen der Linse und der Netzhaut ausfüllt. Bei Entzündungen im hinteren Teil des Auges oder bei altersbedingten Degenerationserscheinungen verfärbt sich der Glaskörper schlierig-grau und wird trüb, während das Sehvermögen des Pferdes abnimmt.

Die Netzhaut ist für die Aufnahme, Um- und Weiterleitung der Lichtreize zuständig. Dort sitzen die lichtempfindlichen Sinneszellen, die alle Informationen aus dem einfallenden Licht auffangen und über den Sehnerv ans Gehirn weiterleiten. Verschiedene Erkrankungen des Auges können zur Zerstörung der Netzhaut führen. Der Tierarzt untersucht, ob er Netzhautnarben oder gar eine Netzhautablösung sehen kann.

Ablösungen der Netzhaut sind äußerst dramatische Erkrankungen, die zur raschen Erblindung führen können.

Typische Anzeichen von Augenschmerzen sind das Zukneifen der Lider, Tränenfluss und Kopfscheue. Das Pferd als Fluchttier bemüht sich, das schmerzende Auge offen zu halten. Folglich sind die Schmerzanzeichen oft nicht sehr auffallend. Häufig kann am schmerzhaften Auge im Vergleich zum gesunden Auge sogar nur ein leichtes Herunterhängen des oberen Augenlides beobachtet werden. Bei der Untersuchung muss also sehr genau auf solche Zeichen geachtet werden.

Größenveränderungen des Augapfels können die Folge von chronischen Augenerkrankungen sein. Herrscht im Auge ein bleibender Überdruck (grüner Star), so kann es zu einer langsamen Ausdehnung des Augapfels (Buphthahnus) kommen. Um die Diagnose eines grünen Stars (Glaukom) zu stellen, muss der Tierarzt mit einem speziellen Gerät, dem Tonometer, den Augendruck messen. Glücklicherweise tritt diese Krankheit beim Pferd relativ selten auf. Eine Schrumpfung des Augapfels (Phthisis bulbi) kann beispielsweise nach einer länger andauernden Entzündung oder nach einer perforierenden Verletzung entstehen. Kann man eine Lageveränderung des Augapfels beobachten, also beispielsweise ein Hervortreten des Auges aus der Augenhöhle (Exophthalmus), so liegt die Ursache meist in der Augenhöhle selber. Auslöser kann zum Beispiel der Druck einer Blutung oder eines Tumors hinter dem Augapfel sein.

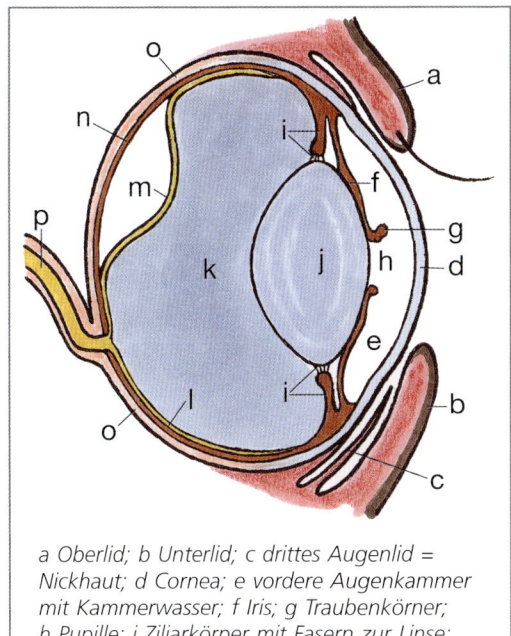

a Oberlid; b Unterlid; c drittes Augenlid =
Nickhaut; d Cornea; e vordere Augenkammer
mit Kammerwasser; f Iris; g Traubenkörner;
h Pupille; i Ziliarkörper mit Fasern zur Linse;
j Linse; k Glaskörper; l Netzhaut = Retina;
m Netzhautablösung; n Aderhaut, o Sehnenhaut = Sklera; p Sehnerv.

*Schematischer Längsschnitt durch ein Pferde-
auge mit teilweiser Ablösung der Netzhaut*

Bei der Diagnosestellung können in vielen Fällen Ultraschallaufnahmen, Röntgenbilder und
manchmal sogar Schichtaufnahmen (Compu-
ter-Tomogramme) gute Dienste leisten. Glücklicherweise gibt es heutzutage auch zahlreiche
Medikamente gegen Bakterien, Viren, Pilze
und Parasiten, aber auch gegen Entzündungen
und Schmerzen, die lokal am Auge oder systemisch (zum Beispiel über die Blutbahn) verabreicht werden können. Bei allen Augenerkrankungen verbessern die frühzeitige Erkennung
und die sofortige Behandlung durch den Tierarzt die Heilungschancen entscheidend.

2. Plötzliche Blindheit

Erblindet ein Pferd plötzlich auf einem Auge,
ohne dass eine offensichtliche dramatische Verletzung vorliegt, so gibt es grundsätzlich zwei
mögliche Ursachen:

1. Im Auge ist eine lichtundurchlässige
   Trübung entstanden.
2. Es liegt eine Erkrankung in der Netzhaut, in
   der Nervenleitung oder im Sehzentrum des
   Gehirns (Sehcortex) vor.

Damit die Sinneszellen der Netzhaut die Lichtwellen aufnehmen können, müssen alle vorge-
lagerten Strukturen im Auge, also die Hornhaut, die vordere Augenkammer, die Linse und
der Glaskörper, klar und lichtdurchlässig sein.
Entsteht eine Trübung, so kann das Licht nicht
mehr bis zur Netzhaut einfallen, und das Pferd
sieht nichts mehr. Die Hornhaut kann sich beispielsweise durch eine Wassereinlagerung und
damit durch eine Änderung des Brechungsin-
dexes sehr dicht eintrüben.

Trübungen im Auge entstehen beim Pferd in
den meisten Fällen infolge von Entzündungen
durch Fibrinausschwitzungen, Verwachsungen
und Blutzellablagerungen. Doch auch ein
stumpfer Schlag auf das Auge kann zu starken
Blutungen im Auge und dadurch zur Erblindung führen. Eine Eintrübung der Linse (grauer
Star) kann durch Stoffwechselstörungen hervorgerufen werden, und degenerative Veränderungen können erhebliche Trübungen des
Glaskörpers bewirken. In vielen Fällen sind die
Trübungen nicht mehr rückgängig zu machen,
und das Auge bleibt sehbehindert oder sehun-
fähig. Damit ein Lebewesen normal sehen
kann, müssen die Sinneszellen in der Netzhaut
die ins Auge einfallenden Lichtwellen ungestört aufnehmen und als Nervenimpulse ins
Gehirn weiterleiten können. Netzhautablösungen, Sehnervenentzündungen oder Tumoren
im Bereich der Sehbahnen oder des Gehirns

können die Impulsübertragung von der Netzhaut zum Gehirn stören. Der Informationsfluss in den Nerven, der für einen normalen Sehvorgang nötig ist, wird dadurch unterbrochen, und das Auge wird blind. Bei Netzhautablösungen und Sehnervenentzündungen kann häufig wenigstens ein Teil des Sehvermögens erhalten bleiben, sofern die Erkrankungen rasch erkannt und behandelt werden.

In jedem Fall muss der Pferdebesitzer sofort den Tierarzt benachrichtigen, wenn er den Verdacht hat, dass die Sehkraft seines Pferdes eingeschränkt ist – sei es, weil das Pferd unsicher oder ängstlich wird, stolpert, häufig erschrickt, Drohbewegungen mit der Hand nicht ausweicht, zu spät die Lider zukneift, wenn ein Gegenstand in Richtung Auge bewegt wird, die Pupille nicht auf starken Lichteinfall reagiert oder das Auge trübe erscheint. Bis zum Eintreffen des Tierarztes sollte das Pferd nicht bewegt werden, sondern in einem vertrauten, etwas abgedunkelten, ruhigen Raum gehalten werden.

Erblindet ein Pferd auf einem Auge, so kann es in den meisten Fällen problemlos wie bisher gehalten werden. Deshalb werden auch sogenannte halbblinde Pferde oft noch verkauft, ohne dass der Käufer dies bemerkt. Das Reiten solcher Pferde, besonders in unbekanntem Gelände, kann allerdings gefährlich sein. Erblindet ein Pferd auf beiden Augen, so ist seine Lebensqualität in der Regel sehr stark eingeschränkt.

3. Periodische Augenentzündung (Mondblindheit)

Die Periodische Augenentzündung ist hierzulande trotz der Fortschritte in der veterinärmedizinischen Forschung immer noch die häufigste Blindheitsursache bei Pferden. Weshalb ein Pferd an Mondblindheit erkrankt, ist bis heute unklar. Nach dem aktuellen Wissensstand handelt es sich um eine Immunkrankheit, die durch verschiedene Grunderkrankungen und Einwirkungen von außen ausgelöst werden kann. Die Haltung, Fütterung und Vererbung scheinen dabei eine untergeordnete Rolle zu spielen. Dagegen gibt es mehrere Hinweise, dass bestimmte Leptospiren (= Bakterien) bei dieser Erkrankung ursächlich eine wichtige Rolle spielen können.

Bei der Mondblindheit handelt es sich um eine Entzündung der Aderhaut im Inneren des Auges (Uveitis), die in unregelmäßigen Abständen immer wieder aufflammt.

Mit jedem Entzündungsschub entstehen im betroffenen Auge weitere, nicht wieder heilbare Folgeschäden wie Verklebungen, Trübungen und Vernarbungen, die letztlich zur Erblindung des Auges führen. Glücklicherweise ist meist nur ein Auge von der Krankheit betroffen. Für das Pferd ist aber jeder der plötzlich auftretenden Schübe sehr schmerzhaft, so dass es das entzündete Auge teilweise geschlossen hält. Das Auge tränt, und die Pupille verengt sich zu einem kleinen Spalt. Dann rötet sich die Bindehaut, und später trüben sich die Hornhaut und die vordere Augenkammer zunehmend ein.

Die Behandlung der Mondblindheit zielt in der Regel auf eine Unterdrückung der entzündlichen Reaktionen ab. Jeder Schub ist ein Notfall, und es muss sofort eine tierärztliche Behandlung eingeleitet werden, um bleibende Schäden im Auge zu verhindern oder zumindest möglichst klein zu halten. Außerdem soll das Pferd schnellstmöglich von den starken Schmerzen befreit werden.

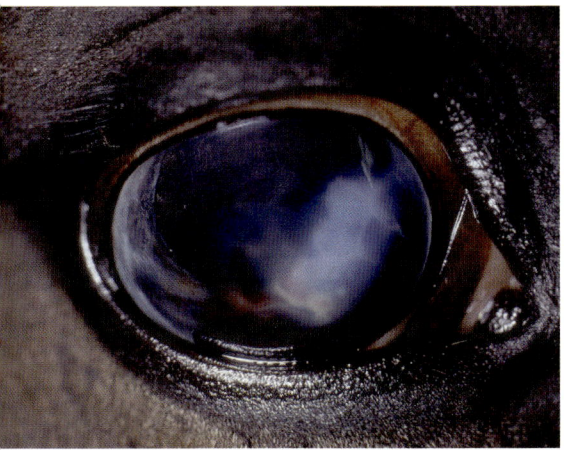

Mondblindheit: Die Hornhaut ist durch die Gefäßeinsprossung gerötet und die vordere Augenkammer durch Fibrinausschwitzungen gelblich getrübt

Beim ersten Anzeichen eines neuen Entzündungsschubes muss also sofort ein Tierarzt benachrichtigt werden, damit er dem Pferd entzündungshemmende und schmerzlindernde Medikamente verabreichen kann. Die Behandlung mit kortisonhaltiger Augensalbe führt dann der Besitzer selber unter regelmäßiger Kontrolle des Tierarztes noch über längere Zeit durch, bis der Schub abgeklungen ist und die Symptome verschwunden sind. Während eines Entzündungsschubes muss das Pferd in einem abgedunkelten Stall gehalten werden. Außerdem muss es geschont werden und darf deshalb höchstens in der Bahn oder im Morgengrauen im Freien leicht bewegt werden, jedoch nie in der Sonne. Besitzer von Pferden, die schon einmal einen Mondblindheitsschub hatten, können allenfalls in Absprache mit dem Tierarzt in der Stallapotheke Atropinaugensalbe und Phenylbutazon bereithalten. So können sie beim ersten Anzeichen eines neuen Schubes bis zum Eintreffen des Tierarztes unverzüglich Erste Hilfe leisten.

In keinem Fall darf man aber beim Verdacht auf einen Rückfall eigenmächtig kortisonhaltige Augensalben einsetzen, ohne dass das Pferd erneut vom Tierarzt untersucht wurde. Liegt nämlich eine Verletzung oder eine Infektion des Auges mit Bakterien oder Pilzen vor, so können diese Medikamente die natürliche Abwehrkraft im Auge so stark verringern, dass sich die Bakterien oder Pilze ungehemmt entwickeln. In der Folge kann die Hornhaut durchbrechen, und es kann zum Ausfließen der Flüssigkeiten der Augenkammern und des Glaskörpers kommen. In einem solchen Fall ist das Auge nicht mehr zu retten, und das normale Aussehen des Pferdes kann nur durch das Einsetzen einer Augenprothese wiederhergestellt werden.

Dank verbesserten Operationstechniken können heute viele Pferde mit der Diagnose einer Mondblindheit erfolgreich operiert werden. Bei dieser Operation wird ein Großteil vom Glaskörper, der die krankmachenden Substanzen enthält, entfernt

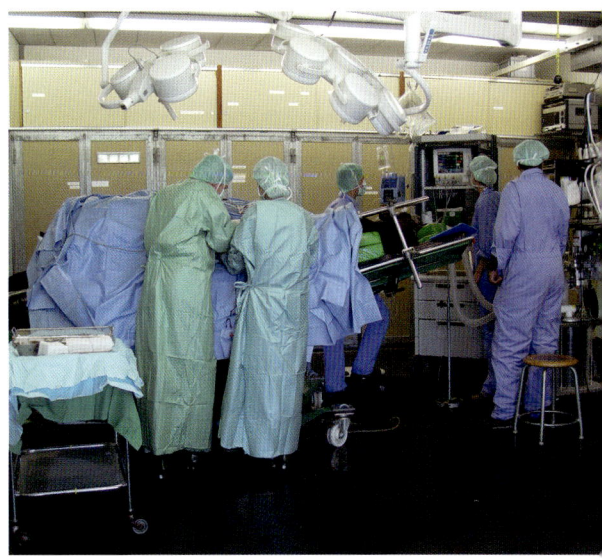

XII. Erkrankungen der Verdauungsorgane

1. Futterverweigerung

Wenn ein Pferd nicht frisst, ist dies immer ein ernstzunehmendes Krankheitsanzeichen. Vor allem bei den häufig übergewichtigen Ponys und Eseln ist eine plötzlich gestörte Futteraufnahme sehr gefährlich, da bei ihnen schon nach kurzer Zeit die Fettreserven mobilisiert werden. Dadurch kann zuviel Fett ins Blut gelangen. In der Folge ist die Durchblutung verschiedener Organe nicht mehr gewährleistet, und es kann im Extremfall zu einem Organversagen und sogar zum Tod des Tieres kommen. Sobald ein Pferd nicht mehr frisst, muss man der Frage nachgehen, ob es nicht fressen kann (Fressunvermögen) oder nicht fressen will (Fressunlust).

Fressunvermögen

In der Maulhöhle steckende Fremdkörper, entzündliche Schwellungen oder Zahnprobleme können dafür verantwortlich sein, dass ein Pferd kein Futter aufnehmen kann. Die häufigsten schmerzhaften Zahnveränderungen sind Zahnhaken, Zahnspitzen oder Zahnfrakturen. Bei jungen Pferden kann auch der Zahnwechsel Schmerzen verursachen und damit die Futteraufnahme beeinträchtigen.

Eine gestörte Futteraufnahme kann vor allem bei dicken Ponys und Eseln rasch zu Stoffwechselstörungen führen

Fressunlust

Da Pferde unter natürlichen Bedingungen bis zu 16 Stunden pro Tag fressen, deutet das Verweigern der Nahrungsaufnahme auf eine schwere Störung des Verdauungssystems oder anderer Organe hin.

Darmveränderungen können ihre Ursache in Infektionen, Überanstrengung, Stress, Fieber oder in anderen Krankheiten haben. Daneben können aber auch übelriechendes, verdorbenes oder schimmeliges Futter sowie verschiedene Krankheiten wie die Druse, Lungenentzündungen oder andere Erkrankungen zu Fressunlust führen.

➕ **Erste-Hilfe-Maßnahmen**
In Kapitel II, Seite 53 »Beurteilung des Gesundheitszustandes« wird die Inspektion der Maulhöhle beschrieben.

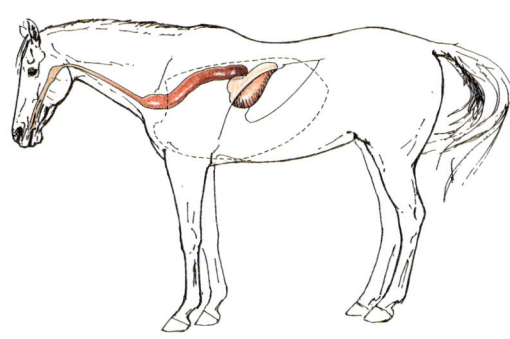

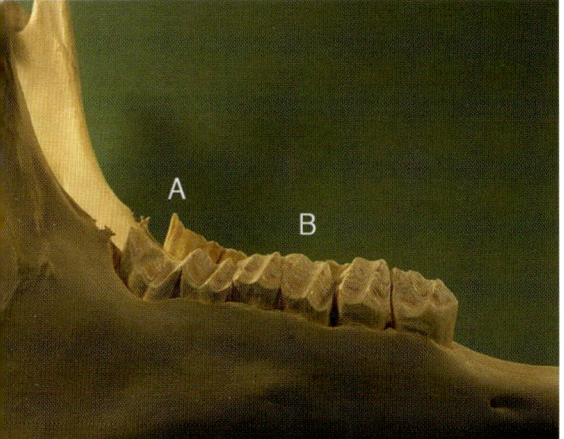

Schema einer Schlundanschoppung

Zahnveränderungen wie zum Beispiel Haken-(A) und Spitzzähne (B) bereiten dem Pferd beim Fressen starke Schmerzen, weil sie bei jeder Kieferbewegung die sehr empfindliche Backenschleimhaut verletzen und sich in die Zunge bohren können

Außerdem muss man die Futtermittel kontrollieren und nach anderen möglichen Ursachen suchen. Vor allem bei dicken Tieren darf man nicht zögern, den Tierarzt sofort zu verständigen. Auch die Selbsttränke muss überprüft werden. Es könnte sein, dass das Pferd sie infolge eines technischen Fehlers, wegen eingefrorener Leitungen oder auch wegen Verschmutzung mit Kot nicht mehr benützt wird.

2. Schlundanschoppung

Als Schlundanschoppung wird eine Verstopfung der Speiseröhre mit Futterbestandteilen bezeichnet. Dadurch kann weder Futter noch Speichel in den Magen gelangen. Die Schlundanschoppung wird vor allem durch stark quellende Futtermittel wie zum Beispiel ungenügend eingeweichte Zuckerrübenschnitzel verursacht. Aber auch gepresstes Alleinfutter oder andere, relativ trockene Futtermittel, zu kurze Heu- und Strohhäcksel, können zu einer Schlundanschoppung führen.

Besonders gefährdet sind Pferde, die sehr rasch fressen, wofür oft der Futterneid oder zu kurze Fütterungszeiten verantwortlich sind. Eine Schlundanschoppung kann auch auftreten, wenn Pferde nach großer Anstrengung gefüttert werden, ohne dass sie genügend Flüssigkeit aufnehmen können. Das Futter bleibt meistens an bestimmten Engpässen der Speiseröhre stecken, nämlich im Bereich des Brusteinganges oder im letzten Abschnitt des Schlundes unmittelbar vor dem Mageneingang. Futter und Speichel fließen dann aus der Speiseröhre zurück und gelangen über den Rachen einerseits in die Maulhöhle und andererseits in die Nasenhöhle. Ein anderer Teil des gestauten Futterbreis gelangt durch den Kehlkopf und die Luftröhre in die Lunge. Das Bild einer ernsten Schlundanschoppung ist so dramatisch, dass der betroffene Pferdebesitzer es nicht mehr vergessen wird!
Die Pferde haben futterhaltigen Nasenausfluss, beginnen zu würgen und leiden unter wiederholten Hustenanfällen. Bei länger bestehender Schlundanschoppung kann so viel Speichel und Futter in die Lunge gelangen, dass es zu einer schweren Lungenentzündung und in seltenen Fällen auch zum Tod des Pferdes kommen kann.

✚ Erste-Hilfe-Maßnahmen

Jede weitere Futter- und Wasseraufnahme muss vermieden werden, damit nicht zusätzliche Futterbestandteile in die Lunge gelangen. Das Pferd sollte beruhigt werden, damit es möglichst wenig Speichel produziert. Falls die Anschoppung auf der linken Halsseite zu fühlen ist, kann man versuchen, den Futterpropfen durch vorsichtiges Massieren zu zerkleinern und/oder nach unten zu befördern. Der Kopf des Pferdes muss möglichst tief gehalten werden, damit der zurückgestaute Speichel aus der Maulhöhle fließen kann und nicht in die Luftröhre gelangt.

Man muss so rasch wie möglich den Tierarzt verständigen. Er kann die Anschoppung mit Hilfe von Medikamenten und mit einem speziellen Gummi- oder Plastikschlauch, der sogenannten Nasen-Schlund-Sonde, beheben. Wenn es ihm nicht gelingt, den ganzen Futterpropfen zu zerkleinern und nach unten in den Magen zu schieben, ist die Einlieferung in eine Klinik notwendig. Dort muss das Pferd unter Umständen abgelegt werden und unter Narkose muss versucht werden, den Pfropfen bei tief gelagertem Kopf herauszuspülen.

Zwei wichtige Vorbeugemaßnahmen

Zuckerrübenschnitzel müssen vor dem Verfüttern immer gut eingeweicht werden und stark gepresstes Fertigfutter darf nur sehr vorsichtig und in kleinen Portionen an nervöse und futterneidische Pferde verfüttert werden.

3. Kolik

Schmerzsymptome, die im Zusammenhang mit Organveränderungen in der Bauch- und Beckenhöhle auftreten, bezeichnet man als Kolik. Je nach Charakter und Schweregrad der Veränderungen zeigen die Pferde ihre Schmerzen unterschiedlich stark. In der Regel erscheint ein an Kolik erkranktes Pferd sehr stark erregt: Es

Fohlen mit Kolik

bewegt sich ungewöhnlich viel, schlägt mit dem Schweif, geht im Kreis herum, scharrt mit den Vorderhufen und/oder schlägt mit den Hinterbeinen. Häufig schauen sich Kolikpferde nach hinten zum Bauch um, legen sich nieder und stehen wieder auf. Der Patient kann sich auch auf den Boden werfen, sich wälzen und in Rückenlage liegen bleiben. Es gibt allerdings auch Pferde, die selbst bei schwereren Darmveränderungen wenig Schmerzen zeigen und nur durch vermehrtes Liegen und/oder Fressunlust auffallen. In diesem Fall spricht man von einer sogenannten »stillen Kolik«.

Bei schweren Koliken wird infolge der Organschädigungen rasch der Kreislauf in Mitleidenschaft gezogen: Das Pferd beginnt zu schwitzen, der Puls steigt an, ist aber schwach und kaum fühlbar, die Farbe der Schleimhaut verändert sich von rosa zu violett, und die Durchblutung des Gewebes ist extrem reduziert, so dass sich die kapillare Füllungszeit deutlich verlängert.

Oft verletzen sich die Pferde beim häufigen Hinlegen und haben nach kurzer Zeit blutende Hautstellen über den hervorstehenden Skelettteilen wie zum Beispiel an den Augenbogen, Ellbogen, Karpalgelenken, Knien und Hüfthöckern.

Koliken können viele verschiedene Ursachen haben, die in den meisten Fällen die Verdauungsorgane betreffen. Seltener können auch Probleme der Geschlechtsorgane (Gebärmutter- und Hodendrehung), der Harnorgane (Nieren- und Blasensteine) oder des Kreislaufapparates (Blutgerinnsel) Koliken auslösen. Weil aber die Veränderungen des Magens und der Därme deutlich überwiegen und deren Konsequenzen so ernst sind, werden nachfolgend vor allem die wichtigsten Kolikformen der Verdauungsorgane beschrieben.

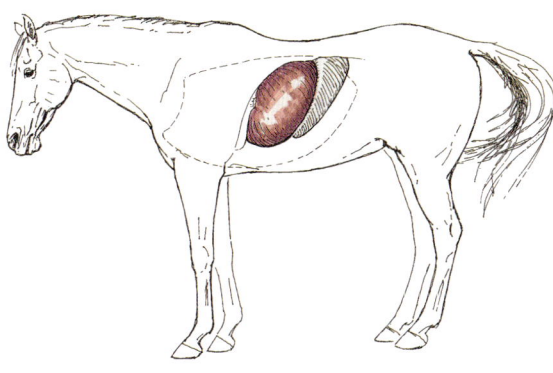

Schema einer Magenüberladung

und durch bestimmte Gifte entstehen. Auch eine fehlende Magen-Darm-Tätigkeit, bei der sich der Magen nicht mehr in den Dünndarm entleert, kann zu einer sogenannten primären Magenüberladung führen, die zum Beispiel dann auftritt, wenn sich Pferde freien Zugang zur Haferkiste verschafft haben.

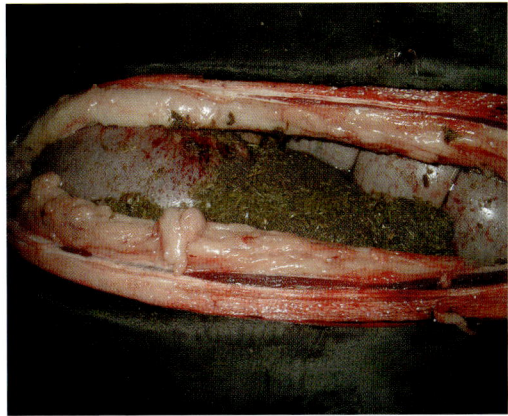

Magenruptur, die infolge einer Magenüberladung entstanden ist

Dabei fressen die Pferde zu viel von diesem Futter, wodurch die Magen-Darm-Tätigkeit gestört wird und eine Magenüberladung stattfindet. Andererseits kann auch eine Veränderung am Dünndarm zum Rückfluss (Reflux) von flüssigem Darminhalt in den Magen und damit zu einer fatalen sekundären Magenüberladung führen.

3.1 Magenüberladung

Eine Überladung des Magens kann für das Pferd lebensbedrohliche Folgen haben, weil der Pferdemagen nur ein relativ geringes Fassungsvermögen hat (beim erwachsenen Warmblutpferd circa 12 bis 15 Liter) und das Pferd nicht erbrechen kann, um den Magen zu entleeren. Deshalb ist das Risiko sehr groß, dass der Magen bei starker Überfüllung mit Futter, Flüssigkeit oder Gas platzt, was immer zum Tod des Pferdes führt.

Eine Magenüberladung kann beispielsweise durch falsche oder verdorbene Futtermittel

3.2 Magengeschwüre

Wie die Menschen können auch Pferde an kleinen und größeren Defekten an der Schleimhaut des Magens, den sogenannten Magengeschwüren, leiden. Die Ursachen können erhöhte psychische Belastung (Stress), falsche Fütterung und bestimmte Parasiten sein. Bei Fohlen und Rennpferden kommen Magengeschwüre besonders häufig vor. Typische Hinweise auf ein Magengeschwür sind wiederholte, eher leichte Koliken. Für eine sichere Diagnosestellung ist eine Untersuchung des Magens mit einer speziellen Lichtsonde (Gastroskop) notwendig.

3.3 Krampfkoliken

Krampfkoliken entstehen durch das krampfartige Zusammenziehen der Darmwandmuskulatur und können starke Schmerzen verursachen. Sie können durch vermehrten Stress (Wettkämpfe, Verkehr, Überbeanspruchung), falsche Futtermittel, Würmer, Wetterwechsel oder auch Personalwechsel im Stall ausgelöst werden. Diese Kolikform kommt bei Pferden sehr häufig vor und ist tierärztlich gut zu behandeln. Wird sie jedoch verschleppt, so kann die Krampfkolik zu schlimmeren Kolikformen wie zum Beispiel Darmverdrehungen führen.

3.4 Darmanschoppungen (Obstipationen)

Anschoppungskoliken gehören beim Pferd neben den Krampfkoliken zu den am häufigsten auftretenden Kolikerkrankungen. Unter einer Anschoppung versteht man die Ansammlung und Eintrocknung von Darminhalt an bestimmten Stellen des Verdauungskanals.

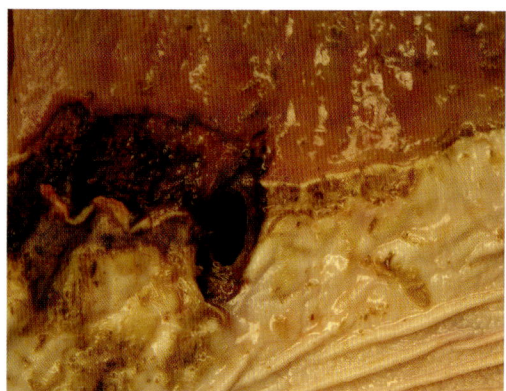

Bild von einem Magengeschwür, das zu einem Durchbruch in der Magenwand geführt hat

Gleichzeitig ist die Darmtätigkeit reduziert, wodurch sich die Darmpassage des Futterbreis zusätzlich verlangsamt. Beim Fortschreiten der Anschoppung kommt es zu einer Ausdehnung und schließlich zu einem teilweisen oder vollständigen Verschluss (Ileus) des Darmes. Es gibt einige bevorzugte Stellen im Verdauungskanal, an denen die Passage durch anatomische Gegebenheiten behindert wird. Dazu zäh-

len einerseits Darmabschnitte mit einem geringen Durchmesser wie der Hüftdarm und die Beckenflexur des großen Grimmdarms sowie der kleine Grimmdarm. Andererseits stellen auch die Übergänge von sehr weitlumigen Teilen des Verdauungsapparates in Darmabschnitte mit einem kleinen Durchmesser Passagehindernisse dar, etwa der Ausgang aus dem Blinddarm in den großen Grimmdarm oder der Übergang der magenähnlichen Erweiterung in den kleinen Grimmdarm.

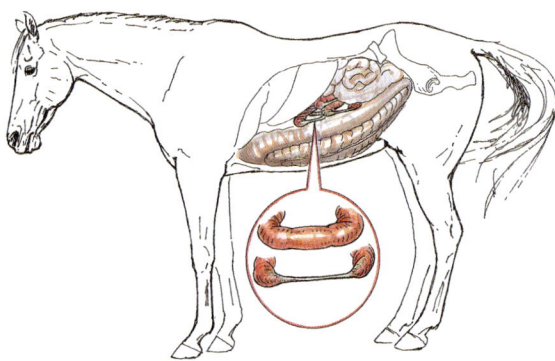

Schema einer Krampfkolik

Neben diesen anatomischen Besonderheiten gibt es noch viele andere Faktoren, welche die Entstehung von Anschoppungskoliken begünstigen.

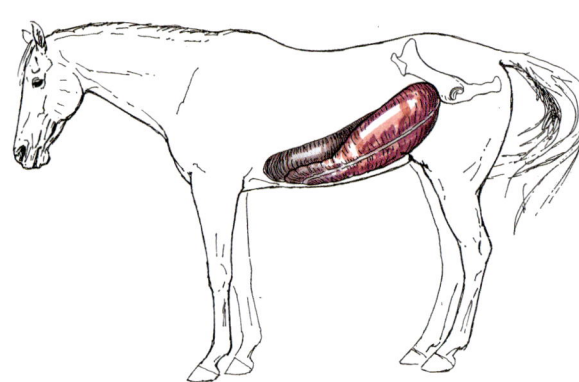

Schema einer Dickdarmanschoppung in der Beckenflexur

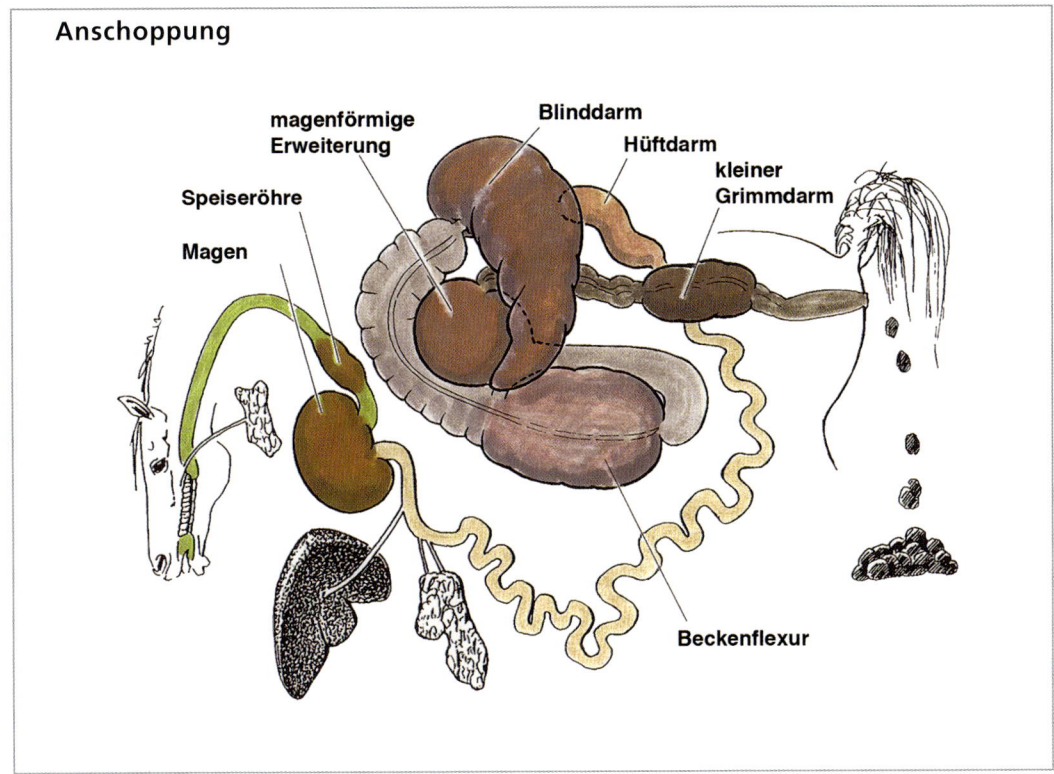

Anschoppung

magenförmige Erweiterung · Speiseröhre · Magen · Blinddarm · Hüftdarm · kleiner Grimmdarm · Beckenflexur

Schema von verschiedenen anatomischen Engpässen im Verdauungstrakt

Futter: Nicht pferdetaugliche Futtermittel und Fütterungstechniken führen häufig zu Anschoppungskoliken. Sowohl eine zu rohfaserreiche Fütterung (Stroh) als auch zu rohfaserarme Rationen (Kraftfutter) können Anschoppungskoliken auslösen.

Zahnprobleme: Infolge von Zahnveränderungen wird das Futter zu wenig zerkleinert und eingespeichelt, so dass es in bestimmten Darmabschnitten liegen bleiben kann.

Wasseraufnahme: Eine reduzierte Wasseraufnahme kann ebenfalls zu einer Eintrocknung des Futterbreis führen.

Würmer: Würmer spielen bei Anschoppungskoliken, vor allem bei Jungpferden, eine wichtige Rolle.

Einerseits können die Darmparasiten die Nerven in den Darmwänden schädigen, so dass die Darmtätigkeit beeinträchtigt wird. Andererseits kann bei einem Massenbefall, wie er leider manchmal bei Fohlen auftritt, das Darmlumen verlegt werden, so dass der Futterbrei nicht daran vorbeifließen kann.

Die Darmtätigkeit wird auch durch die körperliche Aktivität des Pferdes beeinflusst. Falls ein Pferd wegen einer Lahmheit mehrere Tage lang in der Box bleiben muss, fehlt der positive Einfluss der Bewegung auf den Verdauungsapparat. Dadurch kann es zu einer starken Reduktion der Darmtätigkeit und in der Folge davon zu einer Anschoppungskolik kommen.

3.5 Darmblähungen (Windkoliken)

Darmblähungen werden vor allem durch schlecht verdauliches, ungewohntes oder schimmliges Futter verursacht. Es kommt dann zu einer massiven Störung der Darmflora, bei der bestimmte Bakterien absterben, während sich andere ungehemmt vermehren. Häufig stehen diese Fehlgärungen am Anfang von verschiedenen schweren Kolikformen.

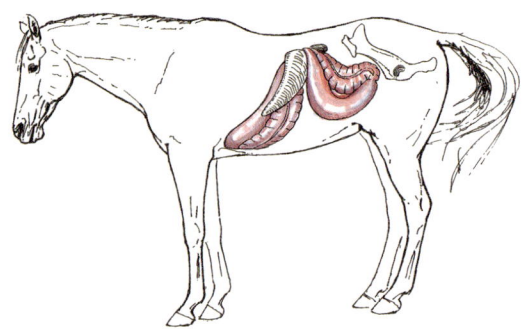

Schema einer Dickdarmverlagerung über das Nierenmilzband

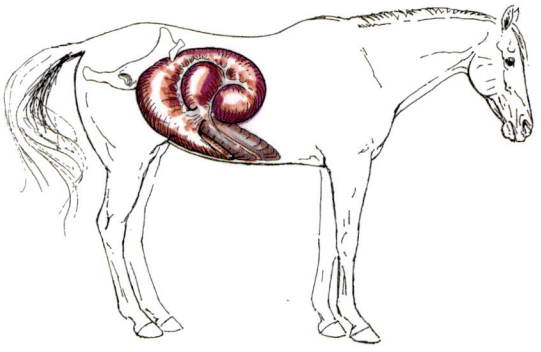

Schema einer Blinddarmblähung

In den meisten Fällen sind mehrere Darmteile betroffen, so dass das ganze Pferd aufgebläht erscheint. Darmblähungen können auch sekundär infolge einer Anschoppung entstehen: Weil durch die Anschoppung die Darmpassage gestört ist, kann es zu Fehlgärungen kommen.

3.6 Darmverlagerungen

Vor allem der Dickdarm kann sich leicht verlagern, weil er nur ungenügend in der Bauchhöhle befestigt ist. Im Gegensatz zum Dünndarm, der in seiner ganzen Länge am oberen Teil der Bauchwand festgemacht ist, gibt es beim Dickdarm Abschnitte, die wenig fixiert sind. Dadurch kann es bei Fehlgärungen oder Anschoppungen zu den verschiedensten Darmverlagerungen kommen. Häufige Ursachen von Darmverlagerungen sind Anschoppungen und Aufgasungen.

3.7 Wurmkoliken

Die Wurmkolik ist eine der am längsten bekannten Darmerkrankungen der Pferde. Bereits in alten Pferdemedizinbüchern wird dieses Krankheitsbild detailliert beschrieben und es werden mögliche Vorbeugemaßnahmen diskutiert. Es erstaunt daher, dass auch im 21. Jahrhundert immer noch Pferde an Wurmkoliken erkranken und leider viel zu oft auch daran sterben. Die Würmer (Parasiten) entwickeln sich über bestimmte Stadien, die für jeden Parasiten charakteristisch sind. Die Entwicklung erfolgt von den Eiern über verschiedene Larvenstadien zu den erwachsenen (adulten) Würmern. Die Entwicklung kann im Freien, im Pferd oder in einem anderen Tier, dem sogenannten Zwischenwirt, stattfinden.

Sowohl der adulte in einem bestimmten Gewebe schmarotzende Parasit als auch die Entwicklungsstadien, die Larven, können zu starken Organveränderungen führen. Je nach Parasit sind unterschiedliche Organe betroffen. Das Ausmaß der Schädigung hängt sehr stark von der Befallsstärke ab. Eine geringe Zahl von Parasiten wird von den Pferden meistens ohne Symptome toleriert.

Die erwachsenen Parasiten ernähren sich von Darminhalt, verschiedenen Körpersäften wie Blut und auch von Gewebe und schädigen den Organismus durch den Nahrungs- und Vitaminentzug.

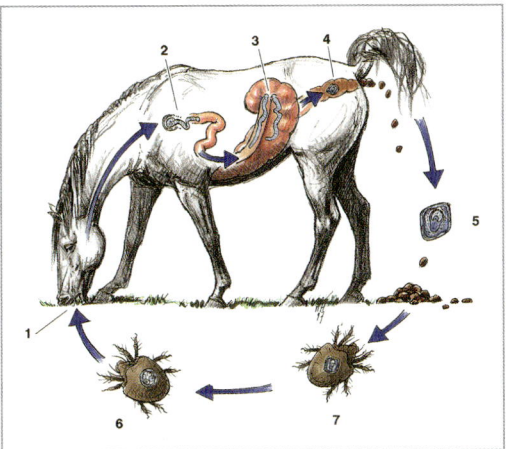

*Entwicklungszyklus der großen Strongyliden
1) Aufnahme von infektionsfähigen Larven mit
dem Futter 2) Larven gelangen in den Dickdarm
3) Larven wandern in den Darmarterien zur Ge-
krösewurzelarterie 4) Larven wandern in den
Arterien wieder in den Dickdarm zurück 5)
Nach erfolgter Paarung beginnen die Weibchen
mit der Eiablage 6) Eier werden mit dem Kot
ausgeschieden 7) Nach einigen Tagen schlüpfen
die Larven aus den Eiern und verlassen den Kot*

Viele unspezifische Symptome wie Abmage-
rung, Appetitlosigkeit, struppiges Haarkleid
und reduzierte Leistungsbereitschaft können
die Folge sein. Bei starkem Befall mit blutsau-
genden Parasiten kann es selbst zu einer Blutarmut kommen.

*Spulwürmer der Pferde können besonders bei
Fohlen zu einem Darmverschluss führen*

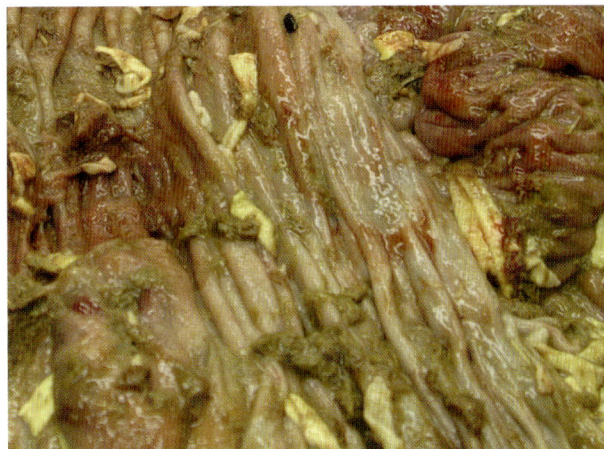

Bandwürmer im Darminhalt

Gewisse Parasiten wiederum beißen sich in der
Magen- oder Darmwand fest und verursachen
dort eine Entzündung, was zu wiederholten
Koliken führen kann. Bestimmte Parasiten können auch den Darm vollständig verlegen und
somit einen Darmverschluss verursachen. Auch
Nerven, die für die Darmtätigkeit wichtig sind,
werden durch die Parasiten geschädigt.

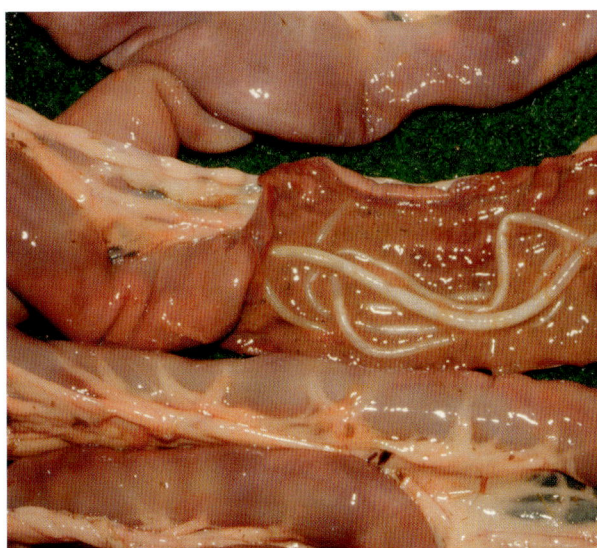

*Ein massiver Befall mit Spulwürmern kann zu
einem Darmverschluss führen*

3.8 Darmeinstülpungen (Invaginationen)

Die Bewegungen des Darmes bezeichnet man auch als Peristaltik. Infolge von übermäßiger Darmtätigkeit kann sich ein Darmteil in den nachfolgenden Bereich des Darmes einstülpen. Dadurch wird der weitere Durchfluss des Darminhaltes behindert, was zu einer schweren Kolik führen kann. Bei Fohlen wird diese Störung häufig durch eine starke Verwurmung hervorgerufen.

3.9 Darmeinklemmungen (Inkarzerationen)

In der Steppe stellen Wurmkoliken kein großes Problem dar

Darmteile können auch in bestimmten Hohlräumen beziehungsweise Öffnungen eingeklemmt (inkarzeriert) werden. Man glaubt, dass sich Teile des Darms mit Hilfe von rückwärts gerichteten, sogenannten antiperistaltischen Darmbewegungen durch kleine Eintrittspforten zwängen. In wenigen Fällen können sich die Därme selber wieder daraus befreien. Meist schwellen die eingeklemmten Darmteile jedoch an und werden dadurch immer mehr eingeschnürt. In der Folge werden Blutzufuhr und Blutabfluss unterbunden und es kommt zu einer starken Schädigung der Darmwand.

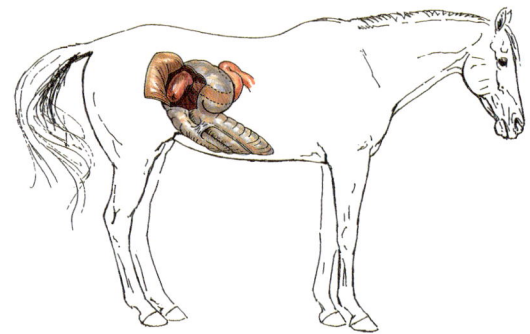

Schema einer Einstülpung des Hüftdarmes in den Blinddarm

Es gibt verschiedene Stellen, an denen sich die Därme einklemmen können. Besonders gefürchtet ist beim Hengst die Einklemmung von Dünndarmteilen im Bereich des Hodensacks.

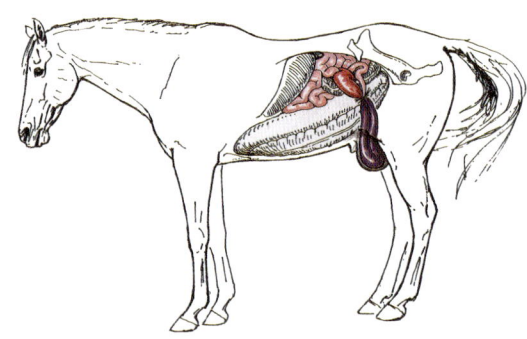

Schema einer Einklemmung von Dünndarmteilen im Hodensack

Bei Fohlen kann das kurz nach der Geburt passieren, ohne dass die Därme abgeklemmt werden. Bei erwachsenen Hengsten führt eine solche Einklemmung dagegen immer zu schweren Kolikformen und zu einer Schädigung der Därme. Bei älteren Pferden können Darmteile durch ein kleines Loch neben die Leber gelangen und dort eingeklemmt werden.
Bekannt sind auch Koliken infolge von Nabelbrüchen. Dazu kann es kommen, wenn nach

der Geburt zwischen den Bauchdeckenanteilen im Bereich des Nabels eine kleinere oder größere Öffnung verbleibt, die sogenannte Bruchpforte. Durch diese Bruchpforte können aus der Bauchhöhle Fettgewebe oder Darmteile vorfallen. Man spricht dann von einem Bruch oder einer Hernie. Wird das vorgefallene Gewebe außerdem abgeklemmt, so bezeichnet man dies als eingeklemmten Bruch oder als inkarzerierte Hernie.

Auch in den breiten Aufhängebändern der Bauchhöhle entstehen gelegentlich kleine Risse, in denen Darmteile hängen bleiben können.

Die Darmteile können in der Regel nur durch einen operativen Eingriff wieder aus diesen Räumen oder Spalten herausgezogen und in die normale Lage gebracht werden. Je rascher die Pferde operiert werden, desto besser sind die Chancen auf einen guten und komplikationslosen Heilungsverlauf.

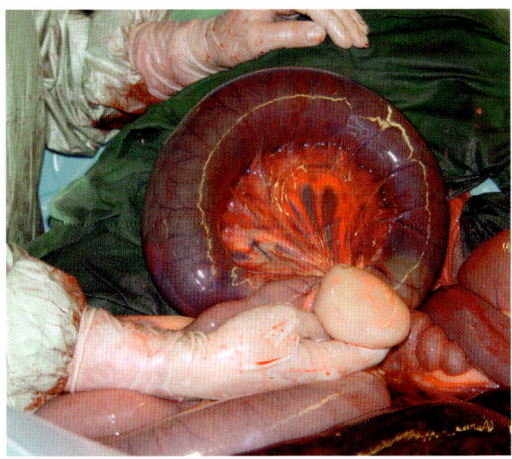

Eingeklemmter Dünndarmteil: Dieser Darmteil ist dunkler verfärbt – ein Zeichen dafür, dass er abgestorben oder nekrotisch ist und entfernt werden muss

Wenn die Darmteile bereits längere Zeit eingeklemmt waren, sind sie infolge der unterbrochenen Durchblutung oft so schwer geschädigt, dass sie operativ entfernt werden müssen. Danach muss dann eine neue Verbindung zwischen den verbleibenden Darmteilen hergestellt werden.

3.10 Darmverdrehungen (Torsionen)

Darmverdrehungen sind die am meisten gefürchteten Koliken, weil dabei die Blutgefäße von großen Darmabschnitten völlig abgeschnürt werden. Damit ist die Durchblutung der Därme nicht mehr gewährleistet, wodurch diese innerhalb kurzer Zeit absterben. In solchen Fällen ist eine rasche Operation äußerst wichtig, um das Leben des Pferdes noch zu retten. Anderenfalls stirbt das Pferd an einem nicht umkehrbaren, sogenannten irreversiblen Schock.

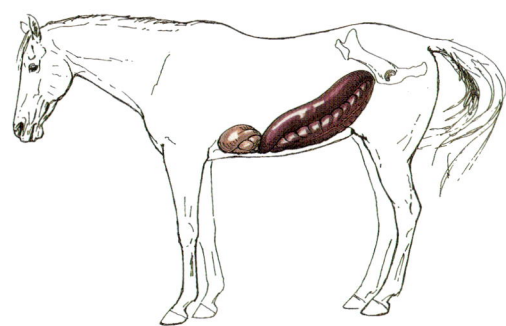

Schema einer Dickdarmverdrehung

Vor allem die Dickdarmverdrehung, die bei Stuten häufiger vorkommt, ist sehr gefährlich. Innerhalb weniger Stunden muss der verdrehte Darm wieder in die richtige Lage gebracht werden, damit das Pferd überleben kann. Aber auch die Drehung der Dünndärme um ihre eigene Gekrösewurzel wird gefürchtet und muss sehr rasch operiert werden.

3.11 Andere Kolikformen

Sandkoliken: Bei einer Sandkolik sammelt sich der durch die Nahrung aufgenommene Sand auf dem Darmboden an und kann so nach einer bestimmten Zeit zu einer Verstopfung führen. Besonders gefährdet sind Pferde, die auf sandigen Böden weiden oder ihr Futter auf einem solchen Untergrund verabreicht bekommen. Hierzulande sind Sandkoliken relativ selten.

Darmsteine: Auch Darmverstopfungen infolge von Darmsteinen sind in unseren Gegenden ziemlich selten. Die größtenteils runden oder viereckigen Darmsteine vergrößern sich langsam und können in den Engpässen stecken bleiben. Solche Steine können bis zu zehn Kilogramm schwer sein.

Bei einer Bauchhöhlenoperation wurden diese Darmsteine aus dem Darm entfernt

Blutgerinnsel: Infolge von Wurmlarven, die Gefäßwände verletzen, können sich Blutgerinnsel bilden. Die Blutgefäße werden verstopft, so dass bestimmte Darmabschnitte ungenügend durchblutet werden und in der Folge absterben. Das führt zu sehr schweren Koliken. Solche nekrotischen Darmabschnitte können heute bis zu einer Länge von zehn Metern operativ entfernt werden: Man schneidet sie heraus und näht die beiden freien Enden wieder zusammen. Ein rechtzeitiges Eingreifen ist in solchen Fällen für das Überleben der Pferde von ausschlaggebender Bedeutung.

Grass Sickness: In bestimmten Gebieten tritt hauptsächlich bei Weidepferden eine schwere Darmveränderung auf, die man als Grass Sickness bezeichnet. Noch unbekannte Schadstoffe zerstören die Nervenzellen in den Verdauungsorganen, so dass die Darmtätigkeit lahm gelegt wird. Als Ursache sind verschiedene Bakterien-, Pflanzen- und Pilzgifte sowie Viren in der Diskussion, doch die genaue Entstehung dieser Krankheit ist weiterhin unbekannt.

Je nach Schweregrad sterben die Pferde innerhalb von wenigen Stunden oder sind einige Tage bis Wochen lang schwer krank. Sie sind apathisch, liegen viel, zeigen leichte Koliksymptome, die Fresslust und der Kotabsatz sind reduziert. Die Herzfrequenz ist deutlich erhöht und die Farbe der Schleimhäute stark verändert.

3.12 Beurteilung von Kolikpferden

Bei jedem Kolikverdacht sollte man zuerst eine Allgemeinuntersuchung durchführen, um die Gefährlichkeit der Erkrankung abschätzen und den Tierarzt entsprechend informieren zu können. Damit der Veterinär den Schweregrad der Notfallsituation schon am Telefon beurteilen kann, sollten Sie das folgende Beurteilungsschema anwenden:

Einfache Kolik
- Leichte Kolikanzeichen (Unruhe, Scharren im Stroh, Futterverweigerung, evtl. übermäßiges Liegen mit auffällig viel Strohhalmen in Mähne und Schweif)
- Pferd ist trocken
- Normaler Puls
- Normale Farbe der Schleimhäute
- Kapillare Füllungszeit normal
- Atmung normal
- Normaltemperatur
- Aufmerksame, offene Augen

Komplizierte Kolik
- Starke Kolikanzeichen (Scharren, Wälzen, Pferd wirft sich auf den Boden)
- Plötzliches Ruhigwerden des Pferdes
- Pferd schwitzt
- Puls über 50 Schläge/Min.
- Farbe der Schleimhäute verändert
- Kapillare Füllungszeit verlängert
- Stoßweise, gepresste Atmung
- Fieber oder Untertemperatur (kalte Ohren und Gliedmaßen)
- Zurückfallen der Augäpfel in die Augenhöhlen

Bis zum Eintreffen des Tierarztes kann das Pferd im Schritt an der Hand leicht bewegt werden, wobei dies im Sommer nur im Schatten geschehen darf. Dadurch wird die Darmtätigkeit angeregt, das Pferd aber kreislaufmäßig nicht belastet. Auf keinen Fall darf das Pferd geritten oder im Trab longiert werden. Dadurch würde der schon in Mitleidenschaft gezogene Kreislauf noch weiter strapaziert.

Man kann das Pferd in eine große und gut eingestreute Box oder in die Reitbahn bringen, wo es sich frei bewegen kann. Dort darf es sich auch hinlegen und wälzen. Viele Pferdefachleute sehen das Wälzen immer noch als Ursache einer später festgestellten Darmverdrehung oder Darmverlagerung an. Das ist aber nicht richtig. Der Zusammenhang ist so zu erklären, dass Pferde, die eine Darmverdrehung oder -verlagerung haben, immer wieder versuchen, sich hinzulegen und sich durch Wälzen Erleichterung zu verschaffen. Tatsächlich können sich eingeklemmte oder verdrehte Darmteile in manchen Fällen sogar durch Wälzen wieder lösen oder zurückdrehen. Bei bestimmten Kolikformen, wie zum Beispiel bei der Aufhängung des Grimmdarmes über dem Nierenmilzband, werden die Pferde deshalb nicht selten vom Tierarzt nach Verabreichen einer Beruhigungsspritze gewälzt, bevor man sich zu einer Eröffnung der Bauchhöhle entschließt. Mit dieser Methode kann der eingeklemmte Darmteil wieder in seine ursprüngliche Lage zurückfallen.

Das unkontrollierte Hinlegen und Wälzen birgt also nicht die häufig angenommene Gefahr, dass Darmteile eingeklemmt oder verdreht werden. Trotzdem ist das Wälzen nicht ungefährlich. Die Pferde können sich bei engen Platzverhältnissen oder bei harten Stallböden an hervorstehenden Teilen der Stalleinrichtung verletzen. Wenn keine anderen Lokalitäten vorhanden sind, empfiehlt es sich deshalb, die Box tief einzustreuen und feste Bestandteile der Stalleinrichtung wie Futtertröge oder Tränkebecken zu polstern. Bei engen Verhältnissen besteht außerdem die Gefahr des Festliegens. Durch verschiedene Untersuchungen versucht der Tierarzt, die genaue Ursache und den Schweregrad der Kolik zu ermitteln. Anschließend wird er eine Empfehlung abgeben, ob das Pferd im Stall mit Medikamenten und Infu-

Wichtiger Hinweis
Da Koliken oft zu lebensbedrohlichen Zuständen führen, sollte man beim Auftreten der ersten Anzeichen immer den Tierarzt verständigen. Jede weitere Futter- und Wasseraufnahme muss vermieden werden, da bei einer bestehenden Magenüberladung die Gefahr der Magenruptur steigt.
Beim Umgang mit Pferden, die sich hinwerfen, wälzen oder festliegen ist äußerste Vorsicht geboten.

sionen behandelt werden kann oder ob es in eine Klinik überwiesen werden sollte, wo es nötigenfalls operiert werden kann.

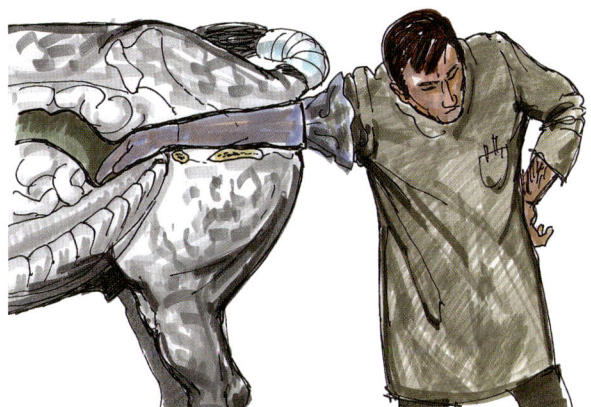

Der Tierarzt informiert sich bei einer Untersuchung durch den Darm (rektale Untersuchung) über die Lage und Größe von verschiedenen Darmabschnitten

4. Durchfall

Viele unterschiedliche Ursachen können beim Pferd Durchfall auslösen – zum Beispiel Ernährungsfehler wie abrupte Futterumstellungen, schlechte und verdorbene Futtermittel oder Giftpflanzen. Oft haben Pferde auch in bestimmten Stresssituationen (Transport, Turnier, Klinik) sogenannten »nervösen Durchfall«. Außerdem gibt es viele Infektionserreger wie Viren, Bakterien, Pilze oder Parasiten, die mehr oder weniger starken Durchfall auslösen kön-

Pferd mit starkem Durchfall

nen. Sehr gefürchtet ist eine meistens recht dramatisch verlaufende Dickdarmentzündung (Colitis), deren Ursache man nicht genau kennt. Deshalb bezeichnet man sie als »Colitis X«. Diese Krankheit führt dazu, dass innerhalb weniger Stunden große Flüssigkeitsmengen durch den Darm ausgeschieden werden, wodurch die Pferde oft selbst bei rascher tierärztlicher Behandlung an Kreislaufversagen sterben. Diese Dickdarmentzündung äußert sich in starkem Durchfall, Fieber, erhöhtem Puls, deutlich veränderten Schleimhäuten und massiv gestörtem Allgemeinbefinden.

Erste-Hilfe-Maßnahmen

Durchfall kann bei Pferden lebensbedrohlich sein, da der Körper mit den großen Flüssigkeitsmengen auch viele lebensnotwendige Elektrolyte (Salze, die den Wasserhaushalt regulieren) verliert.

Leichten Durchfall kann man zunächst mit diätetischen Maßnahmen zu stoppen versuchen. Vorerst sollte man aber die Fütterungstechnik und die Qualität der Futtermittel genau überprüfen. Oft ist es auch notwendig, den Kot des Pferdes auf Parasiten, Bakterien oder andere Krankheitserreger zu untersuchen. Bei starkem Durchfall und bei gestörtem Allgemeinbefinden muss umgehend der Tierarzt verständigt werden!

Vorbeugend muss man darauf achten, jede Futterumstellung langsam durchzuführen, also durch schrittweise Erhöhung des neuen Futteranteils, während man gleichzeitig das bisherige Futter allmählich reduziert.

Zu häufiges Entwurmen kann einem Pferd ebenfalls schaden, weil ihm dadurch die Möglichkeit genommen wird, Abwehrmechanismen gegen die Darmwürmer aufzubauen. Das Entwurmen sollte gezielt und nach Absprache mit dem Tierarzt zwei- bis viermal jährlich durchgeführt werden.

Verdauungsbeschwerden vorbeugen

- Die Fütterung muss bezüglich Zusammensetzung, Menge und Konsistenz dem Typ des Pferdes und seiner Leistung angepasst sein.
- Wichtig ist eine regelmäßige und betreffend Menge und Zusammensetzung immer gleiche Fütterung mindestens dreimal pro Tag.
- Futterumstellungen, insbesondere von Heu zu Gras im Frühjahr, müssen langsam erfolgen.
- Jedes Pferd braucht ausreichende, regelmäßige und gleichmäßige Bewegung; besonders bei jungen und untrainierten Pferden ist ein langsamer Aufbau der Bewegungsbelastung wichtig.
- Im Stall und auf der Weide müssen die Pferde jederzeit freien Zugang zu frischem und sauberem Wasser haben.
- Man sollte jährlich eine Zahnkontrolle und allenfalls notwendige Korrekturen von Zahnspitzen, -haken und dergleichen vornehmen lassen.
- In Absprache mit dem Tierarzt müssen die Pferde regelmäßig gezielt zwei- bis viermal entwurmt werden.
- Ausreichende Sozialkontakte sind auch deshalb wichtig, um ein Überfressen, besonders mit Stroh, oder Annagen von Stallwänden, aus Langeweile zu vermeiden. Eine mögliche Lösung ist hier die Gruppen-Auslaufhaltung, die aber einige andere Probleme mit sich bringt.

XIII. Erkrankungen
der Atmungsorgane

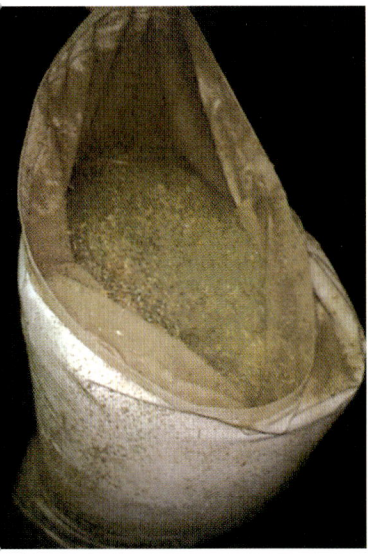

Die Atemwege der Pferde sind hoch spezialisiert und deshalb sehr empfindlich. Staub ist für die Atemwege besonders gefährlich

1. Allgemeines

Erkrankungen des Atmungsapparates spielen beim Pferd eine wichtige Rolle. Im Vordergrund stehen dabei aber nicht die akuten Krankheiten, sondern die chronischen Probleme. Inzwischen wissen die meisten Reiter und Pferdebesitzer, dass die Atemwege der Pferde hoch entwickelt und sehr sensibel sind. Warme Ställe, feuchte und muffige Luft, Staub, Pilzsporen, Ammoniak und andere Schadstoffe in der Luft führen zu chronischen Lungenproblemen. Im Rahmen dieses Buches für Erste-Hilfe-Maßnahmen beschränken wir uns auf die akuten Erkrankungen der Atmungsorgane.

2. Atemnot

Pferde, die unter Atemnot leiden, atmen sehr rasch mit stark aufgeblähten Nüstern und weit geöffneten Lidspalten. Sie haben einen angsterfüllten Gesichtsausdruck, und die Schleimhäute sind aufgrund des Sauerstoffdefizits auffällig bläulich verfärbt.

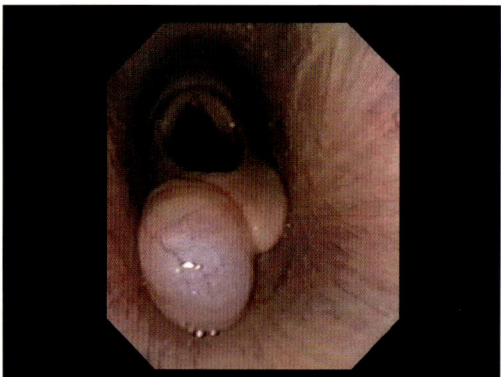

Zubildungen wie diese Zyste auf dem Kehldeckel können nicht nur zu Atemgeräuschen, sondern auch zu schwerer Atemnot führen

Wichtiger Hinweis

Eine Mund-zu-Maul-Beatmung bei einem Atemstillstand ist bei Pferden leider erfolglos.

Die Ursachen sind vielfältig: Blutungen und allergische Schwellungen im Bereich der Luftwege, vor allem des Kehlkopfes – zum Beispiel nach Insektenstichen – können zu Atemnot führen. Nach Unfällen, in deren Folge die Pferde bewusstlos sind (beispielsweise Straßenverkehrsunfälle oder Stürze im Gelände), kann es zu schwerer Atemnot kommen. In der Regel folgt nach kurzer Zeit ein Kreislaufzusammenbruch, weshalb diese Pferde selten gerettet werden können. Auch ein chronisches Lungenleiden, das sich bei feuchtwarmer Witterung unter starker Belastung plötzlich verschlimmert, kann zu einer akuten Atemnot führen.

Neben den entzündlichen Atemwegserkrankungen gibt es mehrere mechanische Störungen, die unter großer Anstrengung besonders bei Rennpferden zu akuter Atemnot führen – zum Beispiel die meistens linksseitige Lähmung des Stimmbandes (Roarer, Rohrer oder Kehlkopfpfeifer), die Verlagerung des oft zu langen Gaumensegels, die vor allem bei Trabern vorkommt, und verschiedene Zubildungen und Schwellungen wie etwa Zysten. Diese mechanischen Störungen verursachen oft schon bei leichterer Arbeit auffallende Atemgeräusche, die je nach Art der Veränderung vermehrt beim Ein- oder Ausatmen auftreten.

✚ Erste-Hilfe-Maßnahmen

Das Pferd muss so ruhig wie möglich gehalten und jede Aufregung vermieden werden. Bei warmer Witterung sollte man das Pferd an einem schattigen Ort vorsichtig mit Wasser, besser noch mit Eiswasser, abkühlen. Dazu legt man vor allem im Bereich des Genicks nasse Tücher auf. Wenn eine Sauerstoffflasche verfügbar ist, sollte man dem Pferd durch einen in die Nüstern eingeführten Schlauch ungefähr 15 Liter Sauerstoff pro Minute verabreichen. Es versteht sich von selbst, dass sofort der Tierarzt verständigt werden muss, damit er die Ursache feststellen und eine darauf ausgerichtete Behandlung einleiten kann. Bei schwerer Atemnot, die durch eine Verlegung im oberen Kopfbereich bedingt ist, kann er außerdem durch einen sogenannten Luftröhrenschnitt (Tracheotomie) unter Umgehung des Kopf- und Kehlkopfbereiches eine direkte Luftzufuhr zur Lunge herstellen.

3. Akuter Husten

3.1 Symptome

Einen akuten, plötzlich auftretenden Husten muss man deutlich von einem schon seit längerer Zeit bestehenden (chronischen) Husten unterscheiden. In den meisten Fällen wird der akute Husten durch eine Infektion mit lungenspezifischen Viren verursacht. Daraufhin besiedeln Bakterien das geschädigte Lungengewebe und verschlimmern die Veränderungen. Die Infektionserreger lösen zu Beginn eine Entzündung der oberen Teile der Lungen (Bronchien) aus. Man spricht dann von einer Bronchitis. Bei weiterem Fortschreiten der Erkrankung können auch noch die feinsten Aufzweigungen der Luftwege (Bronchioli) erfasst werden.

Dieser Zustand wird als Bronchiolitis bezeichnet. Werden schließlich noch die blind endenden, traubenförmig angeordneten Lungenbläschen (Alveolen) erfasst, so ist das ganze Lungengewebe erkrankt und man spricht von einer Lungenentzündung (Pneumonie). Außerdem kann auch noch das Gewebe zwischen den Lungenbläschen in Mitleidenschaft gezogen werden. Während diese Komplikationen bei Menschen und anderen Tieren relativ häufig auftreten, sind sie beim Pferd glücklicherweise eher selten. Daher führen akute Lungen-erkrankungen beim Pferd selten zu plötzlichen Todesfällen, aber zu langwierigen, oftmals nicht mehr völlig heilbaren Veränderungen.

Bei einer länger anhaltenden Entzündung und der damit verbundenen Verschleimung und Verstopfung der Luftwege dehnen sich vor allem die Alveolen aus. Denn die Luft kann beim Einatmen zwar in die Lungenbläschen einströmen, aber wegen der Verlegung der Ausgänge nur sehr schwer ausgestoßen werden (Ventilwirkung). Es kommt zu einer Überdehnung, in deren Folge die Wände der Alveolen einreißen, und aus den kleinen Lungenbläschen entstehen größere bis große Lungenblasen. Dieser Prozess kann dann zu einer irreversiblen Lungenerweiterung führen, die man als Blählunge, Lungendampf, Lungenemphysem oder Dämpfigkeit bezeichnet.

Es versteht sich von selbst, dass jeder plötzlich auftretende Husten intensiv tierärztlich behandelt werden muss. Erstens müssen die Infektionserreger medikamentös bekämpft werden und zweitens muss man mit anderen Medikamenten den Schleim verflüssigen, damit das Pferd ihn besser aushusten kann. Eine andere Gruppe von Medikamenten soll den eigentlich erwünschten Husten, der die Schleimpartikel nach außen bringen kann, etwas dämpfen. Denn allzu starker Husten reizt das Lungengewebe zu stark und schadet dann mehr, als er nützt.

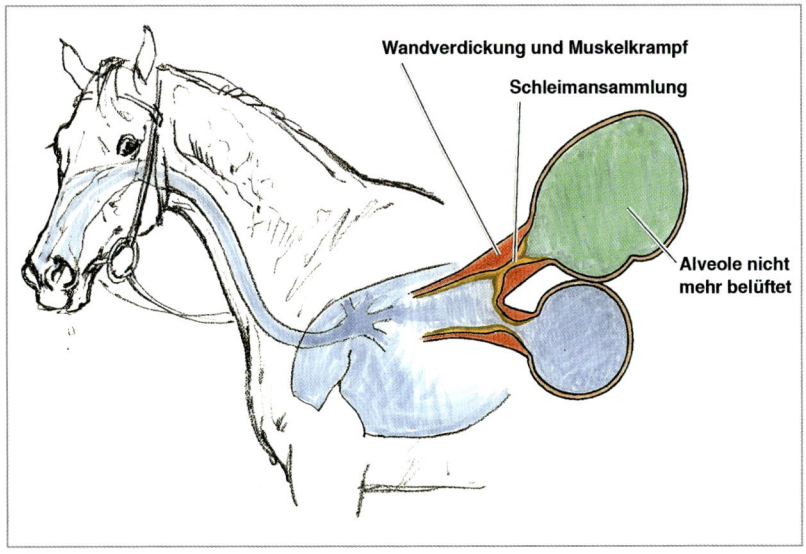

Wandverdickung und Muskelkrampf

Schleimansammlung

Alveole nicht mehr belüftet

Bei einer Bronchitis sind die Wände der Luftwege verdickt, während die Luftwege selber mit Schleim oder Eiter bedeckt und oft sogar verstopft sind

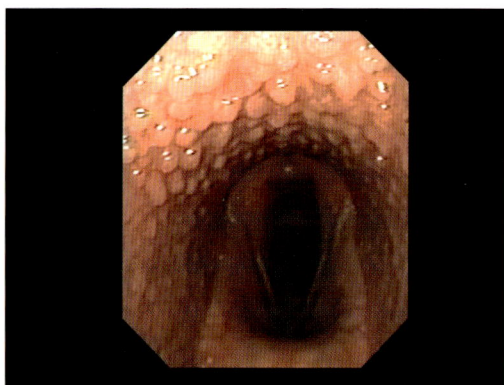

Die vielen Bläschen im Rachen deuten auf eine schwere Rachenentzündung hin

Bei einer ungenügenden, falschen oder – was am häufigsten der Fall ist – zu kurzen Behandlung kann aus der akuten Bronchitis eine chronische entstehen. Schätzungen zufolge weisen in unseren Breitengraden bis zu 60 % der Reitpferde Anzeichen einer chronischen Bronchitis (RAO Recurrent Airway Obstruction) und deren Folgen auf.

In diesem Zusammenhang sollte man immer auch daran denken, dass Krankheiten eingeschleppt werden können, wenn neue Pferde in den Stall kommen. Besonders groß ist diese Gefahr bei Handels- oder Importpferden, die zudem oft noch von der langen Reise geschwächt sind und aggressive Krankheitserreger aus einem anderen Stallmilieu mitbringen. Aus diesem Grund sollten diese Pferde zwei bis vier Wochen lang von anderen Pferden getrennt in Quarantäne gehalten werden.

3.2 Mögliche Ursachen

- **Pferdegrippe oder Influenza**
  Bei dieser hoch ansteckenden Krankheit ist der Allgemeinzustand der Pferde deutlich gestört. Die Körpertemperatur ist stark erhöht (bis über 40° C) und die Atmung massiv beschleunigt. Die primäre Ursache dieser selten tödlich verlaufenden Krankheit ist eine Infektion mit Influenzaviren, die durch die Luft oder durch Nasenschleim leicht übertragbar sind. Dieser Erkrankung kann man heutzutage mit regelmäßigen Impfungen vorbeugen.

- **Andere Viren: Herpes-, Adeno- und Rhinoviren**
  Neben den Influenzaviren gibt es immer mehr andere Viren, die beim Pferd Entzündungen der Bronchien, Bronchiolen und Alveolen auslösen können. Am bedeutendsten sind sicher die Herpesviren, die auch als Stutenabortviren bezeichnet werden, weil sie neben den Lungenveränderungen bei tragenden Stuten auch seuchenhaftes Verwerfen (Abort) auslösen können.

- **Entzündung der oberen Luftwege, Rachen-/Kehlkopfentzündung (Pharyngitis/Laryngitis)**
  Rachen- und Kehlkopfentzündungen kommen bei Jungpferden häufig vor und sind mit den Mandelentzündungen der Kinder vergleichbar. Vor allem im Rachen gibt es viele Abwehrzentren, die beim Kontakt mit den verschiedensten Erregern aktiv werden. Das führt zu Schleimhautveränderungen, die starken Husten auslösen können.

- **Entzündung der unteren Luftwege, Bronchien, Bronchiolen, Alveolen und des Lungengewebes (Bronchitis, Bronchiolitis, Alveolitits, Pneumonie)**
  Verschiedene Bakterien können beim Pferd eine Lungenentzündung verursachen. Bei erwachsenen Pferden können am häufigsten Streptokokken nachgewiesen werden, bei Fohlen sind es meist Rhodokokken. Vor allem bei Fohlen sind Lungenentzündungen sehr gefürchtet. Auch beim Einschütten von Medikamenten, die dann fälschlicherweise statt in den Magen durch die Luftröhre in

die Lunge gelangen, kann eine schwere, oft tödlich verlaufende Lungenentzündung entstehen.

- **Lungen-/Brustfellentzündung (Shipping Fever)**

Bei weiten Transporten, besonders auf Schiffen und in Flugzeugen, aber auch bei anderweitigem starkem Stress können Pferde an einer Lungen- und Brustfellentzündung erkranken. Neben der Lunge ist dabei auch das Lungen- und Brustfell entzündet und infiziert, was im schlimmsten Fall zu einer Ansammlung von Eiter in der Brusthöhle führen kann. Symptome dieser schweren Erkrankung sind hohes Fieber, ein gestörter Allgemeinzustand, eine deutlich erhöhte Atemfrequenz und ein starker Husten.

✚ Erste-Hilfe-Maßnahmen

Der Allgemeinzustand des Pferdes muss genau beurteilt und die Körpertemperatur exakt gemessen werden. Temperaturen über 39° C deuten auf eine Infektionskrankheit hin. Wegen der Ansteckungsgefahr sollte das Pferd nicht in die Nähe von anderen Pferden gebracht werden. Ein hustendes Pferd darf nicht belastet werden. Man muss es gut vor Kälte schützen, mit einer warmen Decke eindecken und alle vier Beine mit Wollbinden bandagieren. Der Patient sollte eingeweichtes Futter und temperiertes Wasser erhalten.

Eine trockene und zugfreie Unterbringung mit genügend frischer Luft ist sehr wichtig. Die Staubbelastung sollte so gering wie möglich gehalten werden. Das heißt: gute Einstreu verwenden und das Heu vor der Fütterung mindestens eine Stunde lang in Wasser eintauchen oder Hylage verfüttern.

In allen Fällen sollte schnellstmöglich der Tierarzt verständigt werden, damit die Infektionserreger rasch bekämpft und die erforderlichen Maßnahmen ergriffen werden können.

oben: Die Pferde werden in Doppelcontainer eingeladen und dann mittels einem Hubstapler auf die Höhe des Frachtraumes des Flugzeuges angehoben. Anschließend werden sie auf kleinen Rollbahnen in den Bug des Flugzeuges gebracht.

links: Frachtraum eines Transportflugzeuges mit zwei Doppelcontainern. Lange Reisen beanspruchen die Pferde enorm. Die Lunge wird durch die trockene Luft der Klimaanlagen besonders stark belastet

• Lungenwürmer

Bestimmte Lungenwürmer (Dictyocaulus arnfieldi) können zu schweren Lungenveränderungen führen. Diese Würmer kommen in erster Linie bei Eseln vor, die selten entwurmt werden. Die Infektion der Pferde erfolgt vor allem beim gemeinsamen Weiden der Pferde und Esel, wo die Wurmlarven mit dem Gras aufgenommen werden. Wenn man Esel und Pferde zusammen hält, muss man die Esel daher unbedingt regelmäßig und fachgerecht entwurmen. Außerdem wandern bestimmte Darmwürmer, besonders bei Fohlen, durch die Lunge und schädigen dabei das Lungengewebe. Es kommt deshalb besonders bei Jungtieren manchmal zu lebensbedrohlichen Wurmpneumonien.

4. Blutungen aus der Nase

Die Schleimhaut der Nase ist sehr reich an Blutgefäßen. Deshalb können schon kleine Verletzungen zu starken Blutungen führen. Heftiges Prusten oder Abwehrbewegungen beim Einführen einer Nasen-Schlund-Sonde durch den Tierarzt können die empfindliche Nasenschleimhaut verletzen und so zu Blutungen führen. Auch bei Stürzen oder Kollisionen mit Mauern, Bäumen oder Fahrzeugen kann es zu sehr starkem Nasenbluten kommen. Oft sind dabei auch die dünnen Nasenknochen gebrochen oder eingedrückt.

Bei Hochleistungspferden, hauptsächlich Rennpferden, gibt es eine besondere Krankheit, die ebenfalls zu Nasenbluten führen kann. Bei ma-

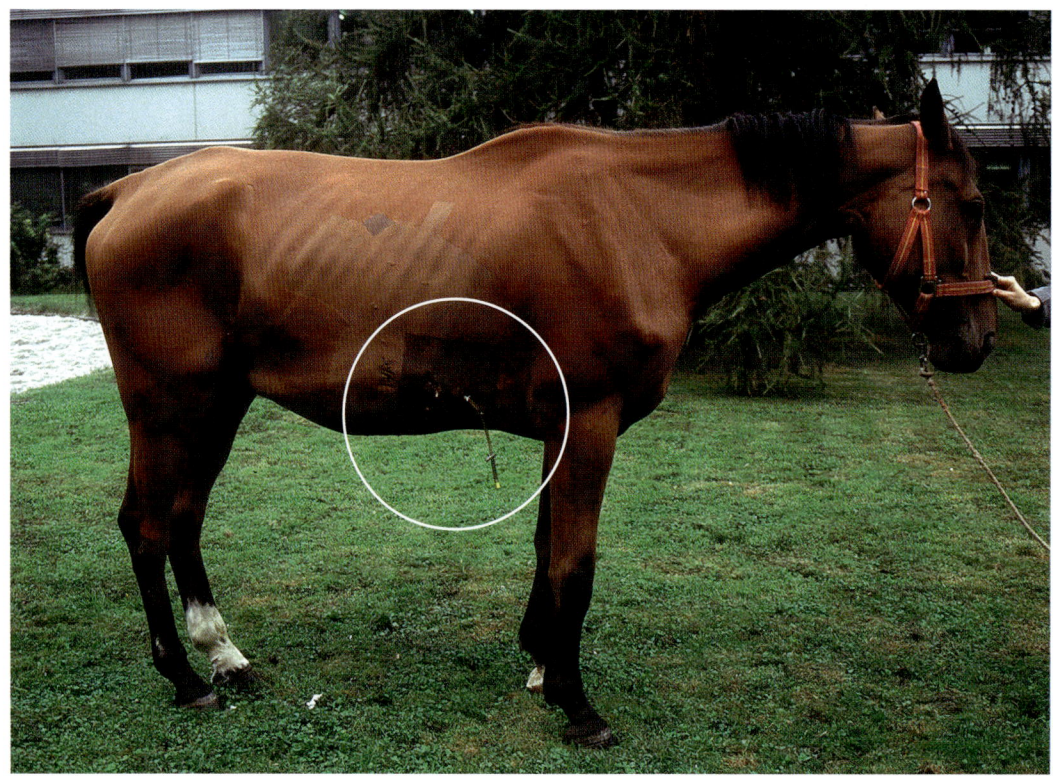

Der angesammelte Eiter in der Brusthöhle muss entfernt werden

+ **Erste-Hilfe-Maßnahmen**

Schon kleinere Blutungen aus der Nase sehen in der Regel sehr dramatisch aus, hören aber meistens spontan nach 10 bis 15 Minuten wieder auf. Mit kalten Kompressen auf Stirn und Genick kann man die Blutung oft rascher zum Stillstand bringen. Man sollte das Pferd beruhigen und jede weitere Aufregung und Anstrengung bis zum Eintreffen des Tierarztes vermeiden. Auf keinen Fall darf man die Nüstern verschließen – zum Beispiel mit Watte oder Tüchern, da sich sonst das Blut aufstaut und im hinteren Rachenbereich zum Kehlkopf und in die Luftröhre fließt. Das kann zu Lungenschädigungen führen. Auch wenn die Blutung bis zum Eintreffen des Tierarztes gestoppt ist, sollte er das Pferd genau untersuchen, um die Ursache herauszufinden. So könnten zum Beispiel Tumoren rechtzeitig erkannt und operiert werden.

ximaler Anstrengung steigt der Blutdruck in den Blutgefäßen so hoch, dass die Wände kleiner Lungengefäße reißen können. Dadurch fließt das Blut in die Lungenbläschen und über die Atemwege kommt es zu einem massiven Austritt von schaumigem, hellrotem Blut aus beiden Nüstern. Geringe Lungenblutungen bleiben hingegen unerkannt. Da bei diesem sogenannten Bluten der Rennpferde (Bleeder) eine gewisse erbliche Disposition vorliegt, werden die betroffenen Pferde von den Rennen und gegebenenfalls vom Zuchtbetrieb ausgeschlossen.

Daneben können bis dahin unerkannte Tumoren in den Nasenhöhlen gelegentlich zu geringen oder auch sehr starken Blutungen führen. Diese Tumoren sollten so früh wie möglich operiert werden.

Ein Pilz in den Luftsäcken (Luftsackmykose) kann neben den Nerven auch große Blutgefäße schädigen. Im fortgeschrittenen Krankheitsstadium können die Wände so stark geschädigt werden, dass sie aufbrechen und es zu massiven Blutungen bis zu Todesfällen infolge Verbluten kommt.

5. Eitriger Nasenausfluss

Der eitrige Nasenausfluss muss als Notfall betrachtet werden, weil er auf schwere Erkrankungen oder die Verschlechterung von Zuständen hinweisen kann, die bisher unerkannt geblieben sind – zum Beispiel auf verschiedene Nasennebenhöhlenerkrankungen (Sinusitis) und Luftsackvereiterungen. Außerdem können auch andere Erkrankungen wie eine eitrige Bronchitis oder Druse zu zähflüssigem, gelblichem oder rötlichem und stinkendem Nasenausfluss führen. Nicht selten verursachen auch Zahnerkrankungen einseitigen, außerordentlich stark stinkenden, spezifischen Nasenausfluss.

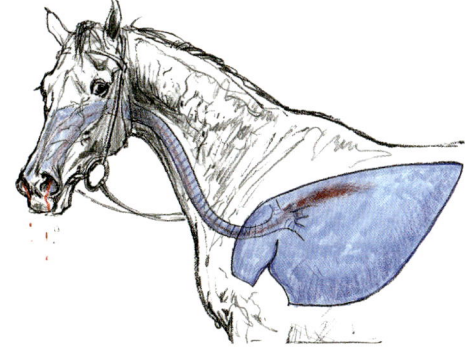

Starke Anstrengung kann bei Rennpferden in der Hochleistung oder bei Pferden mit geschädigter Lunge heftiges Nasenbluten auslösen

Die Ursache liegt darin, dass die Zahnwurzeln in die Kieferhöhle reichen und die Zahnfächer stark vorgewölbt sind. Bei chronischen Zahninfektionen werden die dünnen, knöchernen Zahnwurzelwände eingeschmolzen und infizieren damit die Kieferhöhle.

+ **Erste-Hilfe-Maßnahmen**

Man sollte den Allgemeinzustand beurteilen, die Körpertemperatur messen und einen Tierarzt zur Abklärung der Ursache zu Rate ziehen. Wenn der Nasenausfluss nicht von selbst innerhalb von ein bis zwei Tagen verschwindet, muss unbedingt der Tierarzt verständigt werden.

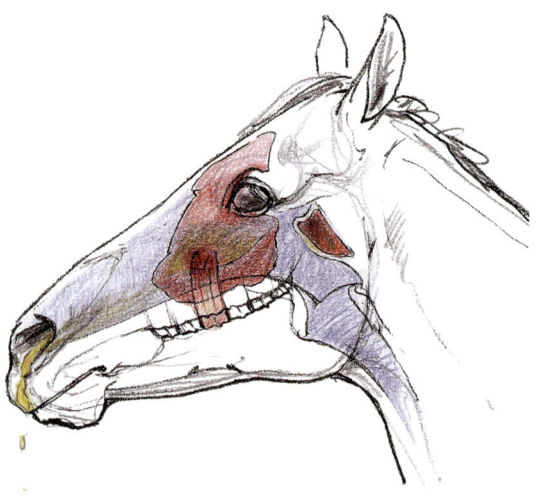

6. Futterhaltiger Nasenausfluss

Futterhaltiger Nasenausfluss deutet immer auf eine schwere Störung der Passage in der Rachengegend hin. In den meisten Fällen ist eine Entzündung im Rachen-/Kehlkopfgebiet oder eine Schlundanschoppung die Ursache dafür, dass Futter aus den Nüstern austritt. Aber auch angeborene Störungen im Bereich des Rachens, Gaumenspalten bei Fohlen oder erworbene Nervenläsionen können den Schluckvorgang stören oder unmöglich machen, so dass futterhaltiges Sekret aus der Nase fließt.

Mit einer Lichtsonde (Fiberglasendoskop) können die Nasenhöhle, der Rachen, die Luftsäcke, der Kehlkopf und die großen Stammbronchien der Lunge genau untersucht werden

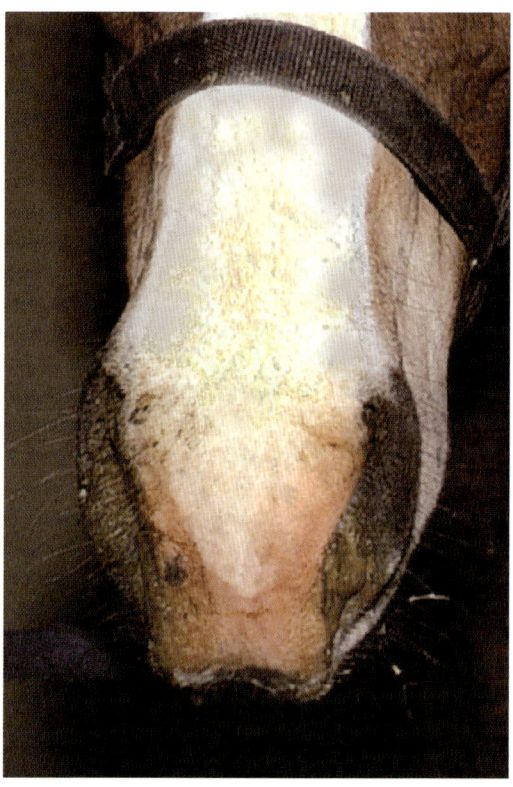

Schema eines Pferdekopfes mit eitrigem Nasenausfluss infolge einer Nasennebenhöhlenentzündung

Bei futterhaltigem Nasenausfluss muss so rasch wie möglich der Tierarzt verständigt werden

XIV. Erkrankungen der Kreislauforgane

1. Akutes Herz-Kreislauf-Versagen

Sobald das Herz in einem Organismus aufgehört hat zu schlagen und damit das Blut in Umlauf zu halten, bricht der gesamte Kreislauf zusammen. Innerhalb von wenigen Minuten erlöschen dann sämtliche Körperfunktionen, und der sogenannte klinische Tod tritt ein.

Akute Herzkrankheiten, die mit dem Herzinfarkt des Menschen vergleichbar sind, kommen beim Pferd recht selten vor. Häufiger sind Klappenfehler, die typische Herzgeräusche verursachen. Auch Herzrhythmusstörungen wie das Vorhofflimmern können beim Pferd zu einer Herzinsuffizienz (Herzschwäche) führen.

Der altersunabhängige, unerwartete und plötzlich eintretende Herztod, der beim Menschen früher verallgemeinernd als Herzschlag bezeichnet wurde, tritt beim Pferd sehr selten auf. Das liegt einerseits daran, dass die Pferde weniger als wir unter modernen Zivilisationskrankheiten leiden. Andererseits erreichen viele Pferde selten das Alter, in dem typische altersbedingte Erkrankungen auftreten würden.

Dagegen können auch Pferde infolge von Geburtsfehlern oder erworbenen mechanischen Herzfehlern an Störungen der Reizleitung, also der Koordination der Herzaktionen, leiden. Alle diese Veränderungen führen aber selten zum plötzlichen Tod, sondern bedingen in der Regel eine verminderte Leistungsbereitschaft des Pferdes.

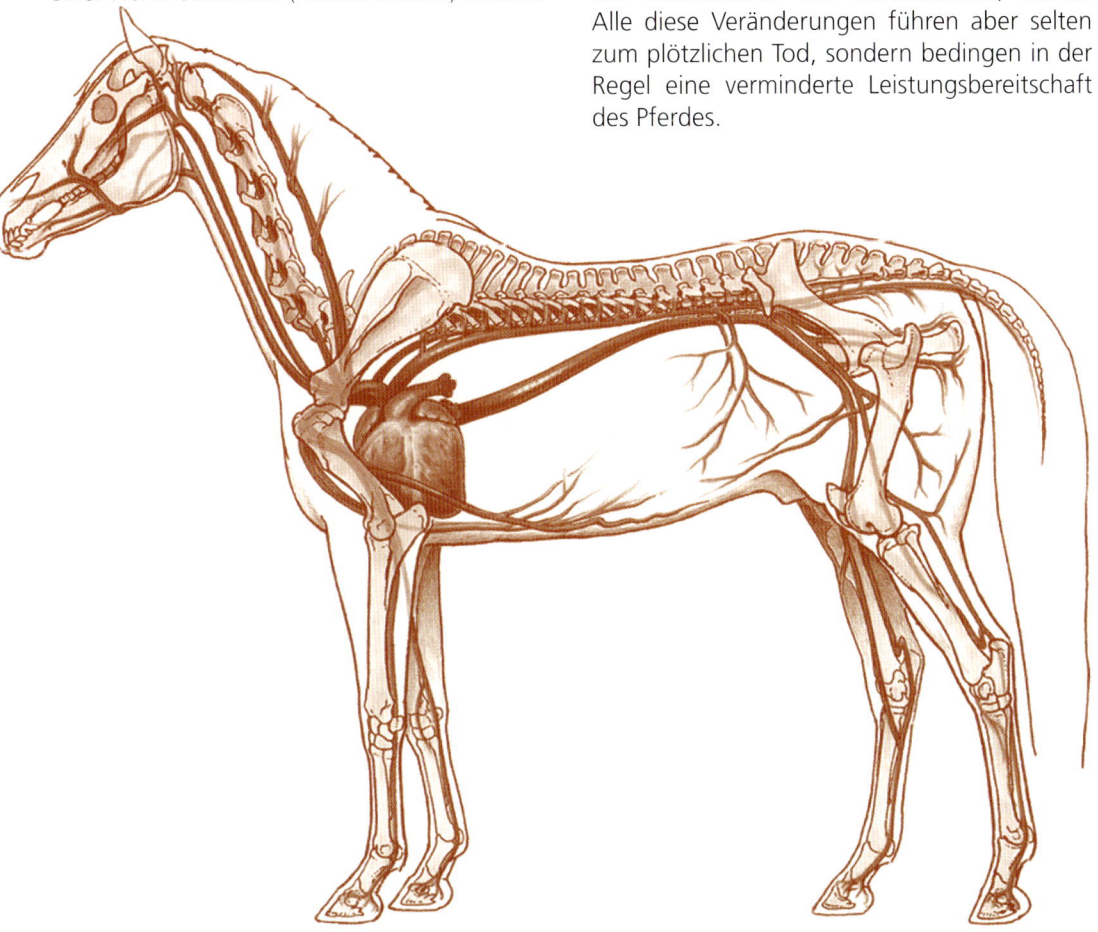

2. Blutgefäßerkrankungen

Neben den Erkrankungen und Veränderungen am Herzen gibt es auch solche am Blutgefäßsystem. Sie können sich an einzelnen Blutgefäßen oder am Gesamtkreislauf manifestieren und damit die Leistung des Pferdes beeinträchtigen. Dabei handelt es sich aber nicht um Wandveränderungen der Gefäße, unter denen wir Menschen häufig leiden, sondern um Erkrankungen, die infolge von Würmern entstehen.

Die Würmer leben in den Därmen, doch ihre Entwicklungsstadien, die Wurmlarven, entwickeln sich teilweise in den Gefäßwänden. Durch die entstehenden Wandveränderungen erhöht sich das Risiko einer Gerinnselbildung (Thrombose). Oft werden diese Gerinnsel weggeschwemmt und verstopfen im Bereich der Verdauungsorgane die Dünndarmarterien, was zu schweren Koliken führt. Kommt es zu Verstopfungen an der Aufzweigung der Körperschlagader in die Beinarterien, so sind Lahmheiten die Folge (Vergleiche Bild auf Seite 175).

3. Störungen des Flüssigkeitshaushaltes

3.1 Flüssigkeitsmangel, Austrocknung, Dehydration

Wasser ist das Grundelement für jedes Leben. Alle wichtigen Stoffwechselvorgänge im Körper benötigen mehr oder weniger Wasser. Der gesamte Pferdekörper besteht bis zu 60 % aus Wasser.

Wasser ist nicht nur für die vielen kleinen Stoffwechselvorgänge, sondern natürlich auch für den Kreislauf von größter Bedeutung. Es ist ein wichtiger Bestandteil des Blutes und ermöglicht den Transport der roten Blutkörperchen, der weißen Blutzellen, der Nährstoffe, der Mineral- und Spurenelemente, der Hormone, der Medikamente und vieler weiterer Substanzen durch den Körper. Außerdem ist Wasser äußerst wichtig für die Temperaturregulierung.

Besonders bei Distanz- und Vielseitigkeitswettkämpfen muss der Flüssigkeitshaushalt der Pferde streng kontrolliert werden

Durch das Schwitzen wird überschüssige Wärme, die während der Arbeit entsteht, abtransportiert.

Bei starker körperlicher Anstrengung verliert das Pferd vor allem bei hohen Umgebungstemperaturen viel Flüssigkeit. Diese Flüssigkeit muss ersetzt werden, bevor es zu einem Mangelzustand kommt, der im schlimmsten Fall zu einem Schock führen könnte.

Verschiedene Krankheiten können neben anderen Symptomen zu einem großen Flüssigkeitsverlust führen. Bekannt sind Dickdarmentzündungen, die zu einer gestörten Rückresorption des Wassers führen. Die großen Mengen an Verdauungssäften gehen dann verloren, was innerhalb von Stunden zu schwersten Schocksymptomen führen kann. Auch bei ernsten Kolikerkrankungen wird die Flüssigkeit in die abgeschnürten Darmteile abgesondert, so dass ein Flüssigkeitsmangel entsteht. Bei starkem Durchfall geht ebenfalls viel Flüssigkeit verloren.

Besonders im Distanzsport und bei Vielseitigkeitswettkämpfen ist die Kontrolle des Flüssigkeitshaushaltes äußerst wichtig. Bei maximaler Arbeitsleistung kann ein circa 500 Kilogramm schweres Pferd über zehn Liter Wasser verlieren – und damit auch Mineralstoffe, Vitamine, Spurenelemente sowie Salze und Eiweiße, die für das funktionelle Gleichgewicht des Blutes von ausschlaggebender Bedeutung sind. Deshalb muss man den Pferden möglichst aus den gewohnten Tränkeimern wiederholt Wasser anbieten, damit sie ihren Wasserhaushalt ausgleichen können. Vorbeugend sollten die Pferde gut trainiert und rohfaserreich gefüttert werden, weil dieses Futter im Darm als Wasserspeicher fungiert.

Das typische Symptom bei einem Flüssigkeitsverlust ist eine deutlich veränderte Hautelastizität, was zu einem langsameren Verstreichen

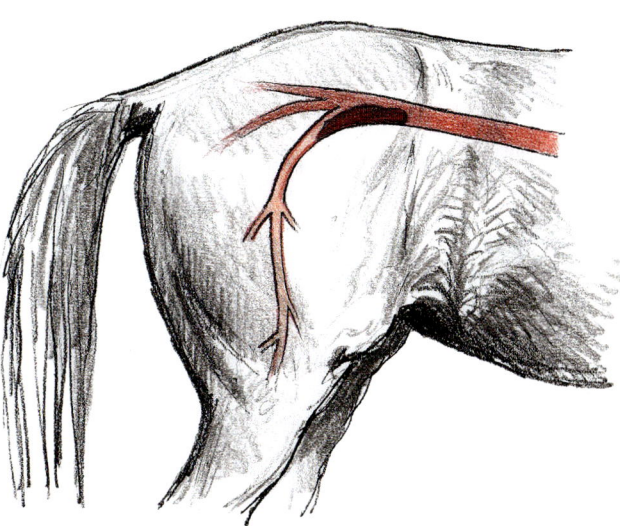

Ein Blutpfropfen (Thrombus) kann in einer Beinarterie zu chronischer Lahmheit führen

von Hautfalten führt. Außerdem ist die Herzfrequenz erhöht, der Puls selbst aber sehr schwach. Die Schleimhäute erscheinen trocken, und die kapillare Füllungszeit ist deutlich verlängert.

✚ Erste-Hilfe-Maßnahmen

Die wichtigste Maßnahme besteht natürlich in der Verabreichung von Wasser. Außerdem sollte man dem Pferd Weidegras, Karotten oder Mash anbieten. Bei schweren Erkrankungen und bei starkem Flüssigkeitsverlust muss rasch der Tierarzt verständigt werden, der dann mit der Nasen-Schlund-Sonde und mit intravenösen Infusionen große Mengen Flüssigkeit verabreichen kann. Je nach Krankheit können bis zu 100 Liter erforderlich sein. Diese Flüssigkeiten müssen genau berechnete Mengen an Mineralstoffen wie Natrium, Kalium, Kalzium, Phosphor und Chlorid enthalten.

3.2 Vermehrte Flüssigkeit, Wassersucht, Ödem

Ein Ödem ist eine nicht entzündliche Schwellung, die an verschiedenen Stellen des Körpers wie Kopf, Hals, Unterbrust, Unterbauch oder Beinen auftreten kann. Ödeme entstehen durch die vermehrte Ansammlung von Gewebeflüssigkeit, die durch den Kreislauf nur noch ungenügend abtransportiert wird. Charakteristisch für ein Ödem ist eine nicht überwärmte, wenig druckempfindliche und teigige Schwellung, in der eine mit den Fingern eingedrückte Delle über eine längere Zeit bestehen bleibt.

Ödeme können sich aus vielen verschiedenen Ursachen bilden. Unterschiedliche Infektionskrankheiten, Erkrankungen des Herzens und Allgemeinerkrankungen reduzieren den Kreislauf und können so zu ausgeprägten Ödemen am ganzen Körper führen. Auch eine falsche Fütterung, zum Beispiel ein Überangebot an Eiweiß, kann die Bildung von Ödemen zur Folge haben. Ödeme an allen vier Beinen deuten auf eine ungenügende Durchblutung hin, die einerseits die Folge von Bewegungsmangel und andererseits die Folge einer Überbelastung sein kann. Ein Ödem an einem Bein weist auf einen entzündlichen Prozess an dieser Gliedmaße hin, zum Beispiel auf Einschussphlegmone oder Rotlauf. Es ist aber auch möglich, dass es sich um ein Senködem handelt. Das heißt, dass die Flüssigkeitsansammlung eines darüber liegenden, entzündlichen Prozesses nach unten sinkt.

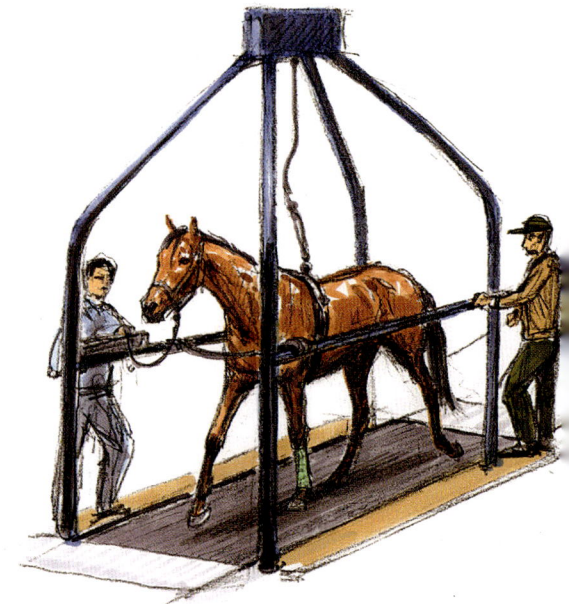

Mit einem seriösen Training kann man schweren Verletzungen am besten vorbeugen.
Untrainierte Pferde dürfen nur ganz allmählich belastet werden

✚ Erste-Hilfe-Maßnahmen

Als erstes sollte man versuchen, die genaue Ursache zu finden. Die Durchblutung und damit der Abtransport der überschüssigen Gewebeflüssigkeit kann dann durch Massage verbessert werden. Wechselbäder regen ebenfalls die Gewebedurchblutung und damit die Rückführung des Wassers an. In der Regel führt auch eine dosierte Bewegung des Pferdes zu einer verbesserten Durchblutung der Gliedmaßen und dadurch zur Reduktion des Ödems. Besonders empfehlenswert ist in diesem Zusammenhang das Bandagieren von allen vier Beinen mit gepolsterten Bandagen oder Wollbandagen.

Falls gleichzeitig mit einem Ödem noch weitere Symptome wie eine Verschlechterung des Allgemeinzustandes, Fieber oder eine reduzierte Fresslust auftreten, sollte der Tierarzt verständigt werden, da dann der Verdacht auf ein ernsteres Grundleiden besteht.

4. Leistungsschwäche

Immer wieder schätzen unerfahrene Reiter und Fahrer die Leistungsfähigkeit ihrer Pferde nicht richtig ein. Mögliche Folgen sind Muskel-, Sehnen- und Gelenkprobleme. Sowohl Muskelerkrankungen wie der gefürchtete Kreuzverschlag als auch Sehnenprobleme entstehen häufig deshalb, weil das Pferd nicht ausreichend trainiert wurde. Aus diesem Grund möchten wir noch einmal darauf hinweisen, dass das Training jedes Pferdes seriös und unter Anleitung von Fachleuten erfolgen muss. Das gilt nicht nur für Sportpferde, sondern entsprechend auch für die vielen Freizeitpferde.

Man muss auch daran denken, dass Pferde eine enorme Leistungsbereitschaft haben und als Fluchttiere leicht zur Selbstüberforderung neigen. Es liegt also in der Verantwortung des Menschen, das Pferd vor einem Erschöpfungszustand zu bewahren.

Es gibt aber auch einige körperliche Veränderungen und Erkrankungen, die eine reduzierte Leistungsfähigkeit der Pferde zur Folge haben können. So führen zum Beispiel Herzklappenfehler, chronische Lungenprobleme, Vitamin- und Mineralstoffmangelzustände zu einer Leistungsreduktion des Pferdes. Leider bleiben

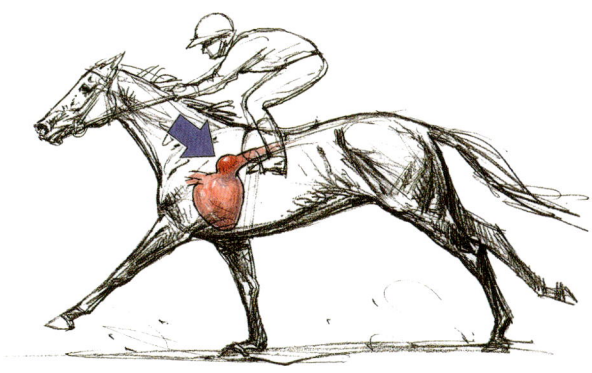

Eine vorgeschädigte Aorta kann bei maximaler Anstrengung reißen

diese Zusammenhänge meist lange unbemerkt und kommen erst bei einer stärkeren Belastung zum Vorschein.

Liegt der Verdacht auf eine solche Erkrankung vor, so muss das Pferd von einem Tierarzt untersucht werden. Mit modernen Diagnoseverfahren, Apparaten und Leistungstests können die Pferde heute auch während der Belastung untersucht werden. Große Bedeutung hat diesbezüglich das Laufband, das eine Untersuchung der Kreislauf- und Atmungsorgane in der Bewegung ermöglicht und zwar in allen Gangarten.

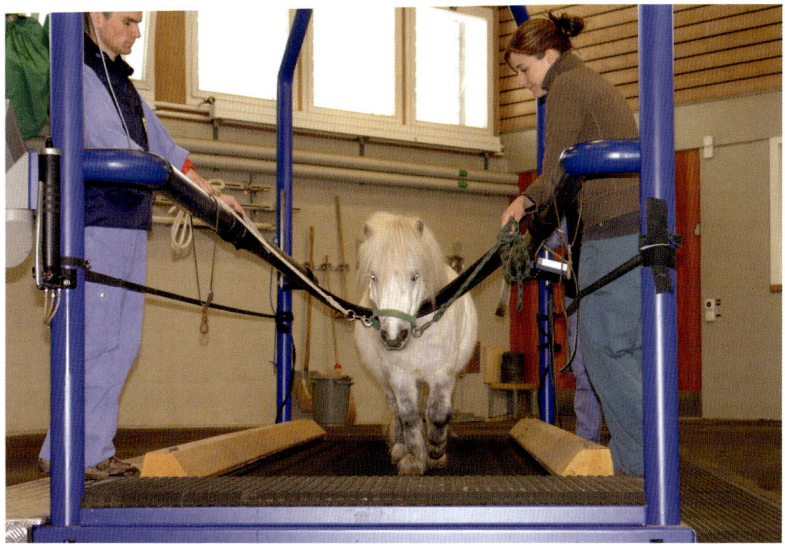

Mit Hilfe des Laufbandes können heute moderne Leistungstests durchgeführt werden

5. Zusammenbrechen und Festliegen

Es gibt wohl keine andere Situation, in der man sich als Reiter oder Fahrer so hilflos fühlt wie beim Festliegen eines Pferdes. In einem solchen Moment wird einem drastisch die gewaltige Masse des Pferdes vor Augen geführt – und die Machtlosigkeit, dem Tier zu helfen.

5.1 Riss in der Körperschlagader (Aortenriss)

Auch Pferde, die noch nie irgendwelche Bewegungsstörungen hatten und mit denen regelmäßig gearbeitet wurde, können plötzlich zusammenbrechen. Ein Beispiel dafür ist ein Riss in der Körperschlagader (Aorta). Ein solcher Riss entsteht meist kurz hinter der Stelle, an der die Aorta aus dem Herzen austritt. Dort weitet sich die Aorta zunächst aus (Aortenaneurysma), um dann oft ohne Vorzeichen zu bersten, worauf die Tiere innerhalb von wenigen Minuten innerlich verbluten.

5.2 Erschöpfung, Schock

- **Erschöpfung**
  Wenn ein Pferd nach einem Sturz liegenbleibt, kann das verschiedene Gründe haben. Eine allgemeine Erschöpfung kann – verbunden mit einer Überhitzung – dazu führen, dass das gestürzte Pferd einige Minuten lang nicht aufsteht. Bei der Untersuchung fällt in einem solchen Fall auf, dass das Pferd schlaff am Boden liegt und sämtliche Reaktionen stark reduziert sind.

✚ Erste-Hilfe-Maßnahmen
Die wichtigste Maßnahme in einer solchen Situation besteht darin, nichts Falsches zu unternehmen. Durch überstürztes Handeln kann man die Lage nämlich noch verschlimmern. In jedem Fall sollte man absatteln, das Zaumzeug aber am Pferdekopf lassen, damit man das Pferd bei seinen Aufstehversuchen unterstützen und nach dem Aufstehen festhalten kann. Kopf und Hals des Pferdes kühlt man mit kaltem, im Sommer möglichst mit Eiswürfeln versehenem Wasser. Dadurch wird das Pferd allgemein stimuliert und steht meist schon nach kurzer Zeit wieder auf.

- **Schock**
  Typisches Anzeichen eines Schocks ist der sehr hohe Puls: Über 80 Schläge pro Minute sind keine Seltenheit. Die Augen des Pferdes liegen tief in den Augenhöhlen, die Hautfalte bleibt lange stehen und das Pferd kann nicht mehr auf Umgebungsreize reagieren. Ein schwerer, irreversibler Schock führt zu einem totalen Kreislaufversagen (Kollaps) und schließlich zum Tod.
  Von den vielen möglichen Ursachen eines Schocks können hier nur die häufigsten erwähnt werden:
  - Starke Blutungen nach innen und außen
  - Schwere Darmveränderungen
  - Verschiedene Herzkrankheiten
  - Vergiftungen
  - Schwere Allgemeininfektionen
  - Überhitzung
  - Starker Flüssigkeitsverlust

✚ Erste-Hilfe-Maßnahmen
Decken Sie das Pferd mit einer warmen Decke zu, sofern es nicht an Überhitzung leidet. Danach sollte rasch der Tierarzt verständigt werden, der mittels Infusionen und Medikamenten den Kreislauf stützen und stabilisieren wird. Anschließend werden je nach Ursache des Schocks weitere Maßnahmen ergriffen.

Gestürzte Pferde sollten ruhig und überlegt behandelt werden

5.3 Sturzverletzungen (Schädel-, Wirbelsäulen, Gliedmaßenfrakturen)

Bei einem Sturz können sich Pferde auch die Schädelbasis, das Genick und/oder die Hals-, Brust- und Lendenwirbel brechen. Werden die darin verlaufenden Hirn- und/oder Rückenmarksteile verletzt, so können die Pferde nicht mehr aufstehen, auch wenn sie es immer wieder versuchen. Je nach Lokalisation der Verletzung können die Tiere sofort tot sein oder gelähmte Gliedmaßen haben.

✚ Erste-Hilfe-Maßnahmen
Die Erste-Hilfe-Maßnahmen beschränken sich bei diesen Verletzungen darauf, dass man das Pferd beruhigt und sofort den Tierarzt benachrichtigt. Der Veterinär wird das Pferd genau untersuchen und dann über das weitere Vorgehen entscheiden. Bis zum Eintreffen des Tierarztes sollte man den Sattel, nicht jedoch die Gamaschen oder Bandagen (Schutz) und niemals das Zaumzeug entfernen.

5.4 Hitzschlag

Der Hitzschlag kann nicht nur bei Menschen und bei in Autos eingeschlossenen Hunden, sondern auch bei Pferden auftreten. Selten sind hohe Umgebungstemperaturen die alleinige Ursache. In den meisten Fällen führt die Kombination von hoher Außentemperatur und großer körperlicher Anstrengung, unter Umständen zusammen mit einem Wassermangel, zu einem Hitzschlag. Im Normalfall können Pferde ihre Körpertemperatur zwischen 37,5 und 38,0° C halten.

Bei hohen Temperaturen laufen auch Pferde Gefahr, einen Hitzschlag zu bekommen

Das Schwitzen ist der wichtigste Mechanismus zur Temperatursteuerung. Durch das Verdunsten der Flüssigkeit auf der Körperoberfläche wird dem Körper Wärme entzogen. Außerdem können Pferde die Körpertemperatur auch über die Atmung regulieren: Die Atemfrequenz steigt bei hohen Umgebungstemperaturen. Auch die Erweiterung der Hautgefäße hat den Zweck, überschüssige Wärme an der Körperoberfläche abzugeben.

Denken wir beispielsweise ans Marathonfahren, ans Distanzreiten, an Vielseitigkeitswettbewerbe oder auch an eine Dressurprüfung im windstillen Stadion – und das alles bei Umgebungstemperaturen von über 30° C.

Stark erhitzte Pferde müssen ausgiebig gekühlt werden wie hier bei der Vielseitigkeitsprüfung der Olympischen Spiele von Atlanta im Jahr 1996

Diese klimatischen Bedingungen zusammen mit der enormen körperlichen und psychischen Anstrengung können die Mechanismen der Temperaturregulierung überfordern, wodurch es zu einem Anstieg der Körpertemperatur bis über 40° C kommen kann. Bei Vielseitigkeitswettkämpfen wurden schon Temperaturen bis 41,80° C (!) gemessen. Aber auch hohe Innentemperaturen in Stallzelten oder Pferdetransportern können zu einem akuten Wärmestau führen.

+ Erste-Hilfe-Maßnahmen

Die Pferde müssen großzügig mit kaltem Wasser, möglichst mit Eiswasser, gekühlt werden. Lassen Sie das kühle Nass mit einem Wasserschlauch über den ganzen Körper des Pferdes laufen – auch über die großen Muskelpartien an der Lende und an der Hüfte, denn dadurch kann der Kühleffekt um ein Vielfaches gesteigert werden. Weil das Wasser durch die hohe Körpertemperatur aufgewärmt wird, muss man es nach einigen Minuten mit dem Schweißmesser abziehen und das Pferd anschließend erneut mit kaltem Wasser kühlen. Während des Kühlvorgangs sollte das Pferd im Schritt herumgeführt werden, selbstverständlich im Schatten.
Wenn die Körpertemperatur auf 39 bis 38° C gesunken ist und die Atemfrequenz nur noch bei etwa 30 Atemzügen pro Minute liegt, kann man mit dem Kühlen aufhören. Falls die Körpertemperatur nicht sinkt oder sogar weiter steigt, muss man unverzüglich den Tierarzt benachrichtigen.

5.5 Festliegen in der Box

Liegt ein Pferd in der Box fest, so kommen grundsätzlich zwei Ursachen in Frage: Es kann sich so unglücklich hingelegt und/oder gewälzt haben, dass es ohne Hilfe nicht mehr aufstehen kann, oder es ist infolge einer schweren Erkrankung oder Verletzung nicht mehr in der Lage, selber aufzustehen.

+ Erste-Hilfe-Maßnahmen

In jedem Fall muss man versuchen, das Pferd in eine günstige Ausgangslage zu bringen und zum Aufstehen zu bewegen. Erst nach mehreren erfolglosen Versuchen kann (und muss) man davon ausgehen, dass das Pferd wirklich nicht mehr auf die Beine kommen kann. Das bedeutet, dass eine schwere Veränderung vorliegt und das Pferd sofort tierärztlich untersucht und behandelt werden muss. Unter keinen Umständen darf man zum Auftreiben ein elektrisches Viehtreibgerät einsetzen!
Bis zum Eintreffen des Tierarztes zieht man das unten liegende Vorderbein nach vorne, damit nicht das ganze Gewicht auf den Blutgefäßen, Nerven und Muskeln dieses Beines liegt. Gleichzeitig muss man den Kopf gut polstern, weil das Halfter einen Druck auf die seitlich am Kopf verlaufenden Nerven ausüben könnte. Man sollte das Halfter aber nicht abnehmen, da man das Pferd sonst bei seinen Aufstehversuchen nicht halten könnte. Es ist sinnvoll, lange Stricke am Halfter und an der Schweifrübe zu befestigen und diese durch das Boxengitter oder über die Boxentür von außen her zu halten. Damit kann man dem Pferd eine Aufstehhilfe geben.
Als weitere Ursachen des Festliegens kommen unter anderem Kreuzverschlag, beidseitige Fixation der Kniescheiben oder Hufrehe in Frage.

XV. Bergung und Transport von verunfallten Pferden

1. Einleitung

Wie häufig hören wir das Signalhorn eines Ambulanzfahrzeuges, das mit Blaulicht zu einem Notfall ausrückt, oder wie häufig sehen wir einen Rettungshelikopter, der zu einem Notfall fliegt oder einen Patienten ins Krankenhaus bringt. Erste-Hilfe-Maßnahmen, Betreuung und Versorgung von Notfällen sind bei den Menschen zur Routine geworden und folgen einem genau festgelegten Ablauf. Durch die erfolgreichen, medizinischen Fortschritte und modernen, technischen Möglichkeiten können verletzte oder erkrankte Menschen heute optimal versorgt werden, so dass viele Leben gerettet und schweren Komplikationen vorgebeugt werden können.

Bergung eines verunfallten Pferdes

In den letzten Jahren sind auch bei den Pferden große Fortschritte bei der Behandlung von Notfällen erzielt worden. Dennoch stellt gerade das Pferd ein großes Problem für die Tierärzte dar. Dies aufgrund des großen Körpergewichts und der Unberechenbarkeit seines vom Fluchtinstinkt bestimmten Verhaltens. Deshalb sind besondere Hilfsmittel erforderlich, die sowohl bei den Menschen wie auch bei den Kleintieren unbekannt und unnötig sind.

Zu den schwierigsten Notfällen zählen jene Patienten, die so schwer verletzt sind, dass sie nicht mehr stehen können, oder jene, die zwischen schweren Gegenständen oder in Schächten eingeklemmt sind und sich nicht mehr selber befreien können.

Diese Patienten müssen nach einer medizinischen Vorbereitung mit besonderen und leistungsstarken Hilfsmitteln, wie schwere Kranfahrzeuge oder Helikopter, geborgen werden.

Eine Pferderettung und Einlieferung in eine Klinik umfasst grundsätzlich vier Phasen:

1. Medizinische Erstversorgung des Pferdes
2. Bergung
3. Stabilisierung des Patienten
4. Luft- und Straßen-Transport

Für eine optimale Bergung des Pferdes ist eine Zusammenarbeit von Tierarzt und Rettungsorganisation unverlässlich. Der Tierarzt und in der Schweiz der Großtier-Rettungsdienst GTRD CH/FL (Tel. 0041 79 700 70 70) sowie die Klinik sollten unverzüglich informiert werden, welche ihrerseits alle weiteren Hilfsorganisationen wie Feuerwehr, Kran, Helikopter oder andere Organisationen aufbieten.

Ein mit der Behandlung von Pferden möglichst erfahrener Tierarzt wird nach der ersten medizinischen Versorgung des Pferdes in Absprache mit dem Verantwortlichen des Großtier-Rettungsdienstes vor Ort entscheiden, ob das Pferd stehend, seitlich oder auf dem Rücken liegend horizontal oder vertikal geborgen werden muss.

Obwohl eine Bergung möglichst bald erfolgen soll, ist die Zeit zweitrangig. Wir müssen auch bedenken, dass die Pferde Schmerzen und Angst verspüren. Übereilt ausgeführte Rettungsübungen ohne tierärztliche Begleitung sind zu vermeiden. Ebenso ist von der Verwendung von ungeeigneten Hilfsmitteln, zum Beispiel schmale und einschneidende Gurten oder Seile, abzusehen, da sie dem Pferd starke Schmerzen zufügen, die Atmung beeinträchtigen und zudem die Gefahr besteht, dass sie von den Pferden abrutschen.

Zur Bergung von Pferden aus Schächten und Jauchegruben, bei denen Erstickungsgefahr durch giftige Gase oder Sauerstoffmangel droht, ist es wichtig, dass man den Pferden sofort mit Ventilatoren, Kompressoren oder durch Fächern mit großen Tüchern frische Luft zukommen lässt. Bei Bedarf wird das Bergungsteam des Großtier-Rettungsdienstes mit Frischluft und Atemschutzgeräten per Helikopter zur Unfallstelle geflogen, wenn die nächste Ambulanz einen zu langen Anfahrtsweg hat.

Bei all diesen Bergungseinsätzen von Großtieren muss man sich des großen Gefahrenpotentials bewusst sein, da man vor allem bei Pferden infolge ihres Fluchtinstinkts immer mit unvorhergesehenen Reaktionen rechnen muss, was bei Helikopterflügen ein besonders großes Risiko darstellt.

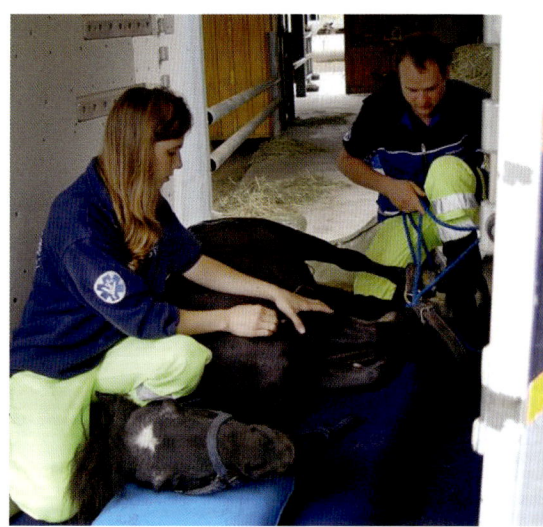

Vorbereitungen für einen Liegendtransport

2. Medizinische Erstversorgung des Pferdes

Die Tiere müssen vor der Bergung auf schwere Verletzungen untersucht werden. Bei Frakturverdacht ist es wichtig, wenn möglich die verletzte Gliedmasse vor der Bergung korrekt zu stabilisieren. Auch eine Blutstillung sollte rasch erfolgen und bei den meisten Bergungen ist eine Sedation erforderlich. Dies gilt im Besonderen für Bergungen in einem Bergungsnetz mit dem Kran oder Helikopter.

3. Bergung

In bestimmten Situationen kann es notwendig sein, dass ein Pferd mit Hilfe eines geeigneten Bergungsnetzes und einer Hebevorrichtung wie Seilwinde, Frontlader, Kran oder Helikopter aus seiner misslichen Lage befreit werden muss.

Das Pferd muss im Netz sicher gehalten werden, damit es auch bei Panik nicht aus der Hebevorrichtung heraus rutschen kann. Diese Forderung resultiert nicht aus theoretischen Überlegungen, sondern aus Unglücksfällen, die infolge ungeeigneter Hebevorrichtungen zum Tod des zu rettenden Pferdes geführt haben.

In der Schweiz wird vom Großtier-Rettungsdienst das Tier-Bergungs- und Transportnetz TBTN® verwendet, welches eine Verbesserung des Helikopternetzes der REGA darstellt und eine sichere und schonende Bergung gewährleistet*.

Besondere Bergungen:
- **Bergung aus Gewässern und Sümpfen**
  Grundsätzlich kann jedes Pferd schwimmen, wobei die Zeit limitiert ist, weil die Pferde wenig Training im Wasser haben. Zudem spielen die Wassertemperaturen und auch die Strömung eine wichtige Rolle. Als Erstes soll man abklären, ob in der Nähe eine Ausstiegsstelle vorhanden ist, wo man mit dem Pferd das Gewässer verlassen kann. Ist dies nicht möglich und kann das Pferd gut stehen, erfolgt eine Bergung mit dem TBTN® mittels Kran oder Helikopter.

  Bei der Bergung von Pferden aus Sümpfen oder Ähnlichem gibt es zwei bewährte Möglichkeiten. Wenn aber die große Gefahr des Einsinkens für die Bergungsleute besteht, und wenn es nicht möglich ist über breite, gelegte Bretter zum Pferd zu gelangen, hängen sich die Rettungsleute mit dem Luftrettergurt und den Kanalhosen an den Kran oder Helikopter und montieren dem Pferd vorerst das TBTN®. Darauf wird es mit Helikopter oder Kran angehoben.

- **Bergung aus Jauchegruben**
  Bergungen aus Jauchegruben kommen relativ häufig vor. Hier muss am Anfang sehr rasch gehandelt werden! Die Frischluftzufuhr muss sofort sichergestellt werden, da sonst akute Todesgefahr oder mindestens eine Schädigung der leicht verletzbaren Pferdelunge droht. Man weiß heute, dass es in Jauchegruben verschieden starke Gasgemische gibt, die auf mehrere horizontale Schichten aufgeteilt sind. Gewisse Gasschichten sind für Mensch und Tier sofort tödlich. Man soll deshalb nie ohne Atemschutz zum Pferd hinunter steigen um ihm zu helfen.

  Die sofortige Frischluftzufuhr kann jede Feuerwehr sicherstellen, die mit Lüftern ausgestattet ist. Ansonsten sind Improvisationen mit Kompressoren, Tüchern als Fächer usw. gefragt. Nach Möglichkeit soll versucht werden, die Jauchegrube zu entleeren.

- **Bergung im Brandfall**
  Diese Bergungen sind sehr komplex und werden vorwiegend mit der Feuerwehr durchgeführt. Grundsätzlich müssen die Pferde so schnell wie möglich losgelöst und aus den Gebäuden geführt werden, was meistens durch die Feuerwehr, welche mit Atemschutzgeräten versehen ist, geschehen muss.

Das TBTN® kann mit einer ausführlichen Anleitung zur Handhabung beim Hersteller und Leiter des Großtier-Rettungsdienstes GTRD CH/FL bezogen werden: Ruedi Keller, Schützenhausstraße 56, CH-8424 Embrach, Email: info@gtrd.ch

Die Aufgabe des Rettungsdienstes, der anwesenden Tierärzte und Passanten ist es, die Pferde entgegenzunehmen, so schnell wie möglich vom Brandplatz zu entfernen und zu verhindern, dass die Pferde wieder zu den Stallungen zurückkehren.

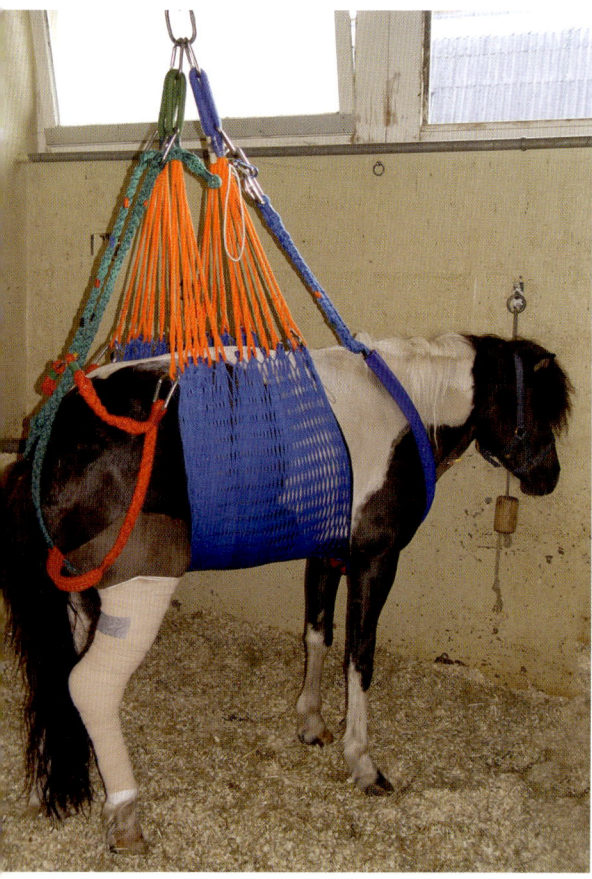

Pferd mit einer operierten Unterschenkelfraktur wird im Tierbergungs- und Transportnetz aufgehängt beziehungsweise so am Abliegen gehindert

4. Stabilisierung des Patienten

Nach der Bergung ist eine ausführlich Untersuchung des Patienten durch den Tierarzt erforderlich. Dann muss entschieden werden, welche Maßnahmen noch vor dem Transport zu ergreifen sind: Wundversorgung, Frakturstabilisation, Kreislaufstabilisation, Schmerztherapie, Sedation.

5. Transport

Je nach Schweregrad der Verletzung kann das Pferd vom Besitzer selber in die Klinik gebracht werden, oder er lässt es im Ambulanzfahrzeug transportieren, wo es während des Transportes gut unterstützt und mit Infusionen behandelt werden kann. Schwerverletzte Pferde, die liegend transportiert werden müssen, benötigen eine besonders intensive Behandlung und Überwachung während des Transportes. Wenn in gewissen Fällen eine Sedation für den Liegendtransport nicht genügt, muss das Pferd in einer oberflächlichen Narkose transportiert werden.

5.1 Ein- und Ausladen für einen Stehendtransport

Nachdem das Pferd medizinisch versorgt und der Jahreszeit entsprechend eingedeckt wurde, fährt man mit dem Transportfahrzeug möglichst nah an das Pferd heran. Transportgamaschen an den Hinterbeinen sollten dem Pferd nur dann angelegt werden, wenn es auch an diese gewöhnt ist. Es empfiehlt sich, dem Pferd zum Einladen über dem Transporthalfter eine Trense oder ein Steigegebiss anzulegen, damit es beim Verladen besser unter Kontrolle gehalten werden kann.

Falls das Pferd vom Besitzer selber transportiert wird, ist es wünschenswert, möglichst sanft ansteigende Rampen mit einem rutschfesten Bodenbelag für das Ein- und Ausladen zu verwenden. Das Einladen kann mit zwei Longen deutlich erleichtert werden. Die eine Longe wird innen an der Außenwand und die zweite hinten an der zur Seite gestellten Mittelwand befestigt. Dadurch erreicht man, dass sich das Pferd beim eventuellen Hineinspringen in den Transporter nicht an der Ecke der Mittelwand verletzen kann. Eine Person führt das Pferd in den Transporter, wobei sie sich immer hinter Augenhöhe des Pferdes aufhalten sollte. Wenn genügend Helfer zur Verfügung stehen, kann das Pferd mit Gurten, zum Beispiel Sattelgurten, beidseitig hinter den Ellbogen unterstützt werden. Zwei weitere Personen halten die Longen zunächst als Führleinen parallel zum Pferd und kreuzen diese, wenn mindestens der Kopf und der Hals des Pferdes im Transporter sind. Kreuzt man vorzeitig, so dreht sich das Pferd auf der Rampe zur Seite. Auf keinen Fall dürfen die Longen dazu verwendet werden, das Pferd in den Hänger zu ziehen! Sie können dann bis zu den Sprunggelenken herunterrutschen, wodurch die Hinterbeine des Pferdes nach vorne weggezogen werden, mit der Folge, dass sich das Pferd rückwärts überschlägt.

Falls das Pferd kurz vor Betreten der Rampe anhält, kann es von zwei Personen, die sich die Arme reichen, in Richtung Transportereingang geschoben werden. Dabei sollte man möglichst nah am Pferd stehen. Einmal erreicht man dadurch eine gute Kraftübertragung, und zum Zweiten wird die Auswirkung einer eventuellen Verteidigung des Pferdes durch einen Schlag wesentlich gemildert.

Im Transporter wird dann das Zaumzeug entfernt und das Pferd nach dem Schließen der hinteren Stange so angebunden, dass es sich mit dem Hals während der Fahrt ausbalancieren kann. Ist eine Aufhängevorrichtung vorhanden, so wird der Bauchgurt angelegt und das Vorder- und Hintergeschirr fest angezogen, damit das Pferd nicht aus dem Gurt rut-

schen kann. Es ist vorteilhaft, wenn die Mittelwand hinten breiter gestellt werden kann, damit sich das Pferd mit etwas breitbeiniger Nachhandstellung in den Kurven besser ausbalancieren kann.

Prinzipiell soll das Pferd mit den unverletzten Vorder- bzw. Hinterbeinen voraus ausgeladen werden. Deshalb ist es sehr günstig, wenn das Transportfahrzeug über einen Vorderausstieg verfügt. Ist kein solcher Ausstieg vorhanden, so kann man versuchen, das Pferd im Transporter zu wenden, was aber nur bei kleineren Pferden gelingt. Liegt eine Verletzung der Hintergliedmaßen vor und ist das Vorwärtsausladen und das Wenden nicht möglich, so muss das Pferd sorgfältig rückwärts geschoben werden. Man kann es dabei durch kräftiges Aufwärtsdrücken der Schweifrübe etwas unterstützen.

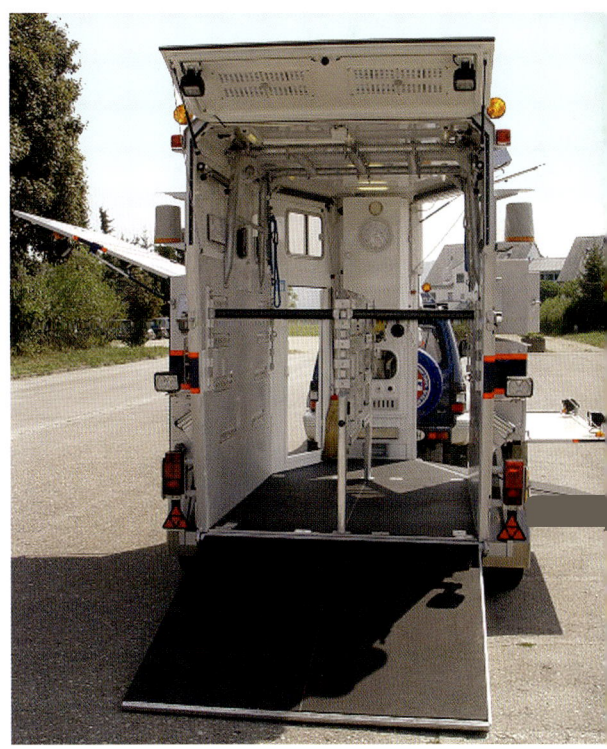

Ambulanzanhänger des Großtier-Rettungsdienstes Schweiz Lichtenstein (GTRD CH/FL) Siehe Fußnote Seite 183

5.2   Fahrweise

Es ist wichtig, auf eine gleichmäßige Fahrweise mit sanftem Anfahren und besonders behutsamem Bremsen zu achten. Außerdem müssen die Kurven sorgfältig ausgefahren werden. Bei schweren Verletzungen an den Vordergliedmaßen und längeren Transporten ist es vorteilhaft, das Pferd rückwärts zu transportieren. Dadurch kann es mit den unverletzten Hinterbeinen die Bremsverzögerung besser auffangen. Die Beobachtung von Pferden beim Transport hat ergeben, dass sie sich beim Kurvenfahren mit den Schultern nach innen abstützen. Es ist deshalb sinnvoll, die Mittelwand vorne eng und wie bereits erwähnt hinten weit zu stellen.
Ein Schild mit der Aufschrift »Achtung: Verletztes Pferd« erklärt den anderen Verkehrsteilnehmern die langsame und vorsichtige Fahrweise und veranlasst überholende Autofahrer, nicht die Motoren aufheulen oder die Druckluftbremsen loszulassen, um die Pferde nicht zu erschrecken.

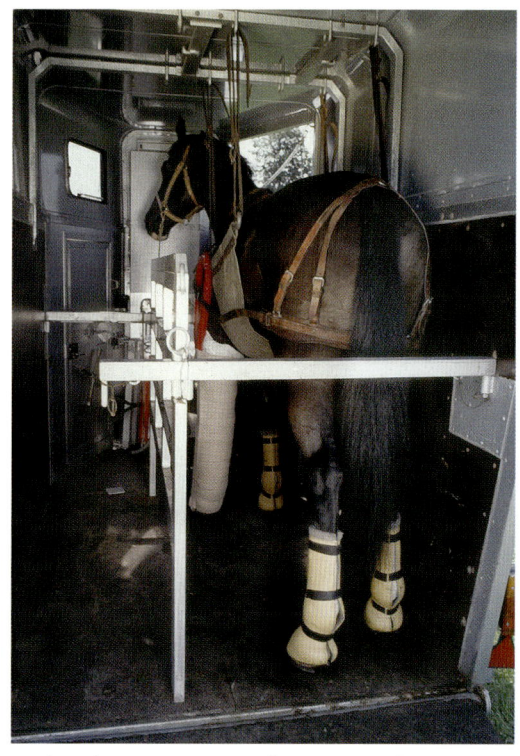

Stehendtransport im Entlastungsgeschirr

XVI.   Das Töten von Pferden

Jeder Pferdebesitzer muss sich irgendwann einmal von seinem Tier trennen. Damit muss man sich abfinden – doch leider ist der Tod in unserer Gesellschaft immer noch ein Tabu. Folglich möchten sich viele auch nicht mit dem Lebensende der Pferde befassen, die selten eines natürlichen Todes sterben, sondern in der Regel von uns Menschen getötet werden. Auf der einen Seite wirkt es brutal, auf der anderen Seite aber können wir den Tieren dadurch in vielen Fällen Leiden ersparen.

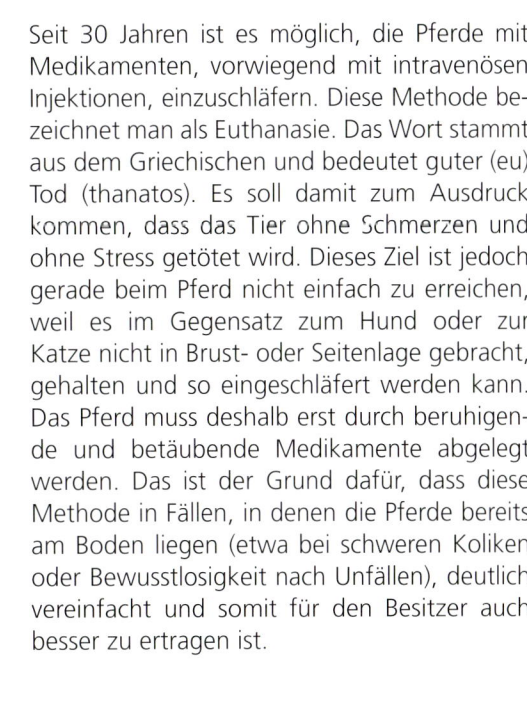

Auch wenn die Tötung eines Pferdes aus verschiedenen Gründen unausweichlich ist, zögern viele Pferdebesitzer den Entschluss aus Angst vor dem eigenen Schmerz hinaus. Zugegeben: Es ist nicht einfach, die eigenen Interessen und Gefühle zurückzustellen – aber als Mensch sind wir es dem Pferd schuldig, es im Falle des Falles so rechtzeitig töten zu lassen, dass es keine unnötigen Schmerzen erleiden muss und dass seine Würde gewahrt wird.
Die Methoden, Pferde zu töten, haben sich in den letzten Jahrzehnten stark verändert. Jahrhundertelang wurden die Pferde von ihren Besitzern oder von Tierärzten und Pferdemetzgern größtenteils mit Gewehr oder Pistole erschossen. Im 20. Jahrhundert hat sich dann das Töten mit einem Bolzenschuss durchgesetzt.

Seit 30 Jahren ist es möglich, die Pferde mit Medikamenten, vorwiegend mit intravenösen Injektionen, einzuschläfern. Diese Methode bezeichnet man als Euthanasie. Das Wort stammt aus dem Griechischen und bedeutet guter (eu) Tod (thanatos). Es soll damit zum Ausdruck kommen, dass das Tier ohne Schmerzen und ohne Stress getötet wird. Dieses Ziel ist jedoch gerade beim Pferd nicht einfach zu erreichen, weil es im Gegensatz zum Hund oder zur Katze nicht in Brust- oder Seitenlage gebracht, gehalten und so eingeschläfert werden kann. Das Pferd muss deshalb erst durch beruhigende und betäubende Medikamente abgelegt werden. Das ist der Grund dafür, dass diese Methode in Fällen, in denen die Pferde bereits am Boden liegen (etwa bei schweren Koliken oder Bewusstlosigkeit nach Unfällen), deutlich vereinfacht und somit für den Besitzer auch besser zu ertragen ist.

Unserer Ansicht nach sollte man sich als Pferdebesitzer immer an seinen Tierarzt wenden, um mit diesem die Tötungsart und alle damit zusammenhängenden Fragen zu besprechen. Da man Angst und Leiden der Pferde bei einer korrekten und verantwortungsbewussten Durchführung beider Methoden, nämlich Euthanasie und Bolzenschuss, weitgehend ausschalten kann, sind in der Regel die Begleitumstände für die Entscheidung ausschlaggebend.

In seltenen Situationen ist der Tierarzt gezwungen, ein Pferd ohne Einwilligung des Besitzers zu töten. Dieser Fall tritt ein, wenn sich das Tier schwer verletzt hat (zum Beispiel Wirbelfraktur) oder an einer ernsthaften Krankheit leidet (zum Beispiel Magenruptur) und somit keine Chancen auf eine Heilung hat oder unter starken Schmerzen leidet (Nottötung). Kann der Pferdebesitzer nicht erreicht werden, so darf beziehungsweise muss der Tierarzt das Pferd in einem solchen Fall aus tierschützerischen Gründen töten, da die ethischen Regeln von den Tierärzten fordern, dass sie den Tieren unnötige Leiden ersparen.

1. Das Einschläfern (Euthanasie)

Pferde können mit Medikamenten getötet werden, die man direkt ins Blut spritzt. Es handelt sich dabei um narkotisch wirkende Mittel, die das Bewusstsein und damit die Schmerzempfindung ausschalten. Das heißt, dass die Pferde ähnlich wie für eine Operation zuerst in Narkose gebracht und abgelegt werden. Anschließend wird ihnen eine zweite Injektion mit einer zusätzlichen Dosis des Narkosemittels verabreicht. Dann kommen innerhalb kürzester Zeit sämtliche Körperfunktionen zum Erliegen, und der Tod tritt ein.

Da man bei jeder Manipulation damit rechnen muss, dass das Pferd unruhig wird oder plötzlichen Widerstand zeigt, wird zuerst ein Katheter in die Vene gelegt, damit der Zugang zu den Blutgefäßen auch bei Abwehrbewegungen des Tieres jederzeit gesichert ist. Man muss, ähnlich wie bei der Einleitung einer Narkose, jede unnötige Aufregung und jeglichen Lärm vermeiden. Unter diesen Voraussetzungen ist die Euthanasie eine sehr sanfte Tötungsmethode, bei der das Pferd weder Angst noch Schmerzen verspürt.

Das eingeschläferte Pferd muss anschließend abtransportiert werden. In der Regel wird der Pferdekörper von entsprechend eingerichteten Fahrzeugen einer regionalen Tierkörperbeseitigungsanlage abgeholt. Deshalb sollte man die Tötung an einem Ort vornehmen, der mit Lastwagen gut erreichbar ist.

Früher konnten viele Teile des Tierkörpers verwertet werden. Deshalb erfolgte die Entsorgung kostenlos. Heute müssen die Tierkörper jedoch größtenteils entsorgt werden. Dadurch entstehen nicht unerhebliche, regional unterschiedlich hohe Kosten, das bedeutet, dass praktisch nicht mehr mit einem Fleischerlös gerechnet werden kann, wenn das Pferd geschlachtet wird.

Es hat sich deshalb in letzter Zeit durchgesetzt, dass vor allem kranke Pferde in ihrer gewohnten Umgebung euthanasiert werden. Selbstverständlich gehört gerade in diesen Fällen eine gute psychologische Betreuung der Besitzer auch zur Aufgabe des Tierarztes.

Die Euthanasie von schwer verletzten Pferden ist manchmal erschwert, weil sich die Tiere im Schock befinden, wodurch die Durchblutung der Organe und auch des Hirns reduziert ist. Abwehrbewegungen der Pferde und die Einmischung von besserwissenden Zuschauern bei Pferdeveranstaltungen erschweren die Arbeit des in solchen Situationen ohnehin gestressten Tierarztes oft erheblich. Falls ein Fohlen, das noch nicht von seiner Mutter getrennt wurde, eingeschläfert werden muss, sollte man es nach der Euthanasie noch einige Stunden lang bei der Stute lassen.

2. Das Töten von Pferden mit dem Bolzenschussapparat

Eine andere, ebenfalls vertretbare Tötungsmethode ist der Bolzenschuss. Obwohl diese Methode für die Anwesenden wegen des Knalls und des Zusammenstürzens des Pferdes sehr brutal aussieht, sind wir der Überzeugung, dass das Tier keinerlei Angst und Schmerzen verspürt, weil alle Empfindungen in Bruchteilen von Sekunden erlöschen. Mit dem Bolzenschussapparat wird ein circa zehn Zentimeter langer Stahlstift durch die Schädeldecke ins Gehirn getrieben. Dabei wird ein Teil des Gehirns zerstört. Noch wichtiger ist aber, dass die Hirnfunktionen durch die entstehende Druckwelle sofort zum Erliegen kommen. Dadurch befindet sich das Pferd in einem narkoseähnlichen Zustand, der noch nicht zum Tod, aber zu einer augenblicklichen Betäubung führt. Der sogenannte klinische Tod tritt erst nach dem anschließend notwendigen Entbluten des Pferdes ein. Dazu eröffnet der Pferdemetzger die großen, den Vorderteil des Pferdes versorgenden Blutgefäße, indem er mit einem langen Messer in den Brusteingang sticht. Daraufhin

fließen ungefähr 15 bis 20 Liter aus, also fast die Hälfte des Blutvolumens eines Pferdes, und das Herz hört langsam zu schlagen auf.

Der Bolzenschuss und das anschließende Entbluten des Pferdes ist eine rasche und schmerzlose Tötungsart – vorausgesetzt, er wird von einem Fachmann an einem geeigneten Ort und mit einem gut funktionierenden Bolzenschussapparat durchgeführt.
Von Pferdebesitzern wird immer wieder die Meinung vertreten, das Pferd würde beim Eintreten in den Schlachthof den Geruch früher getöteter Pferde wahrnehmen und ahne den bevorstehenden Tod. Die Tierärzte sind aber davon überzeugt, dass das veränderte Verhalten eines Pferdes in dieser Situation nur eine Reaktion auf die ungewohnte Umgebung, die unbekannte Geräusche sowie das unsichere und verängstigte Benehmen des Besitzers ist. Eine Schlussfolgerung nämlich, dass es sterben muss, kann es aus diesen Eindrücken nicht ziehen. Aus diesem Grund sind wir der Meinung, dass nicht der Besitzer, sondern eine Person seines Vertrauens das Pferd in den Schlachthof führen sollte.

Da der Bolzenschuss allerdings für die Umgebung brutal und schockierend wirkt, ist er bei vielen Pferdeveranstaltungen mit Rücksicht auf das Publikum nicht mehr erlaubt.
Manche Pferdebesitzer möchten ihre Tiere im eigenen Stall oder auf der Weide mit dem Bolzenschuss töten lassen. Das hat zwar den Vorteil, dass das Pferd nicht zum Schlachthof transportiert werden muss. Unserer Erfahrung nach ist das anschließende Entbluten und Abtransportieren des Tierkörpers für den Besitzer und andere Anwesende aber ein sehr unschönes und nicht leicht zu vergessendes Erlebnis.
Der Bolzenschuss erfordert viel Erfahrung und darf unter keinen Umständen von ungeübten Personen durchgeführt werden. Das Töten mit einer Pistole oder einem Gewehr ist völlig abzulehnen. Da das Gehirn aufgrund der anatomischen Verhältnisse des Kopfes schwierig zu lokalisieren ist, ist ein Fehlschuss leicht möglich. Dieser kann das Pferd nur verletzen und durch das Abprallen der Kugel an der Schädel-

platte können umstehende Menschen gefährdet werden.

Ein durch einen Bolzenschuss betäubtes und entblutetes Pferd kann noch verwertet werden. Der Metzger kann das Fleisch für den menschlichen Konsum oder als Tierfutter verarbeiten, was für viele Pferdebesitzer allerdings völlig inakzeptabel ist. Eher finden sich viele Menschen mit der Verfütterung des Fleisches an Raubtiere ab, da damit gewissermaßen der Zyklus der Natur erhalten bleibt. Die euthanasierten Pferde dagegen dürfen wegen der zur Tötung verwendeten Medikamente nicht an Raubtiere verfüttert werden.

Es ist unbedingt darauf zu achten, dass Pferde nur von einem erfahrenen Pferdemetzger geschlachtet werden, den man kennt. Auf keinen Fall darf man die Tiere an fremde Metzger oder Händler verkaufen, bei denen niemand weiß, wie viele Kilometer die armen Pferde im Transporter stehen müssen, um dann irgendwo getötet zu werden, wo der Fleischpreis etwas höher ist. Diese brutalen, tierverachtenden Schlachtviehtransporte stellen der heutigen Zeit ein schlechtes Zeugnis aus.

3. Andere Tötungsmethoden

Immer wieder gibt es Fälle, in denen nach Meinung von Laien das sofortige Töten eines Pferdes notwendig ist. Diese Menschen sind oftmals nicht bereit, auf das Eintreffen eines Fachmannes, also eines Tierarztes oder Pferdemetzgers, zu warten. Wir warnen dringend vor solchen übereilten und unprofessionellen Tötungsversuchen durch Laien! Methoden wie das Zertrümmern des Schädels, das Eröffnen von Blutgefäßen am Hals und an den Gliedmaßen oder ein Herzschuss nach Jägerart sind absolut ungeeignet, um ein Pferd würdevoll und schmerzlos zu töten! Dadurch fügt man dem Tier höchstens noch zusätzliche Angst und Schmerzen zu.

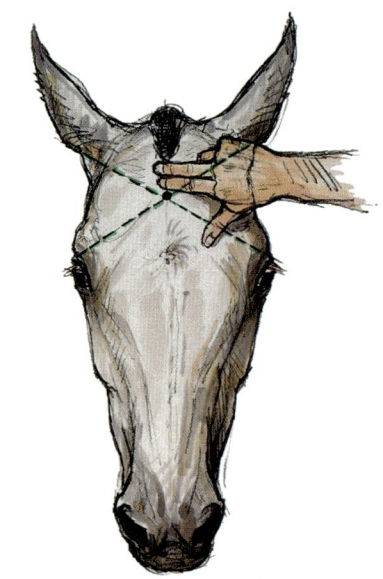

Die richtige Lokalisation für den Bolzenschuss: in der Mittellinie der Kopfvorderseite, zwei Fingerbreit unter dem Ansatz der Schopfhaare. Das Tier wird durch den Bolzenschuss augenblicklich betäubt und stürzt in sich zusammen. Es muss aber unbedingt noch entblutet werden. Achtung: Das Pferd kann auch noch nach einigen Minuten unbewusste Muskelzuckungen haben und massive Bewegungen mit den Gliedmaßen durchführen, die den Menschen erschrecken und gefährden können

Da sich ein schwerverletztes oder schwerkrankes Pferd in einer Art Schockzustand befindet, empfindet es die Schmerzen deutlich weniger bewusst. Man kann deshalb ohne weiteres eine gewisse Zeit verstreichen lassen und ist gut beraten, das Eintreffen des Fachmannes abzuwarten. Sollte es in absoluten Ausnahmefällen doch nötig sein, als Nichtfachmann ei- Pferd zu erlösen, dann bietet sich unter Umständen das Eröffnen der Hauptschlagader vom Mastdarm aus als schmerzarme und zuverlässige Methode an. Dabei führt man ein mit der Hand bedecktes, scharfes Messer in den Enddarm ein und sticht nach etwa 30 Zentimetern ungefähr zehn Zentimeter nach oben. Dadurch schneidet man die Körperschlagader vor der Verzweigung in die Beinarterien auf. Das Pferd wird dann langsam innerlich verbluten und ruhig einschlafen.

XVII. Pferde-Apotheke

Eine Pferdeapotheke kann je nach Art und Gebrauch der Pferde und abhängig von den Kenntnissen der Pferdebetreuer sehr unterschiedlich ausgerüstet werden. Am zweckmäßigsten ist es, sie in Absprache mit dem Tierarzt zusammenzustellen. Generell setzt sich eine Pferdeapotheke aus vier Gruppen zusammen. Im Folgenden werden die gebräuchlichsten Bestandteile aufgelistet:

1. Medikamente

2. Instrumente

3. Verbands- und Schienungsmaterial

4. Geräte für die Arbeiten am Huf

1. Medikamente

Bei dieser Gruppe ist eine peinliche Sauberhaltung und Kontrolle der Ablauffristen dringend zu empfehlen.

- Desinfizierende und antiseptische Lösungen und Salben, zum Beispiel Betadinelösung und Betadineseife, evt. auch Jodtinktur oder Jodglyzerin
- Kühlende und abschwellende Salben, Lösungen und Packungen: Kyttasalbe, Antikongestol, Burrow, Lehm, Cold-Packs
- Wärmende Einreibemittel wie Alkohol und Apfelessig
- Sterile Kochsalzlösung
- Wundsalbe: Solcoseryl-, Betadine-, Lebertran-, Vitamin- A oder Bepanthensalbe
- Sedalinpaste,
- Strahlfäulemittel

2. Instrumente

Diese sollen die bereits beschriebene Überprüfung des Zustandes der Gesundheit und des Bewegungsapparates sowie die Erste Hilfe ermöglichen.

- Fieberthermometer
- Schere, Pinzette
- Staubinde oder -schlauch
- Taschenlampe
- Nasenbremse
- Schermaschine und eventuell Handrasierer
- Hörgerät (Phonendoskop, Stethoskop)
- Maulkorb
- Hufuntersuchungszange

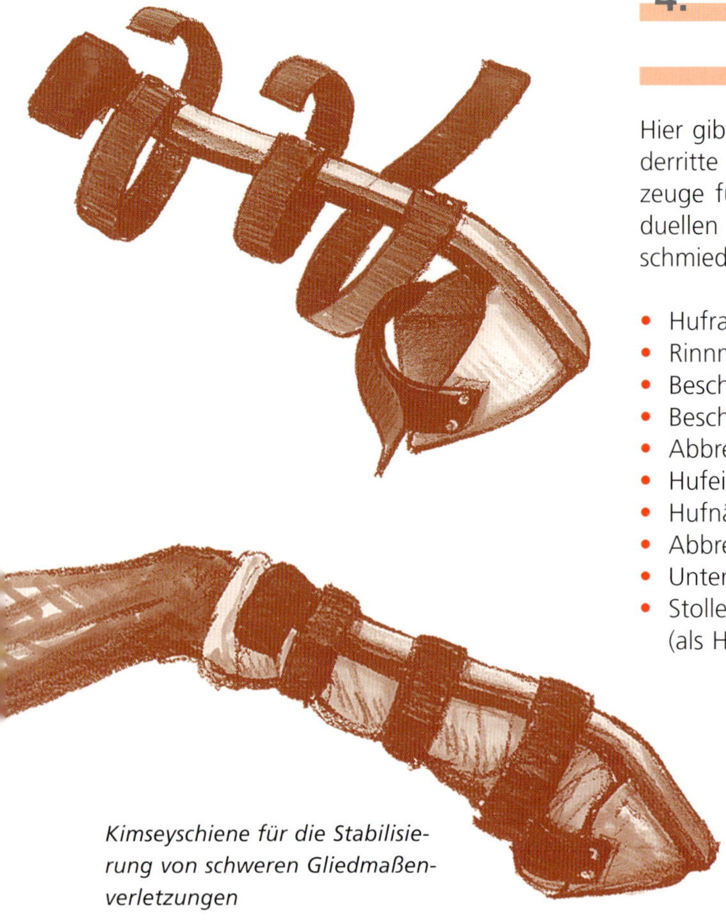

3. Verbands- und Schienungsmaterial

Auch diese Bestandteile der Pferdeapotheke sind auf die Erste Hilfe bei Verletzungen ausgerichtet.

- Plastiktuch oder -folie
- Gummihandschuhe
- Watterollen
- Gazekompressen
- Elastische Binden, Gazebinden
- Klebeband
- Elastische Klebebinden
- Wollbandagen, Bandagekissen

4. Geräte für die Arbeiten am Huf

Hier gibt es einerseits das kleine Set für Wanderritte und andererseits die größeren Werkzeuge für den stationären Einsatz. Die individuellen Bedürfnisse sollten mit dem Stallhufschmied abgeklärt werden.

- Hufraspel
- Rinnmesser
- Beschlagszange
- Beschlagshammer
- Abbrechklinge
- Hufeisen
- Hufnägel
- Abbrechhammer
- Unterhauer
- Stollenschlüssel
  (als Hammer verwendbar)

Kimseyschiene für die Stabilisierung von schweren Gliedmaßenverletzungen

Vorschläge für Stall-, Wander- und Pferdesportplatz-Apotheke des Schweizerischen Vereins für Pferdesamariter (Präsident Christian Lüthi, CH 8586 Buch bei Kümmertshausen)

info@pferdesamariter.ch www.pferdesamariter.ch

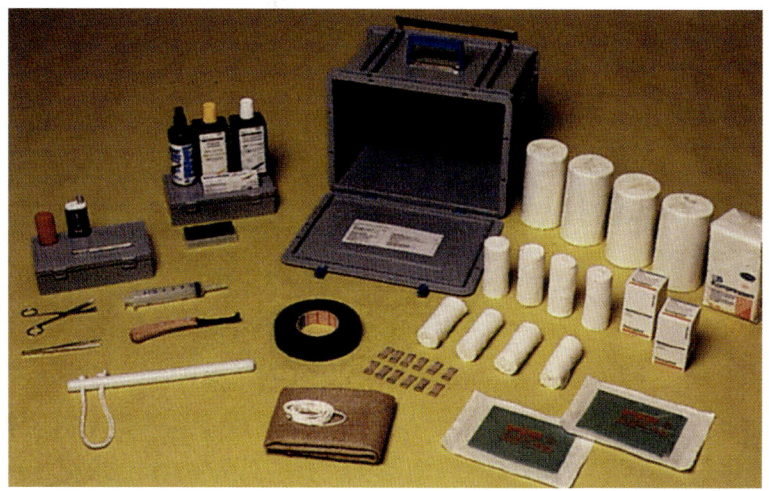

Stall- und Reiseapotheke

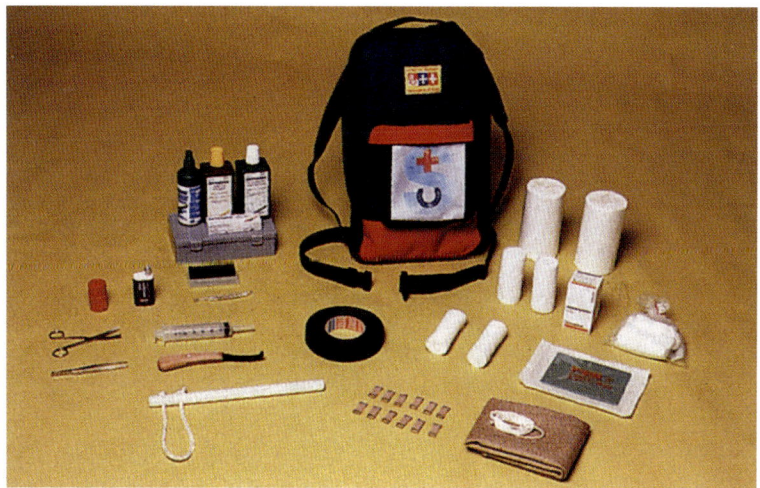

Apotheke für Wanderritte

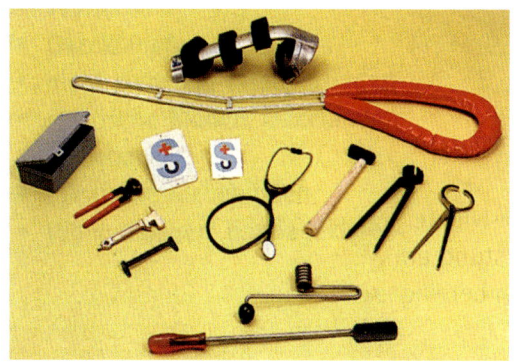

Zusatzgeräte für den Einsatz auf Pferde-sportplätzen

Schlusswort

Durch die Haltung und Nutzung des Freizeit- und Sportpferdes in der modernen, hektischen, übertechnisierten und tierfeindlichen Zeit setzen wir das Pferd täglich erheblichen Verletzungs- und Erkrankungsmöglichkeiten aus.

Dank besserer und spezialisierter Ausbildung der Tierärzte, sicherer und weiterreichender Kommunikationsmöglichkeiten und großer Fortschritte in der Unfallchirurgie sowie deren Begleitdisziplinen, in der Anästhesiologie und den diagnostischen Methoden wie Röntgen, Ultraschall, Szintigraphie, CT und MRI ist es heute möglich geworden, Diagnosen auch von komplizierten Veränderungen zu stellen und schwerste Verletzungen an den Weichteilen und Organen sowie am Skelett zur Abheilung zu bringen. Nicht selten können Pferde nach solchen Verletzungen im Sport wieder eingesetzt werden.

Bei all diesen tierärztlichen Interventionen ist das frühzeitige Erkennen von Verletzungen und Erkrankungen und die auch vom Laien sofort geleistete Erste Hilfe sehr oft von ausschlaggebender Bedeutung. Umgekehrt kann das Nichterkennen einer Verletzung oder Erkrankung oder gar eine falsche Hilfeleistung am Misserfolg der tierärztlichen Behandlung wesentlich beteiligt sein. In gewissen Fällen sind rechtzeitige und richtige Erste-Hilfe-Leistungen sogar für das Überleben des Pferdes entscheidend.

Vor jeder Hilfeleistung ist das Erkennen und Erfassen des Ausmaßes einer Verletzung oder Erkrankung und ganz besonders auch das richtige Beurteilen des Allgemeinzustandes des Pferdes von größter Wichtigkeit.

Wir haben deshalb der Darstellung dieser Themen im vorliegenden Buch große Bedeutung beigemessen. Daneben wurde aber auch mit Nachdruck und mit vielen, vielleicht teilweise erschreckenden Bildern auf die verhängnisvollen Folgen von Fehlern wie Abschnürungen, Druckbeschädigungen, Unterlassen von Schienungen, fehlerhaften Transporten und so weiter hingewiesen.

Wir hoffen, dass durch das aufmerksame Durchlesen dieser Ausführungen und durch das genaue Betrachten der instruktiven Fotos sowie der einprägsamen Karikaturen ein richtiges Erkennen und korrektes Handeln für den Leser erleichtert wird.

Die Autoren

Prof. Dr. med. vet.
Björn von Salis
Horseconsulting AG
Reutenenstraße 34
8500 Frauenfeld

Tel.: 0041(0)52 721 28 51
Fax: 0041(0)52 722 40 24
horseconsulting@bluewin.ch
www.horseconsulting.ch

Prof. Dr. med. vet.
Hans Geyer
Veterinäranatomisches
Institut der Vetsuisse-Fakultät der
Universität Zürich
Winterthurerstraße 260
8057 Zürich

Tel.: 0041(0)44 635 81 11
Fax: 0041(0)44 635 89 43
hgeyer@vetanat.uzh.ch

Etzelstraße 5
8610 Uster (ZH)
hgeyer@wt.net.ch

PD. Dr. med vet.
Anton Fürst
Departement für Pferde der Vetsuisse-
Fakultät der Universität Zürich
Winterthurerstraße 260
8057 Zürich

Tel.: 0041(0)44 635 81 11
Fax: 0041(0)44 635 89 05
afuerst@vetclinics.uzh.ch

Prof. Dr. med. vet. Björn von Salis

geboren 1933 in Winterthur, war nach seinem Tierarztstudium an der Universität in Zürich zwei Jahre lang an einer Nutztierpraxis tätig. Anschließend arbeitete er als Assistent und Oberassistent an der Pferdeklinik Bern, wo er 1961 promovierte. Der Hauptmann der Kavallerie war Mitbeteiligter an einer Kleintierpraxis in Basel, bevor er 1968 in Frauenfeld/Schweiz eine Kleintierpraxis und in Uesslingen bei Frauenfeld die erste private Pferdeklinik der Schweiz eröffnete. Im Jahr 1988 wurde er als Professor für Pferdeorthopädie an die Vet. Med. Fakultät der Landwirtschaftlichen Hochschule in Uppsala/Schweden berufen. Seit der Rückkehr aus Schweden führt der verheiratete Vater von fünf erwachsenen Kindern die Firma Horseconsulting AG in Frauenfeld, die sich mit Beratungen, Expertisen und Gutachten rund um das Pferd befasst.
Prof. B. von Salis ist Gründer und Ehrenpräsident des Vereins für Pferdesamariter und Pferderettungswesen.

Prof. Dr. med. vet. Hans Geyer

geboren 1940, studierte in Hannover und Zürich Veterinärmedizin. Nach seiner Dissertation an der Veterinärchirurgischen Klinik der Universität Zürich war er einige Jahre lang als Assistent in Tierarztpraxen für Groß- und Kleintiere in Württemberg und im Kanton Luzern sowie an der Veterinär-Medizinischen Fakultät der Freien Universität Berlin tätig. Seit 1969 ist er Mitarbeiter am Veterinär-Anatomischen Institut der Universität Zürich (Direktor: Prof. Dr. J. Frewein). Prof. Dr. med. vet. Hans Geyer legte 1979 seine Habilitation ab und war seit 1988 Titularprofessor für Veterinär-Anatomie. Von 2000–2006 war er als Extraordinarius Leiter des Züricher vet.-anatomischen Instituts und ist seit 2006 im aktiven Ruhestand. Sein Hauptgebiet ist die klinisch-angewandte Anatomie.

PD Dr. med. vet. Anton Fürst

geboren 1964 in Bregenz, begann nach dem Besuch des Gymnasiums das Studium der Veterinärmedizin, das er 1988 beendete. Von 1990 bis 1997 arbeitete A. Fürst als Assistent an der Veterinärchirurgischen Klinik der Universität Zürich. Während dieser Zeit absolvierte er die Prüfungen für den Pferdefachtierarzt der Schweiz (FVH-Pferde) und das europäische Board für Chirurgie (DECVS). Im Januar 1998 ging A. Fürst an die Ohio State University of Columbus, wo er sich auf besonderen Spezialgebieten der Pferdechirurgie weiterbildete. Seit August 1998 ist er als Oberassistent und wissenschaftlicher Mitarbeiter an der Veterinärchirurgischen Klinik der Universität Zürich angestellt. Im Jahr 2007 hat sich A. Fürst auf dem Gebiet der Pferdechirurgie habilitiert. A. Fürst ist Präsident der Veterinärkommission der Schweizerischen Vereinigung für Pferdesport (SVPS). Er ist Mannschaftstierarzt der schweizerischen Dressur- und Voltigeequipe und betreute die Mannschaften an mehreren Europa- und Weltmeisterschaften sowie an den olympischen Spielen in Atlanta, Sydney und Athen. A. Fürst ist mit Moni Fürst verheiratet und Vater von vier Kindern.

Bildnachweis

©Betty/PIXELIO Eibe: S. 128; CAVALLO: S. 64/65; ©Cekora/PIXELIO Herbstzeitlose: S. 129; ©Dietli/PIXELIO Pfaffenhütchen: S. 130; ©Gaby Dross/PIXELIO Fingerhut: S. 127; Silke Dehe: S. 198; Kornelia Erlewein: S. 12, 62, 115, 126, 141, 187, 191, 194; ©Uwe Gerhardt/PIXELIO Aronstab: S. 127; ©Irisch©/PIXELIO Eberesche: S. 130; ©Regina Kaute/PIXELIO: S. 125; Kaja Kreiselmeier: Bärlauch, Bilsenkraut: S. 130, Ginster: S. 127, Riesenbärenklau: S. 126; ©Maria Lanznaster/PIXELIO Eisenhut, Engelstrompete: S. 126; ©Marika/PIXELIO Schöllkraut: S. 126; ©Bobby Metzger/PIXELIO Berberitze, Blauregen: S. 130; MEV Verlag: S. 132, 133, 134, 141, 145, 152, 165, 186, 188; ©moorhenne/PIXELIO Rainfarn: S. 130;
©Thomas Max Müller/PIXELIO Thuja: S. 129; ©Michael O./PIXELIO Knallerbse: S. 127; ©Barney O´Fair/PIXELIO Narzisse: S. 129; ©Peter Röhl/PIXELIO Buschwindröschen: S. 130, Stechapfel: S. 126; ©Gabi Schoenemann/PIXELIO Essigbaum: S. 126; ©Karin Schumann/PIXELIO Oleander: S. 129; ©wrw/PIXELIO Buchs: S. 129.

Die anatomischen Zeichnungen stammen von Jeanne Peter, die Illustrationen von Peter Haab.

Die fachspezifischen Abbildungen und Fotos stammen aus den Privatarchiven der Autoren.

Stichwortverzeichnis

Der 22-jährige dunkelbraune
Schwedenwallach Bentley
wünscht allen Lesern und ihren
Pferden ein unfallfreies und
gesundes Leben

Meine persönlichen Notfallnummern

Name: _____

Vorname: _____

Adresse: _____

Tel. Privat: _____

Mobil: _____

Tel. Geschäft: _____

Arzt: _____

Ambulanz/Heli-Rettung: _____

Stall: _____

Tierarzt: _____

Hufschmied: _____

Pferdeklinik: _____

Pferdeambulanzfahrzeug: _____

Heli-Rettung Pferd: _____

Polizei: _____

Feuerwehr: _____

Im Notfall benachrichtigen:

Name: _____

Vorname: _____

Adresse: _____

Tel. Privat: _____

Mobil: _____

Tel. Geschäft: _____

Alles über Pferde-gesundheit

Claudia Bergmann-Scholvien

Schüßler-Salze für Pferd und Reiter

Der Trend führt immer mehr zum Einsatz von Schüßler-Salzen bei Pferden, denn sie gelten als Alleskönner. Sie dienen nicht nur der Vorbeugung oder Linderung sowohl körperlicher als auch psychischer Disharmonien sondern helfen auch bei akuten Beschwerden und Erkrankungen. Erhalten Pferd und Reiter die passenden Mineralsalze, können sie zu einem Paar avancieren, das die Harmonie des Reitens genießt. Dieses Buch hilft bei der richtigen Anwendung.

160 Seiten, 76 Bilder, davon 73 in Farbe

Bestell-Nr. 41667 € 19,95

Ina Gösmeier/Sabine Heüveldop

Pferde gesund und vital durch Homöopathie

Eine Einführung in die Wirkungsweise und Anwendung homöopathischer Heilmittel. Beschreibungen der einzelnen Arzneimittelbilder sowie der Konstitutionstypen erleichtern die Zuordnung von Erkrankungen und Symptomen. Ein Kapitel zur Kombination der Homöopathie mit anderen Heilmethoden rundet diesen Ratgeber ab.

160 Seiten, 159 Bilder, davon 158 in Farbe

Bestell-Nr. 41611 € 19,95

Sabine Heüveldop

Notfall-Ratgeber PFERD

Dieser Ratgeber enthält wichtige Informationen zu häufigen Notfällen, Symptomen und entsprechenden Erste-Hilfe-Maßnahmen. Anhand anschaulicher Fotosequenzen und detaillierter Anleitungen lassen sich das Anlegen von Verbänden, das Versorgen von Wunden und Verletzungen sowie das Verabreichen von Medikamenten üben.

160 Seiten, 146 Farbbilder, 21 Zeichnungen

Bestell-Nr. 41535 € 19,90

Helmut Ende/Ewald Isenbügel

Doktor Endes Stallapotheke

Dieser Ratgeber hilft allen Reitern und Pferdehaltern, ihre Vierbeiner gesund und fit zu halten. Dazu kommen handfeste Informationen über Pferdezucht, Stutenbedeckung und Aufzucht der Fohlen. Die Kapitel über die Stallapotheke, Schutzimpfungen und die Anatomie des Pferdes runden dieses unentbehrliche Praxisbuch ab.

280 Seiten, 135 Bilder, davon 114 in Farbe, 24 Zeichnungen, früher 26,–

Bestell-Nr. 41572 € 14,95

IHR VERLAG FÜR PFERDE-BÜCHER

Postfach 10 37 43 · 70032 Stuttgart
Tel. (07 11) 210 80 65 · Fax (07 11) 210 80 70
www.paul-pietsch-verlage.de

Stand November 2008
Änderungen in Preis und Lieferfähigkeit vorbehalten

Setzen Sie aufs richtige Pferd!

CAVALLO bringt frischen Wind in die Reiterszene. Jedes Heft bietet Dutzende von Ratschlägen, wie Sie Ihr Pferd besser verstehen, füttern oder erziehen können. Oder wie Sie seine und Ihre Leistung steigern. Und deshalb angenehmer reiten.

CAVALLO packt gern heiße Eisen an.

CAVALLO testet jeden Monat neue Reitschulen und schreibt, was sie taugen.

CAVALLO testet Sättel, untersucht Futter oder berichtet über die neuesten Entwicklungen der Pferdemedizin.

Wir schicken Ihnen gern ein Heft zum Testen. Kostenlos natürlich! Postkarte genügt – oder Fax oder e-mail schicken.

**CAVALLO, Scholten Verlag,
Postfach 10 37 43, D-70032 Stuttgart,
Fax (0711) 236 04 15
e-mail: redaktion@cavallo.de
Internet: www.cavallo.de**

CAVALLO

Das Magazin für aktives Reiten